Olfert
Kompakt-Training
Kostenrechnung

**Freischaltcode für Ihre digitalen Zusatzinhalte:**

WQCHNKQKWNOOZSVPJSXZJ

Olfert, Kompakt-Training Kostenrechnung

## Ihr digitaler Mehrwert

Dieses Buch enthält zusätzlich folgende Inhalte, die Ihnen in Kiehl DIGITAL unter http://digital.kiehl.de zur Verfügung stehen.

 Online-Buch

**So einfach geht's:**

1. Rufen Sie die Seite http://go.kiehl.de/freischaltcode auf oder scannen Sie den QR-Code.

2. Geben Sie Ihren Freischaltcode in Großbuchstaben ein und folgen Sie dem Anmeldedialog.

3. Fertig.

# Kompakt-Training
# Praktische Betriebswirtschaft

Herausgeber Professor Klaus Olfert

www.kiehl.de

# Kostenrechnung

Von
Prof. Dipl.-Kfm. Klaus Olfert

8., aktualisierte Auflage

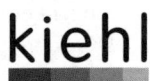

**Herausgeber:**
Prof. Klaus Olfert
76530 Baden-Baden

ISBN 978-3-470-**49698**-6 · 8., aktualisierte Auflage 2016

© Verlag Neue Wirtschafts-Briefe GmbH & Co. KG, Herne 2000

**Kiehl ist eine Marke des NWB Verlags**

Alle Rechte vorbehalten.
Das Werk und seine Teile sind urheberrechtlich geschützt. Jede Nutzung in anderen als den gesetzlich zugelassenen Fällen bedarf der vorherigen schriftlichen Einwilligung des Verlages. Hinweis zu § 52a UrhG: Weder das Werk noch seine Teile dürfen ohne eine solche Einwilligung eingescannt und in ein Netzwerk eingestellt werden. Dies gilt auch für Intranets von Schulen und sonstigen Bildungseinrichtungen.

Satz: Reemers Publishing Services GmbH, Krefeld
Druck: medienHaus Plump GmbH, Rheinbreitbach

# Kompakt-Training Praktische Betriebswirtschaft

Das Kompakt-Training Praktische Betriebswirtschaft ist aus der Notwendigkeit entstanden, dass Wissen immer häufiger unter erheblichem Zeit- und Erfolgsdruck erworben oder reaktiviert werden muss. Den vielfältigen betriebswirtschaftlichen Fakten und Zusammenhängen, die aufzunehmen sind, stehen eng begrenzte Zeitbudgets gegenüber.

Die vorliegende Fachbuchreihe ist darauf ausgerichtet, die Leser darin zu unterstützen, rasch und fundiert in die verschiedenen betriebswirtschaftlichen Themenbereiche einzudringen sowie diese aufzufrischen. Sie eignet sich in besonderer Weise für:

- Studierende an Fachhochschulen, Akademien und Universitäten
- Fortzubildende an öffentlichen und privaten Bildungsinstitutionen
- Fach- und Führungskräfte in Unternehmen und sonstigen Organisationen.

Das Kompakt-Training Praktische Betriebswirtschaft ist auch zum Selbststudium sehr gut geeignet, nicht zuletzt wegen seiner herausragenden Gestaltungsmerkmale. Jeder einzelne Band der Fachbuchreihe zeichnet sich u. a. aus durch:

- kompakte und praxisbezogene Darstellung
- systematischen und lernfreundlichen Aufbau
- viele einprägsame Beispiele, Tabellen, Abbildungen
- 50 praxisbezogene Übungen mit Lösungen
- MiniLex mit 150 bis 200 Stichworten.

Für Anregungen, die der weiteren Verbesserung dieses Lernkonzeptes dienen, bin ich dankbar.

*Prof. Klaus Olfert*
Herausgeber

## Feedbackhinweis

Kein Produkt ist so gut, dass es nicht noch verbessert werden könnte. Ihre Meinung ist uns wichtig. Was gefällt Ihnen gut? Was können wir in Ihren Augen verbessern? Bitte schreiben Sie einfach eine E-Mail an: **feedback@kiehl.de**

Als kleines Dankeschön verlosen wir unter allen Teilnehmern einmal pro Monat ein Buchgeschenk!

# Vorwort zur 8. Auflage

Der Kostendruck, dem die Unternehmen ausgesetzt sind, hat sich in den vergangenen Jahren drastisch erhöht. Dementsprechend wird ein geeignetes Kostenmanagement immer bedeutsamer, das nicht nur von Kaufleuten zu betreiben ist, sondern auch von den in den technischen Bereichen verantwortlichen Mitarbeitern praktiziert werden muss.

Die vorliegende Kostenrechnung soll einen verständlichen, systematischen und praxisbezogenen Einstieg in diesen Problemkreis ermöglichen. Deshalb liegt der Schwerpunkt des Buches darauf, die traditionellen Konzepte der Kostenrechnung grundlegend darzustellen, die als Basis für ein Kostenmanagement dienen.

Das „Kompakt-Training Kostenrechnung" umfasst zu diesem Zweck sechs Kapitel:

- Kapitel A. dient der Einführung in die kostenrechnerische Thematik, wobei die wichtigsten damit verbundenen Begriffe und Zusammenhänge im Überblick dargestellt werden.
- Zu den Kapiteln B., C. und D. wird mit der Kostenartenrechnung, Kostenstellenrechnung und Kostenträgerrechnung auf Istkostenbasis im Rahmen der Vollkostenrechnung vertraut gemacht.
- Kapitel E. befasst sich mit der Plankostenrechnung, die als Vollkostenrechnung sowie – in Form der Grenzplankostenrechnung – als Teilkostenrechnung grundlegend beschrieben wird.
- Den Abschluss bildet Kapitel F. mit der Deckungsbeitragsrechnung, die in ihrer einstufigen Ausprägung erläutert und deren Einsetzbarkeit für die typischen betrieblichen Entscheidungen gezeigt wird.

Der Übungsteil, der 50 Übungen einschließlich der dazu gehörenden Lösungen enthält, sowie das über 170 Begriffe umfassende MiniLex runden das Buch ab.

Das nunmehr in 8. Auflage vorliegende Buch wurde aktualisiert. Außerdem erfolgte eine Vielzahl inhaltlicher Verbesserungen und Ergänzungen.

Für Anregungen, die der Verbesserung des Buches dienen, bin ich allen Leserinnen und Lesern auch weiterhin dankbar.

*Prof. Klaus Olfert*
Baden-Baden, im Juni 2016

# Benutzungshinweise

## Aufgaben/Fälle

Die Aufgaben/Fälle im Übungsteil dienen der Wissens- und Verständniskontrolle. Auf sie wird jeweils im Textteil hingewiesen:

Aufgabe 1 > Seite 183
Aufgabe 2 > Seite 183

Der Übungsteil befindet sich im Anschluss an Kapitel F. Es wird empfohlen, die Aufgaben/Fälle unmittelbar nach Bearbeitung der entsprechenden Textstellen zu lösen.

Aus Gründen der Praktikabilität und besseren Lesbarkeit wird darauf verzichtet, jeweils männliche und weibliche Personenbezeichnungen zu verwenden. So können z. B. Mitarbeiter, Arbeitnehmer, Vorgesetzte grundsätzlich sowohl männliche als auch weibliche Personen sein.

# INHALTSVERZEICHNIS

Zur Reihe: Kompakt-Training Praktische Betriebswirtschaft     5
Vorwort zur 8. Auflage     7
Benutzungshinweise     8

## A. Grundlagen     15

### 1. Rechnungswesen     16
1.1 Aufgaben     17
1.2 Gebiete     17
    1.2.1 Buchhaltung/Buchführung     18
       1.2.1.1 Buchführungspflichtige     19
       1.2.1.2 Grundsätze ordnungsmäßiger Buchführung     19
       1.2.1.3 Aufbau     20
       1.2.1.4 Bereiche     22
       1.2.1.5 Organisation     23
    1.2.2 Kostenrechnung     24
    1.2.3 Planungsrechnung     24
    1.2.4 Statistik     25
1.3 Begriffe     26
    1.3.1 Auszahlungen – Einzahlungen     26
    1.3.2 Ausgaben – Einnahmen     26
    1.3.3 Aufwendungen – Erträge     27
    1.3.4 Kosten – Leistungen     29
1.4 Kennzahlen     30
    1.4.1 Gewinn     31
    1.4.2 Wirtschaftlichkeit     31
    1.4.3 Produktivität     32
    1.4.4 Rentabilität     34

### 2. Kosten     35
2.1 Verrechnungsbezogene Kosten     35
    2.1.1 Einzelkosten     35
    2.1.2 Gemeinkosten     36
2.2 Beschäftigungsbezogene Kosten     37
    2.2.1 Fixe Kosten     38
    2.2.2 Variable Kosten     40
    2.2.3 Mischkosten     45
2.3 Sonstige Kosten     47

# INHALTSVERZEICHNIS

| | |
|---|---:|
| **3. Kostenrechnung** | 48 |
| 3.1 Aufbau | 49 |
| 3.2 Systeme | 52 |

## B. Kostenartenrechnung 57

| | |
|---|---:|
| **1. Materialkosten** | 58 |
| 1.1 Ermittlung der Verbrauchsmengen | 59 |
|     1.1.1 Skontrationsmethode | 59 |
|     1.1.2 Inventurmethode | 60 |
|     1.1.3 Retrograde Methode | 60 |
| 1.2 Bewertung der Verbrauchsmengen | 61 |
|     1.2.1 Anschaffungswert | 61 |
|     1.2.2 Wiederbeschaffungswert | 63 |
|     1.2.3 Tageswert | 63 |
|     1.2.4 Verrechnungswert | 63 |
| **2. Personalkosten** | 64 |
| 2.1 Löhne | 64 |
|     2.1.1 Löhne unterschiedlicher Zurechnung | 65 |
|     2.1.2 Löhne unterschiedlicher Ermittlung | 65 |
|         2.1.2.1 Zeitlohn | 65 |
|         2.1.2.2 Akkordlohn | 66 |
|         2.1.2.3 Prämienlohn | 68 |
| 2.2 Gehälter | 68 |
| 2.3 Sozialkosten | 68 |
| **3. Dienstleistungskosten** | 69 |
| **4. Öffentliche Abgaben** | 70 |
| **5. Kalkulatorische Kosten** | 70 |
| 5.1 Kalkulatorische Abschreibungen | 71 |
|     5.1.1 Arten | 72 |
|     5.1.2 Verfahren | 73 |
|         5.1.2.1 Lineare Abschreibung | 74 |
|         5.1.2.2 Degressive Abschreibung | 75 |
|         5.1.2.3 Leistungsbezogene Abschreibung | 77 |
| 5.2 Kalkulatorische Zinsen | 78 |
| 5.3 Kalkulatorische Wagnisse | 80 |
| 5.4 Kalkulatorischer Unternehmerlohn | 82 |
| 5.5 Kalkulatorische Miete | 82 |

# INHALTSVERZEICHNIS

## C. Kostenstellenrechnung 85

**1. Betriebsabrechnungsbogen** 86
- 1.1 Aufbau 86
  - 1.1.1 Kostenstellen 87
    - 1.1.1.1 Funktionsorientierte Kostenstellen 87
    - 1.1.1.2 Raumorientierte Kostenstellen 88
    - 1.1.1.3 Organisationsorientierte Kostenstellen 89
    - 1.1.1.4 Rechnungsorientierte Kostenstellen 89
  - 1.1.2 Kostenstellenplan 90
- 1.2 Erstellung 90
  - 1.2.1 Verteilung der Gemeinkosten 91
  - 1.2.2 Feststellung der Gemeinkostenzuschläge 95
  - 1.2.3 Ermittlung der Normal-Gemeinkosten 97
  - 1.2.4 Feststellung von Über-/Unterdeckungen 98
- 1.3 Kritik 100

**2. Innerbetriebliche Leistungsverrechnung** 100
- 2.1 Einseitige Leistungsverrechnung 101
  - 2.1.1 Kostenartenverfahren 101
  - 2.1.2 Kostenstellenausgleichsverfahren 102
  - 2.1.3 Kostenträgerverfahren 103
- 2.2 Gegenseitige Leistungsverrechnung 103
  - 2.2.1 Verrechnungspreis-Verfahren 104
  - 2.2.2 Mathematisches Verfahren 104

## D. Kostenträgerrechnung 107

**1. Kostenträgerstückrechnung** 109
- 1.1 Divisionskalkulation 110
  - 1.1.1 Einstufige Divisionskalkulation 110
  - 1.1.2 Zweistufige Divisionskalkulation 112
- 1.2 Äquivalenzziffernkalkulation 113
  - 1.2.1 Einstufige Äquivalenzziffernkalkulation 113
  - 1.2.2 Mehrstufige Äquivalenzziffernkalkulation 115
- 1.3 Zuschlagskalkulation 116
  - 1.3.1 Summarische Zuschlagskalkulation 117
  - 1.3.2 Differenzierende Zuschlagskalkulation 117
    - 1.3.2.1 Industrieunternehmen 118
    - 1.3.2.2 Handelsunternehmen 121
      - 1.3.2.2.1 Bezugskalkulation 121
      - 1.3.2.2.2 Absatzkalkulation 123

# INHALTSVERZEICHNIS

    1.4 Maschinenstundensatzrechnung     126
        1.4.1 Ermittlung der Maschinenlaufzeit     128
        1.4.2 Ermittlung des Maschinenstundensatzes     129
        1.4.3 Ermittlung der Fertigungskosten     130
    1.5 Kuppelkalkulation     130
        1.5.1 Restwertrechnung     131
        1.5.2 Verteilungsrechnung     132

**2. Kostenträgerzeitrechnung**     133
    2.1 Gesamtkostenverfahren     134
    2.2 Umsatzkostenverfahren     137

## E. Plankostenrechnung     139

**1. Starre Plankostenrechnung**     140

**2. Flexible Plankostenrechnung**     142
    2.1 Kostenartenrechnung     143
    2.2 Kostenstellenrechnung     143
    2.3 Soll-Ist-Vergleich     146
        2.3.1 Preisabweichungen     148
        2.3.2 Verbrauchsabweichungen     149
        2.3.3 Beschäftigungsabweichungen     150
    2.4 Kostenträgerrechnung     152

**3. Grenzplankostenrechnung**     152
    3.1 Kostenartenrechnung     153
    3.2 Kostenstellenrechnung     153
        3.2.1 Soll-Ist-Vergleich     154
        3.2.2 Fixkosten-Analyse     155
    3.3 Kostenträgerrechnung     156

## F. Deckungsbeitragsrechnung     157

**1. Inhalt**     160
    1.1 Kostenartenrechnung     160
    1.2 Kostenstellenrechnung     161
    1.3 Kostenträgerrechnung     161

## INHALTSVERZEICHNIS

**2. Anwendung**   163
   2.1 Gewinnschwellen-Analyse   164
   2.2 Preisuntergrenzen   166
      2.2.1 Kostenorientierte Preisuntergrenze   167
         2.2.1.1 Kurzfristige Preisuntergrenze   167
         2.2.1.2 Mittelfristige Preisuntergrenze   168
         2.2.1.3 Langfristige Preisuntergrenze   168
      2.2.2 Erfolgsorientierte Preisuntergrenze   169
         2.2.2.1 Kurzfristige Preisuntergrenze   169
         2.2.2.2 Langfristige Preisuntergrenze   169
   2.3 Zusatzaufträge   170
   2.4 Optimale Produktionsverfahren   171
      2.4.1 Kurzfristige Optimierung   171
      2.4.2 Langfristige Optimierung   173
         2.4.2.1 Kostenvergleichsrechnung   173
         2.4.2.2 Gewinnvergleichsrechnung   176
   2.5 Optimale Produktionsprogramme   178
      2.5.1 Kurzfristige Optimierung   178
      2.5.2 Langfristige Optimierung   179
   2.6 Eigenfertigung/Fremdbezug   179
      2.6.1 Kurzfristige Optimierung   180
      2.6.2 Langfristige Optimierung   181

**Übungsteil (Aufgaben und Fälle)**   183
**Lösungen**   206
**MiniLex**   231
**Literaturverzeichnis**   261
**Stichwortverzeichnis**   267

# A. Grundlagen

Unternehmen werden zu dem Zwecke betrieben, Leistungen zu erstellen und zu verwerten. Dies geschieht im Rahmen eines **güterwirtschaflichen Prozesses** durch die Kombination der elementaren Produktionsfaktoren, die unmittelbar auf die Objekte der Leistungserstellung einwirken bzw. in diese eingehen als:

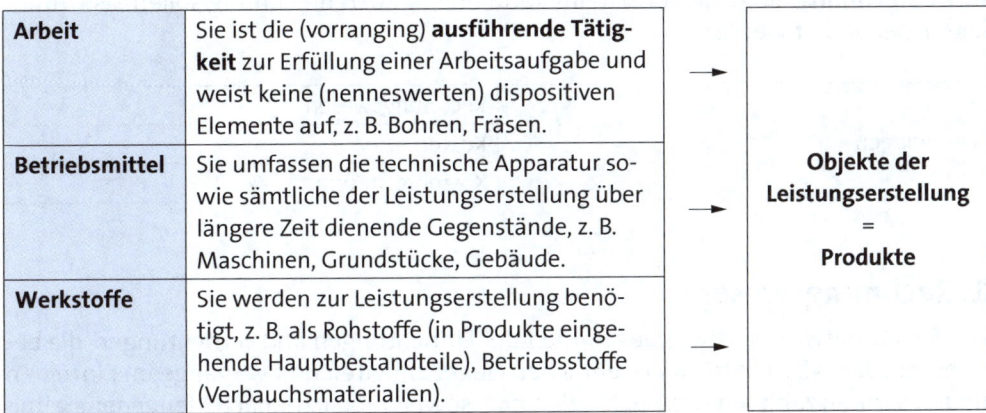

| | | |
|---|---|---|
| **Arbeit** | Sie ist die (vorranging) **ausführende Tätigkeit** zur Erfüllung einer Arbeitsaufgabe und weist keine (nennenswerten) dispositiven Elemente auf, z. B. Bohren, Fräsen. | |
| **Betriebsmittel** | Sie umfassen die technische Apparatur sowie sämtliche der Leistungserstellung über längere Zeit dienende Gegenstände, z. B. Maschinen, Grundstücke, Gebäude. | **Objekte der Leistungserstellung = Produkte** |
| **Werkstoffe** | Sie werden zur Leistungserstellung benötigt, z. B. als Rohstoffe (in Produkte eingehende Hauptbestandteile), Betriebsstoffe (Verbauchsmaterialien). | |

Im Rahmen der güterwirtschaftlichen Prozesse werden die Produktionsfaktoren beschafft und eingesetzt, um Produkte zu schaffen, die daraufhin abgesetzt werden. Dieser Prozess kann von erheblicher zeitlicher Dauer sein. Er bedarf geeigneter organisatorischer, planerischer und steuernder Maßnahmen, um erfolgreich zu sein.

Diese dispositiven Erfordernisse gelten auch für den **finanzwirtschaftlichen Prozess**, der dem güterwirtschaftlichen Prozess gegenüber steht. Schließlich fallen für die zu beschaffenden Produktionsfaktoren notwendige Auszahlungen an, die betrieblichen Leistungen führen zu Einzahlungen. Beide Zahlungsströme müssen aufeinander abgestimmt sein, um den wirtschaftlichen Erfolg des Unternehmens bzw. gar seinen Bestand nicht zu gefährden.

Für **industrielle Unternehmen** gilt dementsprechend:

Um den güterwirtschaftlichen und finanzwirtschaftlichen Prozess in geeigneter Weise abwickeln zu können, bedarf es eines weiteren Prozesses, der als **informationeller Prozess** zu bezeichnen ist. Mit seiner Hilfe werden die für das Unternehmen erforderlichen Daten gewonnen, gespeichert, verknüpft und verarbeitet.

Diese Aufgabe fällt dem Rechnungswesen des Unternehmens zu, in das auch die **Kostenrechnung** eingegliedert ist. Im Rahmen der Kostenrechnung sollen als Grundlagen behandelt werden:

| | |
|---|---|
| **Grundlagen** | Rechnungswesen |
| | Kosten |
| | Kostenrechnung |

# 1. Rechnungswesen

Das Rechnungswesen ist die Gesamtheit der Einrichtungen und Verrichtungen, die bezwecken, alle wirtschaftlich wesentlichen Gegebenheiten und Vorgänge im Einzelnen und Gesamten zahlenmäßig nach Geld und – soweit möglich – nach Mengeneinheiten zu erfassen. Seine **Notwendigkeit** ergibt sich sowohl aus betriebswirtschaftlichen als auch aus rechtlichen Gründen:

- **Betriebswirtschaftlich** erfordert die Vielzahl der im Unternehmen stattfindenden Vorgänge geeignete Maßnahmen der Erfassung, Steuerung und Kontrolle.
- **Rechtlich** stellt der Gesetzgeber bestimmte Anforderungen an das Unternehmen, die nur mithilfe eines ordnungsgemäßen Rechnungswesens erfüllt werden können – siehe unten.

Seiner Bedeutung entsprechend ist das Rechnungswesen – ggf. zusammen mit der Finanzwirtschaft – eine betriebliche Abteilung, die gleichrangig neben den funktionsorientierten Abteilungen des Unternehmens steht:

| Unternehmen | | | | | |
|---|---|---|---|---|---|
| Materialwirtschaft | Produktionswirtschaft | Absatzwirtschaft | Personalwirtschaft | Finanzwirtschaft | **Rechnungswesen** |

Das Rechnungswesen übernimmt somit die Erfassung, Verrechnung und Kontrolle der Kosten und Leistungen, Aufwendungen und Erträge, Ausgaben und Einnahmen, Auszahlungen und Einzahlungen, die in den verschiedenen Abteilungen des Unternehmens entstehen. Um es näher beschreiben zu können, sind zu betrachten:

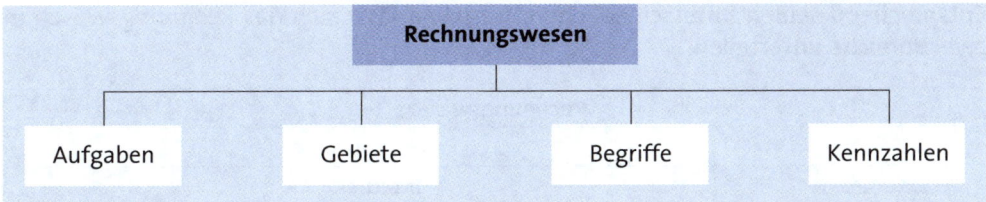

## 1.1 Aufgaben

Dem Rechnungswesen obliegt allgemein die Aufgabe, die Unternehmensstruktur und das Unternehmensgeschehen in Geldgrößen abzubilden und geeignete Informationen für die am Unternehmen interessierten Personenkreise zur Verfügung zu stellen. Im Einzelnen lassen sich daraus folgende **Teilaufgaben** ableiten:

- Erfassung der mengen- und wertmäßigen Vorgänge im Unternehmen
- Ermittlung der Bestände des Unternehmens
- Ermittlung des Erfolges des Unternehmens
- Feststellung der entstandenen Kosten
- Bereitstellung der zur Bildung der Preise erforderlichen Daten
- Aufzeichnung von Entwicklungen der Vergangenheit
- Erstellung von Vergleichsrechnungen
- Prognosen künftiger Entwicklungen unter Einschluss außerbetrieblicher Daten.

Um die genannten Aufgaben erfüllen zu können, wird das Rechnungswesen in mehrere Gebiete aufgeteilt.

## 1.2 Gebiete

In der betrieblichen Praxis gibt es eine Vielzahl von Ansätzen, beim Rechnungswesen einzelne Gebiete zu unterscheiden. Die nachstehende **Gliederung** des Rechnungswesens hat sich vielfach als zweckmäßig erwiesen:

- **Buchhaltung/Buchführung**
- **Kostenrechnung**
- **Planungsrechnung**
- **Statistik.**

Entsprechend seinen unterschiedlichen Aufgaben lässt sich das Rechnungswesen in zwei **Bereiche** unterteilen:

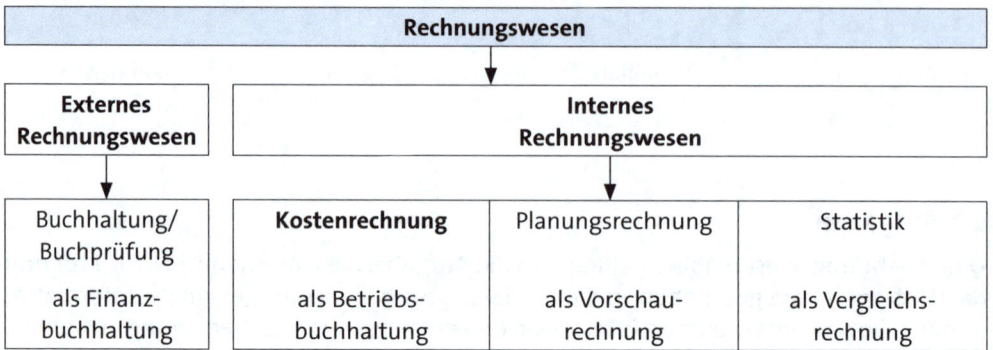

Das **externe Rechnungswesen** umfasst den durch rechtliche Vorschriften geregelten, zum Zweck der Rechenschaftslegung nach außen gerichteten Teil der Buchführung bzw. Buchhaltung, der auch die Grundlage für die Erstellung des Jahresabschlusses darstellt. Es handelt sich dabei um die **Finanzbuchhaltung**, die ebenso als Geschäftsbuchhaltung bezeichnet wird – siehe unten.

Das **interne Rechnungswesen** dient grundsätzlich ausschließlich unternehmensinternen Zwecken, denen unmittelbar keine rechtlichen Regelungen zugrunde liegen. Als Kostenrechnung basiert sie – einschließlich der ihr eingegliederten Leistungsrechnung – auf den Daten der **Betriebsbuchhaltung**, die noch beschrieben wird – siehe S. 22.

### 1.2.1 Buchhaltung/Buchführung

Die Buchhaltung bzw. Buchführung ist Ausdruck der zeitlich und sachlich geordneten Aufzeichnung betrieblicher Geschäftsvorfälle. Während die **Buchhaltung** im institutionellen Sinne als Einrichtung gesehen wird, kann die **Buchführung** funktional als Tätigkeit betrachtet werden. In der Praxis werden beide Begriffe vielfach auch synonym verwendet.

Als eine **Zeitrechnung** dient die Buchhaltung bzw. Buchführung der Erfassung aller Vorgänge, die zu einer Veränderung von Vermögen und Kapital führen, sowie der periodischen Zusammenstellung und sachlichen Gliederung der Zahlen. Zu berücksichtigen sind dabei:

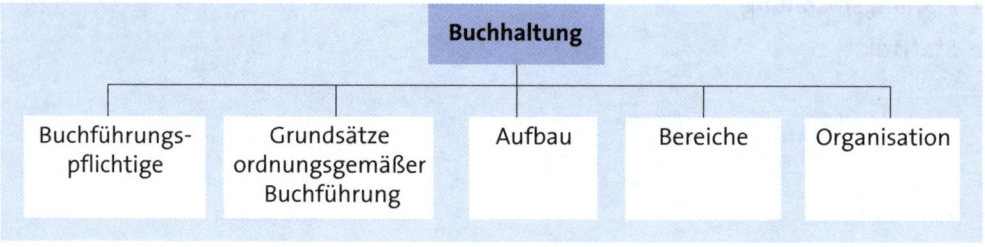

## 1.2.1.1 Buchführungspflichtige

Die Buchführungspflicht beruht auf mehreren **Grundlagen:**

- Nach **Handelsrecht** unterliegen alle im Handelsregister eingetragenen Unternehmen der Buchführungspflicht. Handelsrechtliche Buchführungsvorschriften sind §§ 238, 240, 242, 264, 336 und 340a HGB.
- Nach **Steuerrecht** wird der Kreis der Buchführungspflichtigen erweitert. Wer nach anderen Gesetzen als den Steuergesetzen Bücher und Aufzeichnungen zu führen hat, die für die Besteuerung von Bedeutung sind, hat die Verpflichtungen, die ihm nach den anderen Gesetzen obliegen, auch für die Besteuerung zu erfüllen (§ 140 AO).
- **Außerdem** ist nach § 141 AO buchführungspflichtig, wer
  - einen **Gesamtumsatz** (einschließlich der steuerfreien Umsätze) von mehr als 500.000 € im Kalenderjahr als Gewerbetreibender hat
  
  oder
  - selbst bewirtschaftete landwirtschaftliche und forstwirtschaftliche Flächen mit einem **Wirtschaftswert** gemäß § 46 BewG von mehr als 25.000 € hat
  
  oder
  - einen **Gewinn** von mehr als 50.000 € im Wirtschaftsjahr (Gewerbetreibende) bzw. Kalenderjahr (in Land- und Forstwirtschaft) erzielt.

## 1.2.1.2 Grundsätze ordnungsmäßiger Buchführung

Eine Buchführung ist ordnungsmäßig, sofern sie den Grundsätzen des Handelsrechts entspricht. Das ist der Fall, wenn die für eine kaufmännische Buchführung erforderlichen Bücher geführt werden, die Bücher der Form nach in Ordnung sind und der Inhalt sachlich richtig ist.

Daraus ergeben sich als Grundsätze ordnungsmäßiger Buchführung:

- Die **materielle Ordnungsmäßigkeit**, welche die Forderung nach **Richtigkeit** und **Vollständigkeit** der Aufzeichnungen beinhaltet. Das bedeutet, dass
  - Geschäftsvorfälle, die stattgefunden haben, aufzuzeichnen sind
  - Geschäftsvorfälle richtig aufzuzeichnen sind
  - Geschäftsvorfälle nicht aufgezeichnet werden, die nicht stattgefunden haben.
- Die **formelle Ordnungsmäßigkeit**, die ermöglichen soll, dass ein sachverständiger Dritter sich innerhalb angemessener Zeit einen Überblick über die Geschäftsvorfälle und die Vermögenslage des Unternehmens verschaffen kann. Sie bezieht sich somit auf die **Klarheit** und **Übersichtlichkeit** der Buchführung, indem z. B. vorzunehmen sind:
  - Buchungen vollständig, richtig, zeitgerecht geordnet
  - Buchungen in einer lebenden Sprache

- Aufbewahrungsfristen der Unterlagen (6 bzw. 10 Jahre)
- maschinelle Auswertbarkeit der Unterlagen.

Keine Buchung darf ohne Beleg erfolgen.

Die geforderte Klarheit und Übersichtlichkeit kann erreicht werden durch:

| Organisation der Buchführung | Sie wird in der Abgabenordnung geregelt. Maßgeblich sind:<br>▶ § 146 AO<br>(Ordnungsvorschriften für die Buchführung und für Aufzeichnungen)<br>▶ § 147 AO<br>(Ordnungsvorschriften für die Aufbewahrung von Unterlagen) |
|---|---|
| Buchführungssystem und Arten geführter Bücher | Jeder Buchführung muss eine **Systematik** zugrunde liegen. Das Unternehmen kann grundsätzlich zwischen einfacher und doppelter Buchführung wählen, jedoch wird Kapitalgesellschaften und Genossenschaften durch Gesetz vorgeschrieben, die doppelte Buchführung zu verwenden.<br><br>Die Ordnungsmäßigkeit der Buchführung ist nicht abhängig vom gewählten Buchführungssystem, sondern von den unter Beachtung der Art und Größe des Unternehmens zu führenden Büchern. |

## Aufgabe 1 > Seite 183

### 1.2.1.3 Aufbau

Seit langem beschäftigen sich Staat und Verbände mit einheitlichen Regelungen, die den Aufbau der Buchhaltung betreffen. Über viele Jahre war der 1951 vorgeschlagene **Gemeinschaftskontenrahmen industrieller Verbände (GKR)** bedeutsam. Er wurde im Verlaufe der 70er-Jahre insbesondere abgelöst von:

▶ Dem **Industriekontenrahmen (IKR)**, der vom *Bundesverband der Deutschen Industrie (BDI)* zur Verwendung empfohlen wird. Ihm liegen in seiner Fassung von 1986 das Bilanzrichtlinien-Gesetz und die sich daraus ergebenden Vorschriften für den Abschluss der Kapitalgesellschaften (§§ 264 ff. HGB) zugrunde. Er umfasst zehn Kontenklassen:

| Klasse 0 | Immaterielle Vermögensgegenstände und Sachanlagen |
|---|---|
| Klasse 1 | Finanzanlagen |
| Klasse 2 | Umlaufvermögen und aktive Rechnungsabgrenzung |
| Klasse 3 | Eigenkapital und Rückstellungen |
| Klasse 4 | Verbindlichkeiten und passive Rechnungsabgrenzung |
| Klasse 5 | Erträge |
| Klasse 6 | Betriebliche Aufwendungen |
| Klasse 7 | Weitere Aufwendungen |
| Klasse 8 | Ergebnisrechnungen |
| Klasse 9 | Kosten- und Leistungsrechnung |

Der IKR ist nach dem **Zweikreissystem** gegliedert:

| Rechnungskreis I | Er enthält in den Kontenklassen 0 - 8 die Konten der **Finanzbuchführung**, in der die Aufwendungen und Erträge erfasst werden. Er ist nach dem **Abschlussgliederungsprinzip** gestaltet. |
|---|---|
| Rechnungskreis II | In der Kontenklasse 9 des selbstständigen Rechnungskreises II erfolgt die **Betriebsbuchführung**. Ihr sind die Kosten und Leistungen zuzurechnen. Der Betriebsbuchführung liegt das **Prozessgliederungsprinzip** zugrunde.<br><br>Die Kontenklasse 9 sieht nur eine grobe Kontengliederung vor, die entsprechend den betriebsindividuellen Bedürfnissen ausgestaltet werden kann. |

Die **Gliederung** der Kontenklassen und Kontengruppen sowie deren Bezeichnungen sind an die in den § 266 HGB und § 275 HGB vorgegebene Gliederung der Bilanz sowie der Gewinn- und Verlustrechnung der Kapitalgesellschaften angepasst.

▶ Die **DATEV-Kontenrahmen**, die von der gleichnamigen Datenverarbeitungsorganisation der steuerberatenden Berufe für ihre Zwecke entwickelt wurden, insbesondere als – siehe *Olfert, Rutschmann, Zschenderlein*:

- Der **SKR 03**, der sich lediglich am Gliederungsprinzip des Bilanzrichtlinien-Gesetzes orientiert, aber ansonsten dem GKR noch ähnelt:

| Kontenklasse 0 | Anlage- und Kapitalkonten |
|---|---|
| Kontenklasse 1 | Finanz- und Privatkonten |
| Kontenklasse 2 | Abgrenzungskonten |
| Kontenklasse 3 | Wareneingangs- und Bestandskonten |
| Kontenklasse 4 | Betriebliche Aufwendungen |
| Kontenklasse 5 | - |
| Kontenklasse 6 | - |
| Kontenklasse 7 | Bestände an Erzeugnissen |
| Kontenklasse 8 | Erlöskonten |
| Kontenklasse 9 | Vortrags-, Kapitalkonten - Statistische Konten |

- Der **SKR 04**, der mit dem IKR vergleichbar ist, indem er umfassend am Bilanzrichtlinien-Gesetz ausgerichtet ist:

| Kontenklasse 0 | Anlagevermögenskonten |
|---|---|
| Kontenklasse 1 | Umlaufvermögenskonten |
| Kontenklasse 2 | Eigenkapitalkonten |
| Kontenklasse 3 | Fremdkapitalkonten |
| Kontenklasse 4 | Betriebliche Erträge |

| Kontenklasse 5 | Betriebliche Aufwendungen (Material, bezogene Leistungen) |
| Kontenklasse 6 | Betriebliche Aufwendungen (Personal, Abschreibungen, Sonstige) |
| Kontenklasse 7 | Weitere Erträge und Aufwendungen |
| Kontenklasse 9 | Vortrags-, Kapitalkonten - Statistische Konten |

Diese Kontenrahmen haben inzwischen weite Verbreitung gefunden, da die Steuerberater sie vielfach für ihre Mandanten verwenden.

### 1.2.1.4 Bereiche

Die Buchhaltung wird entsprechend ihrer Hauptaufgabe, die Zahlen aus innerbetrieblichen Vorgängen und aus den Beziehungen zur Umwelt des Unternehmens zu erfassen, unterteilt in:

▶ Die **Finanzbuchhaltung**, welche auf die Beziehungen des Unternehmens zur Außenwelt orientiert ist. Ihre wesentliche **Aufgabe** besteht darin, die Geschäftsvorfälle belegmäßig zu erfassen und kontenmäßig zu verrechnen. Sie ist die Grundlage für den Jahresabschluss und dient insbesondere der Ermittlung des Erfolges sowie der Liquiditäts- und Finanzkontrolle.

Beim **IKR** sind die Klassen 0 - 8 für die Finanzbuchhaltung vorgesehen.

▶ Die **Betriebsbuchhaltung**, welche die **Kostenrechnung** einschließlich der ihr eingegliederten Leistungsrechnung darstellt. Sie erfasst die **innerbetrieblichen Vorgänge** rechnerisch, ihre Gestaltung unterliegt – im Gegensatz zur Finanzbuchhaltung – keinen rechtlichen Vorschriften.

Im **IKR** ist für die Betriebsbuchhaltung die Kontenklasse 9 vorgesehen:

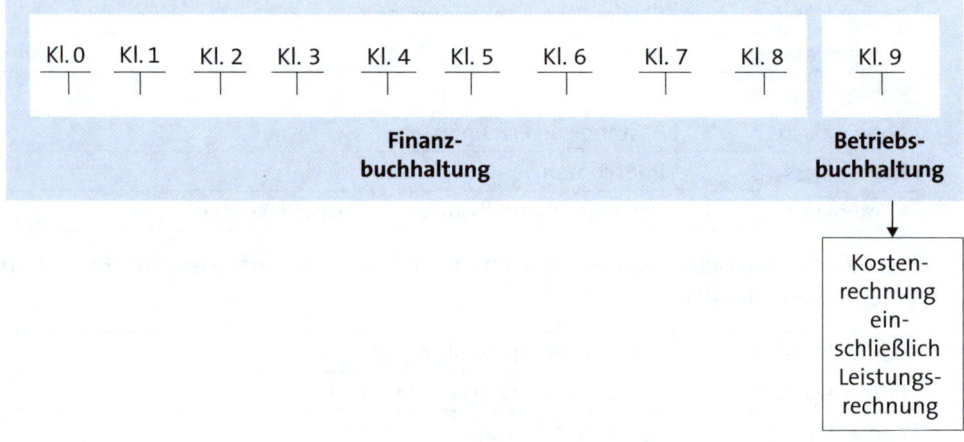

## 1.2.1.5 Organisation

Die Buchhaltung lässt sich grundsätzlich in unterschiedlicher Weise organisieren. Finanzbuchhaltung und Betriebsbuchhaltung können – wie bereits angesprochen – eine Einheit oder zwei in sich geschlossene Kreise bilden. Dementsprechend können unterschieden werden:

- Das **Einkreissystem**, bei welchem die Finanzbuchhaltung und die Betriebsbuchhaltung eine **organisatorische Einheit** bilden. Die Verrechnung der Kosten erfolgt von Kontenklasse zu Kontenklasse in einem in sich geschlossenen Abrechnungskreis.

    Das Einkreissystem hat den **Nachteil**, dass der Abschluss der Finanzbuchhaltung den Abschluss der Betriebsbuchhaltung erfordert.

- Das **Zweikreissystem**, bei dem die Finanzbuchhaltung und die Betriebsbuchhaltung organisatorisch voneinander getrennt sind. Sie bilden **zwei Kreise**, die völlig in sich geschlossen sind. Die Verbindung zwischen beiden Kreisen erfolgt mithilfe von:

| Spiegelbildkonten | Sie werden geführt, wenn keine formalen Zusammenhänge zwischen der Finanzbuchhaltung und Betriebsbuchhaltung bestehen und die Konten bei der Buchhaltung getrennt voneinander zu dem GuV-Konto bzw. Schlussbilanz-Konto abgeschlossen werden. |
|---|---|
| Übergangskonten | Sie schaffen den Zusammenhang zwischen Finanzbuchhaltung und Betriebsbuchhaltung, indem die Finanzbuchhaltung über ein Übergangskonto „Betriebsbuchhaltung" und die Betriebsbuchhaltung über ein Übergangskonto „Finanzbuchhaltung" verfügt. |

Im **IKR** ist das Zweikreissystem durch die Gestaltung des Kontenrahmens vorgegeben. Die **Kostenverrechnung** wird in folgender Weise durchgeführt:

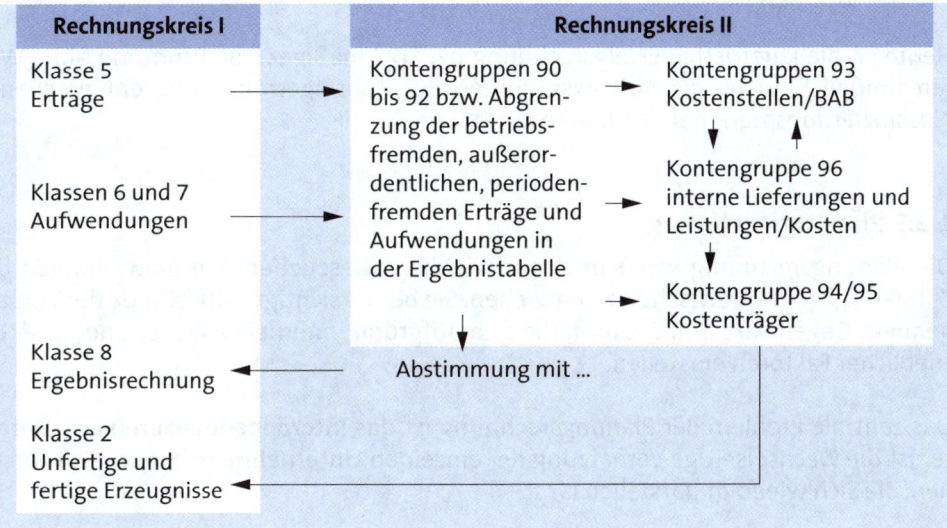

## 1.2.2 Kostenrechnung

Die Kostenrechung entspricht als Teil des Rechnungswesens der Betriebsbuchhaltung, in die auch die Leistungsrechnung als integrativer Bestandteil eingegliedert ist. Dadurch wird die Kostenrechnung zu einer **kalkulatorischen Erfolgsrechnung**. Ihr Planungszeitraum umfasst grundsätzlich eine Rechnungsperiode, d. h. üblicherweise ein Jahr, kann aber je nach ihrem angestrebten Zweck auch kürzer dimensioniert sein.

Das **Betriebsergebnis** repräsentiert den kalkulatorischen Erfolg des Unternehmens als Differenz von Erlösen und Kosten, wobei die **Betriebsergebnisrechnung** die Gesamtkosten nach produktionsfaktorbezogenen Kosten gliedert und nicht nach Kosten, die von den einzelnen Erzeugnissen verursacht worden sind.

Wird der leistungsbezogene Erfolg des Unternehmens für einen Zeitraum ermittelt, der kleiner als die Rechnungsperiode ist, kann von **kurzfristiger Erfolgsrechnung** gesprochen werden, ebenso von **kurzfristiger Betriebsergebnisrechnung**. Vielfach umfasst sie einen Monat als Abrechnungsperiode.

Mit ihrer Hilfe ist es – im Gegensatz zur rechnungsperiodischen Betriebsergebnisrechnung – nicht nur möglich, die **Kosten** und **Erlöse** den einzelnen Erzeugnissen oder Erzeugnisgruppen zuzurechnen, sie kann z. B. auch Aufschluss geben über **leistungsbezogene Erfolge** nach:

- Produktionsbereichen
- Absatzwegen
- Kundengruppen
- Absatzgebieten.

Heute ist die kurzfristige Erfolgsrechnung bei EDV-mäßiger Durchführung ohne Weiteres möglich, wenn die Auftragsnummern (Kostenträgernummern) entsprechende Klassifizierungsmerkmale enthalten.

## 1.2.3 Planungsrechnung

Die Planungsrechnung versucht das betriebliche Geschehen den Einwirkungen des Zufalls und der Ungewissheit zu entziehen. Sie berücksichtigt Tatbestände der Vergangenheit, Gegenwart und Zukunft, die sich aufgrund innerbetrieblicher und außerbetrieblicher Faktoren einstellen.

Das zentrale Problem der Planungsrechnung ist das **Interdependenzproblem**. Darunter ist die wechselseitige Vernetzung der einzelnen Unternehmensbereiche zu verstehen, die sich wie folgt darstellen lässt:

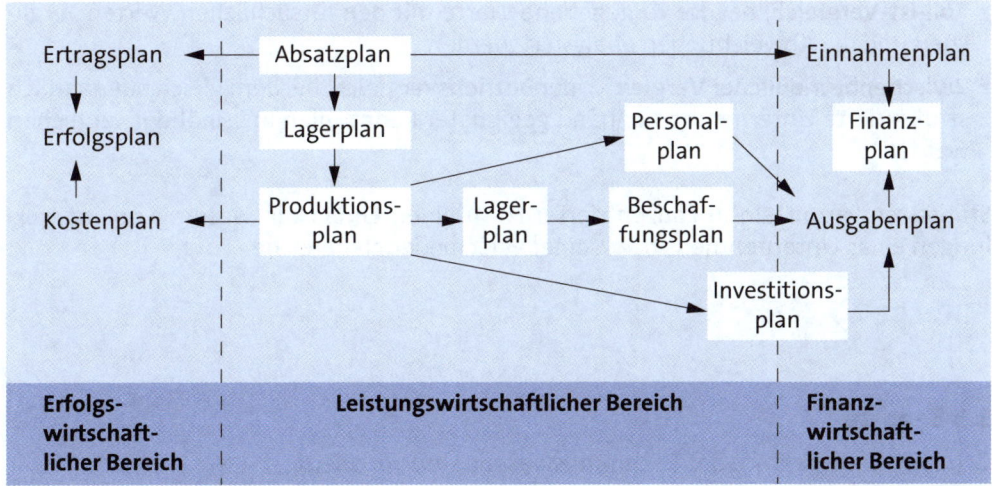

Im Rahmen der Gesamtplanung müssen die einzelnen Teilplanungen so aufeinander abgestimmt werden, dass für das Unternehmen ein Optimum erzielt wird. Die Planungsrechnung dient dabei der Vorbereitung von Entscheidungen, die sich auf alle Bereiche des Unternehmens beziehen können. **Problemstellungen** sind z. B. die Ermittlung:

- optimaler Beschaffungsmengen
- optimaler Fertigungsprogramme
- optimaler Fertigungsverfahren
- optimaler Sortimente
- optimaler Absatzwege
- optimaler Kapitalstrukturen.

### 1.2.4 Statistik

Die Statistik ist ein weiteres Gebiet des Rechnungswesens. Sie sammelt eine Menge von Zahlen aus verschiedenen Teilbereichen des Rechnungswesens, gruppiert sie nach bestimmten Merkmalen, analysiert die Daten und stellt sie in tabellarischer oder grafischer Form dar.

Ihr **Ziel** ist die Gewinnung von Kennzahlen, mit deren Hilfe hauptsächlich innerbetriebliche Vergleiche ermöglicht werden, aber auch zwischenbetriebliche Vergleiche vorgenommen werden können. Demnach hat die Statistik vor allem die Funktion einer **Vergleichsrechnung**, die vorgenommen werden kann als:

- **Zeitvergleich**, bei der ausgewählte Zahlen zweier oder mehrerer Rechnungsperioden miteinander verglichen werden
- **Verfahrensvergleich**, bei der alternative Verfahren – beispielsweise in der Fertigung – hinsichtlich ihrer Vorteilhaftigkeit miteinander verglichen werden

- **Soll-Ist-Vergleich**, bei der vorgegebene Werte mit den tatsächlichen Werten verglichen und die Abweichungen analysiert werden
- **Zwischenbetrieblicher Vergleich** oder **Betriebsvergleich**, bei dem gleich oder ähnlich strukturierte Unternehmen anhand geeigneter Kennzahlen miteinander verglichen werden.

Statistiken vermitteln in konzentrierter Form einen Einblick in wesentliche Entwicklungen eines Unternehmens bzw. seiner verschiedenen Bereiche.

## Aufgabe 2 > Seite 183

### 1.3 Begriffe
Grundlegende Begriffe des Rechnungswesens sind vor allem:

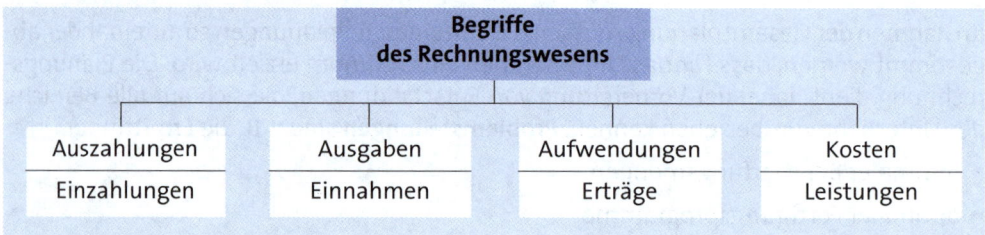

### 1.3.1 Auszahlungen – Einzahlungen
Die **Auszahlungen** sind der tatsächliche Zahlungsmittelabfluss aus dem Unternehmen, der in Form von Bargeld oder von Banküberweisungen erfolgen kann, z. B. als Barentnahmen, Vorauszahlungen, Barkäufe.

Unter **Einzahlungen** sind dementsprechend sämtliche Zuflüsse an Zahlungsmitteln in Form von Bargeld oder von Überweisungen zu verstehen, z. B. im Hinblick auf Bareinlagen, Barverkäufe, Kundenanzahlungen.

Auszahlungen und Einzahlungen werden in der **Finanzbuchhaltung** erfasst.

### 1.3.2 Ausgaben – Einnahmen
Ausgaben und Einnahmen finden ebenfalls in der **Finanzbuchhaltung** ihren Niederschlag. Sie unterscheiden sich von den Auszahlungen und Einzahlungen jedoch dadurch, dass die tatsächlichen Abflüsse oder Zuflüsse von Zahlungsmittel um Forderungen bzw. Schulden berichtigt sind, die aus schuldrechtlichen Verpflichtungen resultieren, z. B. aufgrund von Kaufverträgen.

▶ **Ausgaben** vermindern das Geldvermögen eines Unternehmens. Sie werden ermittelt:

|   | Auszahlungen |
|---|---|
| + | Forderungsabgänge |
| + | Schuldenzugänge |
| = | **Ausgaben** |

▶ **Einnahmen** sind Zugänge des Geldvermögens, die sich ergeben aus:

|   | Einzahlungen |
|---|---|
| + | Forderungszugänge |
| + | Schuldenabgänge |
| = | **Einnahmen** |

**Beispiel**

Ein Pkw wurde am 10.09.2016 für 30.000 € gekauft und am 15.09.2016 bezahlt. Für den Käufer ergaben sich durch den Schuldenzugang am 10.09.2016 Ausgaben von 30.000 €, obgleich Auszahlungen erst am 15.09.2016 geleistet wurden. Der Verkäufer hatte zum 10.09.2016 Einnahmen durch den Forderungszugang von 30.000 €.

## Aufgabe 3 > Seite 184

### 1.3.3 Aufwendungen – Erträge

Ausgaben und Einnahmen für erhaltene oder abgegebene Leistungen stellen Aufwendungen oder Erträge dar, wenn sie **bestimmten Rechnungsperioden** zugerechnet werden:

▶ **Aufwendungen** sind der Wertverzehr für Güter und Dienstleistungen innerhalb einer bestimmten Rechnungsperiode, der nicht nur der Erfüllung des Betriebszweckes dient. Sie müssen mit den Ausgaben wertmäßig nicht übereinstimmen und können verschiedene **Ursachen** haben. Zu unterscheiden sind deshalb:

| **Aufwendungen** | | | |
|---|---|---|---|
| Zweckaufwendungen<br>=<br>**Betriebliche Aufwendungen** | **Neutrale Aufwendungen** | | |
|  | Betriebsfremde Aufwendungen | Außerordentliche Aufwendungen | Periodenfremde Aufwendungen |

Im Einzelnen gilt:

| Zweckaufwendungen | Sie werden auch **Betriebsaufwendungen** genannt und entstehen bei der Leistungserstellung und Leistungsverwertung, beziehen sich also ausschließlich auf die Erfüllung des Betriebszweckes und sind **deckungsgleich mit den Kosten** in der Kostenrechnung, z. B. in Bezug auf verbrauchte Roh-, Hilfs- und Betriebsstoffe. |
|---|---|
| Neutrale Aufwendungen | Sie dienen grundsätzlich nicht der Realisierung des Betriebszweckes. Neutrale Aufwendungen werden deshalb **in der Kostenrechnung nicht angesetzt**. Es gibt: <br>▶ **betriebsfremde Aufwendungen**, bei denen kein Zusammenhang mit der Leistungserstellung und Leistungsverwertung als eigentlicher betrieblichen Tätigkeit besteht, z. B. Spenden <br>▶ **außerordentliche Aufwendungen**, welche zwar durch die Leistungserstellung und Leistungsverwertung verursacht werden, aber **unregelmäßig** oder **nur vereinzelt** anfallen, sodass sie in der Kostenrechnung aus Gründen der Vergleichbarkeit der Rechnungsperioden nicht berücksichtigt werden, z. B. beim Verkauf einer Maschine unter ihrem Buchwert <br>▶ **periodenfremde Aufwendungen**, bei denen es sich um Aufwendungen handelt, die durch die Leistungserstellung und Leistungsverwertung entstehen, jedoch erst in einer **späteren Rechnungsperiode** anfallen, z. B. als Steuernachzahlung. |

▶ **Erträge** sind der Wertzuwachs durch erstellte Güter und Dienstleistungen innerhalb einer bestimmten Rechnungsperiode, der nicht nur auf der Erfüllung des Betriebszweckes beruht. Sie müssen mit den Einnahmen nicht wertmäßig übereinstimmen und können sein:

| Erträge | | | |
|---|---|---|---|
| **Zweckerträge** <br> = <br> **Betriebliche Erträge** | **Neutrale Erträge** | | |
| | Betriebsfremde Erträge | Außerordentliche Erträge | Periodenfremde Erträge |

Darunter ist zu verstehen:

| Betriebliche Erträge | Sie werden durch die Leistungserstellung und Leistungsverwertung erzielt und beziehen sich ausschließlich auf die Erfüllung des Betriebszweckes. Betriebliche Erträge werden als **Leistungen** den Kosten gegenübergestellt und können sein:<br>▶ **Umsatzerlöse** aus dem Verkauf der Güter und Dienstleistungen des Unternehmens<br>▶ **innerbetriebliche Erträge** durch selbst erstellte Güter oder werterhöhende Reparaturen, z. B. aktivierte Eigenleistungen<br>▶ **Nebenerlöse** als sonstige betriebliche Erträge aus dem Verkauf von Abfallprodukten, z. B. Schrott. |
|---|---|
| Neutrale Erträge | Sie resultieren grundsätzlich nicht aus der Erstellung und Verwertung der Güter und Dienstleistungen und dienen dementsprechend nicht dem Betriebszweck. Zu unterscheiden sind:<br>▶ **betriebsfremde Erträge**, bei denen keinerlei Zusammenhang mit der Leistungserstellung und Leistungsverwertung besteht, z. B. erhaltene Spenden<br>▶ **außerordentliche Erträge**, die zwar in Zusammenhang mit der Leistungserstellung und Leistungsverwertung stehen, aber **unregelmäßig** oder **lediglich vereinzelt** anfallen, z. B. bei dem Verkauf einer Maschine über Buchwert<br>▶ **periodenfremde Erträge**, die durch die Leistungserstellung und Leistungsverwertung entstehen, jedoch erst in einer späteren Periode erfolgen, z. B. als Rückerstattung von Steuern. |

Aufwendungen und Erträge werden in der **Finanzbuchhaltung** erfasst.

### Aufgabe 4 > Seite 184

## 1.3.4 Kosten – Leistungen

Kosten und Leistungen sind Begriffe der **Betriebsbuchhaltung**. Sie werden in der Kostenrechnung einschließlich der ihr eingegliederten Leistungsrechnung verwendet.

▶ **Kosten** stellen allgemein den wertmäßigen Verzehr von Produktionsfaktoren zur Leistungserstellung und Leistungsverwertung sowie zur Sicherung der dafür notwendigen betrieblichen Kapazitäten dar. Die sie begründenden **Merkmale** finden sich im **wertmäßigen Kostenbegriff**:
- mengenmäßiger **Verbrauch** von Gütern oder Leistungen
- **Leistungsbezogenheit** des Güter- oder Leistungsverbrauches
- **Bewertung** der leistungsbezogenen Güter- oder Leistungsmengen.

Die Wertansätze des Güterverbrauches müssen nicht mit den tatsächlichen Auszahlungen übereinstimmen, sie orientieren sich am Zweck der Kostenrechnung. So muss nicht zwingend der Anschaffungswert eines Gutes angesetzt werden, sondern z. B. ein Verrechnungswert. Wegen dieser Freiheit beim Wertensatz gibt es auch **Kosten**, denen **keine Aufwendungen** gegenüberstehen, weshalb unterschieden werden:

- **Grundkosten**, bei denen dem betriebsbedingten Werteverzehr für Güter und Dienstleistungen innerhalb einer bestimmten Rechnungsperiode entsprechende Aufwendungen gegenüber stehen, und zwar die Zweckaufwendungen als betriebliche Aufwendungen.
- **Zusatzkosten**, die dadurch gekennzeichnet sind, dass dem betriebsbedingten Werteverzehr einer bestimmten Rechnungsperiode *keine* Aufwendungen gegenüberstehen.

Somit ergibt sich:

| Neutrale Aufwendungen | Zweckaufwendungen | |
|---|---|---|
| | Grundkosten | Zusatzkosten |

▶ **Leistungen** sind das bewertete Ergebnis der betrieblichen Faktorkombination, also die in Erfüllung des Betriebszweckes erstellten Güter und Dienstleistungen. Sie stehen den Kosten gegenüber.

In der Kostenrechnung werden die Leistungen als **Kostenträger** bezeichnet. Sie lassen sich nach mehreren Kriterien unterscheiden, z. B. in:

- **Absatzleistungen** als für den Absatzmarkt bestimmte Leistungen
- **Eigenleistungen** als für die Eigenverwendung bestimmte Leistungen
- **Lagerleistungen**, die sich aus der Erhöhung des Bestandes an Erzeugnissen ergeben.

## 1.4 Kennzahlen

Die Erreichung der Ziele des Unternehmens wird im Rechnungswesen vielfach mithilfe von Kennzahlen überprüft. Das sind Zahlen, die sich auf betriebswirtschaftlich wichtige Tatbestände beziehen und diese in konzentrierter Form darstellen. Entsprechend ihrem Aufbau lassen sich zwei **Typen** von Kennzahlen unterscheiden:

▶ **Absolute Kennzahlen** in Form von Einzelzahlen, Summen und Differenzen, z. B. der Gewinn. Sie haben nur eine **begrenzte Aussagekraft**, weil sie in keiner Relation zu anderen Größen stehen.

▶ **Relative Kennzahlen**, bei denen mindestens zwei Werte zueinander in Beziehung gesetzt werden, z. B. die Rentabilität. Die **Aussagekraft** der relativen Kennzahlen ist **größer** als bei den absoluten Kennzahlen.

Als **Arten** von Kennzahlen sollen behandelt werden:
- **Gewinn**
- **Wirtschaftlichkeit**
- **Produktivität**
- **Rentabilität.**

Der Gewinn ist eine absolute Kennzahl. Wirtschaftlichkeit, Produktivität und Rentabilität zählen zu den relativen Kennzahlen.

## 1.4.1 Gewinn

Der Gewinn kann sich auf den gesamten unternehmerischen Erfolg oder auf den kostenrechnungsbezogenen Erfolg beziehen. Dementsprechend wird er auf unterschiedliche Weise ermittelt:

- In der **Kostenrechnung** zeigt er den internen Erfolg oder Betriebserfolg:

> Betriebserfolg = Leistungen - Kosten

- In **unternehmensbezogener Betrachtung** orientiert er sich an den handelsrechtlichen Vorschriften und beschreibt das Gesamtergebnis und damit den Unternehmenserfolg:

> Unternehmenserfolg = Erträge - Aufwendungen

Die **Aussagekraft** des Gewinnes als Kennzahl ist **eher gering**, solange kein Bezug zu anderen Größen hergestellt werden kann, z. B. im Hinblick auf die Höhe des Kapitals, das zur Erzielung des Gewinnes diente.

## 1.4.2 Wirtschaftlichkeit

Die Wirtschaftlichkeit ist als das Maß für die Einhaltung des **ökonomischen Prinzips** anzusehen, das zwei **Ausprägungen** aufweist:

- Als **Maximalprinzip** fordert es, mit gegebenen Mitteln einen größtmöglichen (= maximalen) Erfolg zu erzielen.
- Als **Minimalprinzip** verlangt es, einen bestimmten Erfolg mit geringstmöglichen (= minimalen) Mitteln zu erreichen.

Die **rechnerische Ermittlung** der Wirtschaftlichkeit ist auf verschiedene Weisen möglich. In der betrieblichen Praxis bedient man sich vielfach der beiden folgenden Formeln:

$$\text{(Ertrags-) Wirtschaftlichkeit} = \frac{\text{Erträge}}{\text{Aufwendungen}}$$

oder

$$\text{(Leistungs-) Wirtschaftlichkeit} = \frac{\text{Leistungen}}{\text{Kosten}}$$

Die Wirtschaftlichkeit ist bei beiden Formeln umso höher, je größer der Wert des sich ergebenden Quotienten ist. **Nachteilig** bei dieser Berechnung ist, dass es sich um bewertete Größen handelt, die zueinander in Beziehung gesetzt werden. Bei Veränderungen der Beschaffungspreise von Produktionsfaktoren und/oder der Absatzpreise verändert sich die Wirtschaftlichkeit.

**Zweckmäßiger** erscheint deshalb die folgende Berechnung der Wirtschaftlichkeit, wenn in geeigneter Weise ermittelte Sollkosten vorliegen:

$$\text{(Kosten-) Wirtschaftlichkeit} = \frac{\text{Sollkosten}}{\text{Istkosten}}$$

**Beispiel**

In einem Unternehmen werden zwei Produkte gefertigt. Bei Produkt I betragen die vorgegebenen Kosten 990 €, bei Produkt II 430 €. Tatsächlich sind Kosten von 894 € (Produkt I) und 477 € (Produkt II) entstanden.

$$\text{Wirtschaftlichkeit Produkt I} = \frac{990}{894} = \mathbf{1{,}11} \qquad \text{Wirtschaftlichkeit Produkt II} = \frac{433}{477} = \mathbf{0{,}90}$$

Auch hier ist die Wirtschaftlichkeit umso höher, je größer der Wert des Quotienten ist.

## Aufgabe 5 > Seite 184

### 1.4.3 Produktivität

Die Produktivität ist eine betriebswirtschaftliche Kennzahl für die mengenmäßige Ergiebigkeit der Kombination der Produktionsfaktoren. Sie lässt sich grundsätzlich in folgender Weise ermitteln:

$$\text{Produktivität} = \frac{\text{Mengenergebnis der Faktorkombination}}{\text{Faktoreinsatzmengen}}$$

# A. Grundlagen | 1. Rechnungswesen

Da dem Leistungsprozess mehrere Leistungsarten zugrunde liegen, sind als rechen- und verwertbare Produktivitäten im Sinne von **Teilproduktivitäten** zu unterscheiden:

$$\text{Materialproduktivität} = \frac{\text{Erzeugte Menge}}{\text{Materialeinsatz}}$$

$$\text{Arbeitsproduktivität} = \frac{\text{Erzeugte Menge}}{\text{Arbeitsstunden}^{1}}$$

$$\text{Betriebsmittelproduktivität} = \frac{\text{Erzeugte Menge}}{\text{Maschinenstunden}^{2}}$$

Die Produktivität als einzelne Maßzahl ermöglicht keine Aussagen. Erst durch den Vergleich mit anderen Produktivitäten, z. B. ähnlich strukturierter Unternehmen oder früherer Perioden, erlangt diese Kennzahl entsprechende Bedeutung.

## Aufgabe 6 > Seite 185

**Beispiel**

Für einen Produkttyp gilt:  Erzeugte Menge 2015   55.000 Stück
Arbeitsstunden 2015   12.000 Std.

Erzeugte Menge 2016   48.000 Stück
Arbeitsstunden 2016   11.000 Std.

$$\text{Arbeitsproduktivität 2015} = \frac{55.000}{12.000} = \mathbf{4{,}58}$$

$$\text{Arbeitsproduktivität 2016} = \frac{48.000}{11.000} = \mathbf{4{,}36}$$

---

[1] *oder* Arbeiterzahl
*oder* Fertigungsstunden

[2] *oder* Maschinenzahl
*oder* Nutzfläche

## 1.4.4 Rentabilität

Die Rentabilität ist das Verhältnis des Periodenerfolges zu anderen Größen. Als einzelne Maßzahl führt sie zu keiner ergiebigen Aussage. Erst durch den Vergleich mit anderen Rentabilitätszahlen, z. B. ähnlich strukturierter Unternehmen oder früherer Perioden, erlangt diese Kennzahl entsprechende Bedeutung.

Die Rentabilität tritt in mehreren **Arten** in Erscheinung. Das sind:

$$\text{Umsatzrentabilität} = \frac{\text{Erfolg}}{\text{Umsatz}} \cdot 100$$

$$\text{Eigenkapitalrentabilität} = \frac{\text{Erfolg}}{\text{Eigenkapital}} \cdot 100$$

$$\text{Gesamtkapitalrentabilität} = \frac{\text{Erfolg} + \text{verrechnete Fremdkapitalzinsen}}{\text{Gesamtkapital}} \cdot 100$$

$$\text{Rentabilität des betriebsnotwendigen Kapitals} = \frac{\text{Betriebserfolg} + \text{verrechnete Zinsen für betriebsnotwendiges Fremdkapital}}{\text{betriebsnotwendiges Gesamtkapital}} \cdot 100$$

**Beispiel**

Der Erfolg eines Unternehmens A lag 2016 bei 1,8 Mrd. €, eines Unternehmens B bei 1,7 Mrd. €. Unternehmen A wies einen Umsatz von 76 Mrd. €, Unternehmen B von 27 Mrd. € auf.

Umsatzrentabilität A = $\frac{1,8}{76} \cdot 100$ = **2,37 %**     Umsatzrentabilität B = $\frac{1,7}{27} \cdot 100$ = **6,30 %**

Eine gute Wirtschaftlichkeit oder Produktivität lässt nicht darauf schließen, dass auch die Rentabilität positiv zu beurteilen ist. Das ist z. B. der Fall, wenn unter günstigen Bedingungen produzierte Erzeugnisse am Markt nicht absetzbar sind.

**Aufgabe 7 > Seite 185**

# 2. Kosten

Kosten sind allgemein der wertmäßige Verzehr von Produktionsfaktoren zur Erstellung und Verwertung betrieblicher Leistungen und zur Sicherung der dafür notwendigen Kapazitäten. Sie lassen sich nach zahlreichen Kriterien unterscheiden.

Als **Arten** der Kosten sollen dargestellt werden:

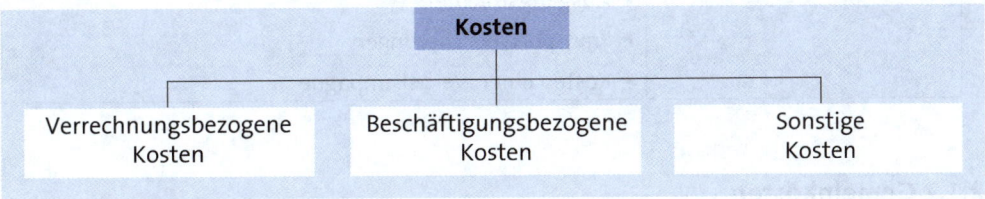

## 2.1 Verrechnungsbezogene Kosten

Nach der unterschiedlichen Verrechnung der Kosten auf die Kostenträger – das sind Erzeugnisse oder Aufträge – gibt es als Kosten:

- **Einzelkosten**
- **Gemeinkosten.**

### 2.1.1 Einzelkosten

Die Einzelkosten sind Kosten, die den Kostenträgern **unmittelbar** zugerechnet werden. Deshalb werden sie u. a. auch als **direkte Kosten** bezeichnet. Zu unterscheiden sind folgende **Arten** von Einzelkosten:

- Die **Fertigungsmaterialkosten**, die für Rohstoffe anfallen. Das sind Stoffe, die unmittelbar in die zu fertigenden Erzeugnisse eingehen und deren Hauptbestandteile bilden, z. B. Bleche in der Automobilindustrie. Sie werden durch **Materialentnahmescheine** erfasst.

- Die **Fertigungslohnkosten**, die bei der Be- und Verarbeitung des Einzelmaterials in der Fertigung anfallen und dem unmittelbaren Arbeitsfortschritt dienen, z. B. als Akkordlohn. Sie werden mithilfe von **Lohnzetteln** bzw. **Akkordscheinen** erfasst.

- Die **Sondereinzelkosten**, die ebenfalls belegmäßig unter Angabe der Kostenträger erfasst, aber nicht den einzelnen Erzeugnissen zugerechnet werden, sondern den jeweiligen **Aufträgen**, die aus einer Vielzahl gleichartiger Erzeugnisse bestehen können, z. B. als Serien. **Arten** der Sondereinzelkosten sind:

| | |
|---|---|
| Sondereinzelkosten der Fertigung | ▶ Sonderbetriebskosten (z. B. für Spezialwerkzeuge) <br> ▶ Konstruktionskosten <br> ▶ Patentkosten <br> ▶ Lizenzkosten |
| Sondereinzelkosten des Vertriebs | ▶ Verpackungskosten <br> ▶ Ausgangsfrachten <br> ▶ Transportversicherungen <br> ▶ Kosten einer Werbekampagne |

## 2.1.2 Gemeinkosten

Die Gemeinkosten sind Kosten, die den Kostenträgern **nicht unmittelbar** zugerechnet werden. Sie fallen für verschiedene Erzeugnisse gemeinsam an. Die Gemeinkosten werden u. a. auch als **indirekte Kosten** bezeichnet.

Während die Einzelkosten direkt auf die Kostenträger – also Erzeugnisse oder Aufträge – verrechnet werden, ist das bei bei den Gemeinkosten nicht der Fall. Ihre Erfassung geschieht zunächst in den Kostenstellen, und erst danach erfolgt mithilfe von Schlüsselgrößen eine Zurechnung auf die Kostenträger:

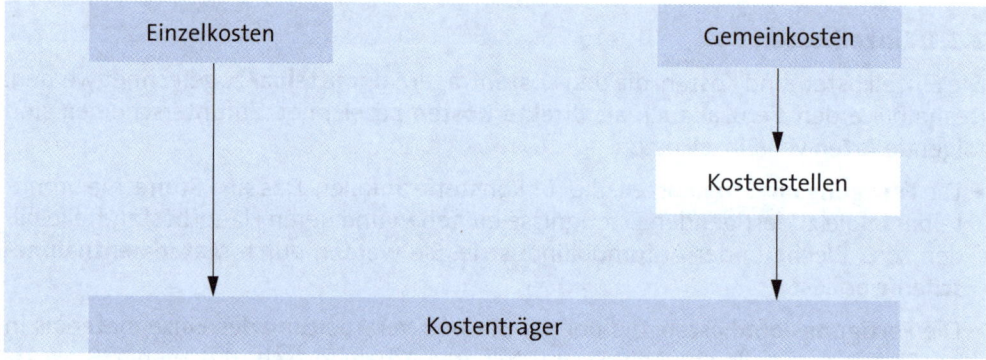

Wenn Kosten den Kostenträgern nicht unmittelbar zugerechnet werden können, sondern lediglich eine indirekte Zurechnung – wie gezeigt – möglich ist, wird von **echten Gemeinkosten** gesprochen. Wird z. B. aus organisatorischen oder abrechnungstechnischen Gründen auf eine Zurechnung verzichtet, obgleich dies möglich wäre, handelt es sich um **unechte Gemeinkosten**.

**Aufgabe 8 > Seite 185**

## 2.2 Beschäftigungsbezogene Kosten

Die Kosten können sich in ihrer Höhe sehr unterschiedlich entwickeln, wenn die Ausbringung oder Beschäftigung verändert wird, aber auch dann, wenn z. B. die Preise und/oder Qualitäten der Produktionsfaktoren variieren.

Unter **Beschäftigung** wird die tatsächliche Nutzung des Leistungsvermögens eines Unternehmens verstanden. Sie wird in Leistungseinheiten gemessen, z. B. in Ausbringungsmengen, Arbeitsstunden, Maschinenstunden, und steht in engem Zusammenhang mit dem Leistungsvermögen, das auch als **Kapazität** bezeichnet wird und angibt, was ein Unternehmen bei Vollbeschäftigung in einem bestimmten Zeitabschnitt zu leisten vermag.

Der Maßstab für die Beschäftigung ist der **Beschäftigungsgrad**, der in folgender Weise ermittelbar ist:

$$\text{Beschäftigungsgrad} = \frac{\text{Eingesetzte Kapazität}}{\text{Vorhandene Kapazität}} \cdot 100$$

oder

$$\text{Beschäftigungsgrad} = \frac{\text{Ist-Leistung}}{\text{Kapazität}} \cdot 100$$

**Beispiel**

Produzierte Menge   30.000 Stück
Maximal produzierbare Menge   40.000 Stück

$$\text{Beschäftigungsgrad} = \frac{30.000}{40.000} \cdot 100 = \mathbf{75\,\%}$$

Die Kosten lassen sich nach verschiedenen **Erhebungszwecken** unterscheiden in:

► **Gesamtkosten** als Kosten, die in einem Unternehmen für die Erstellung der betrieblichen Leistung in einer Periode anfallen.

$$K = K_f + K_v$$

K = Gesamtkosten (€/**Periode**)

$K_f$ = Fixe Kosten (€/**Periode**)

$K_v$ = Variable Kosten (€/**Periode**)

▶ **Durchschnittskosten** als Kosten pro Leistungseinheit, die auch **Stückkosten** genannt werden.

$$k = \frac{K}{x}$$

k = Durchschnittskosten (€/**Stück**)
K = Gesamtkosten (€/**Periode**)
x = Leistungsmenge (€/**Periode**)

▶ **Grenzkosten** als der Zuwachs der Gesamtkosten, der durch die Fertigung einer weiteren Leistungseinheit verursacht wird.

$$K' = \frac{dK}{dx}$$

K' = Grenzkosten (€/**Stück**)

$\frac{dK}{dx}$ = Differenzialquotient

Bei linearem Verlauf der Kostenkurve ergeben sich die Grenzkosten:

$$\text{Grenzkosten} = \frac{\text{Kostenzuwachs}}{\text{Mengenzuwachs}}$$

## Aufgabe 9 > Seite 186

Im Rahmen der beschäftigungsbezogenen Kosten sollen behandelt werden:
▶ **fixe Kosten**
▶ **variable Kosten**
▶ **Mischkosten**.

### 2.2.1 Fixe Kosten

Fixe Kosten zeigen innerhalb bestimmter Beschäftigungsgrenzen und innerhalb eines bestimmten Zeitraumes keine Veränderungen auf. Sie werden u. a. auch **beschäftigungsfixe** oder **zeitabhängige Kosten** genannt und sind stets **Gemeinkosten**, während Gemeinkosten aber nicht immer fixe Kosten darstellen. Gemeinkosten können auch anfallen, ohne dass Leistungen erstellt werden.

Bei langfristiger Betrachtung gibt es keine fixen Kosten, da praktisch alle Kosten langfristig variabel sind, d. h. Veränderungen unterliegen. Nach ihrem Verlauf sind zwei **Arten** von fixen Kosten zu unterscheiden:

**A. Grundlagen** | 2. Kosten

▶ **Absolut fixe Kosten**

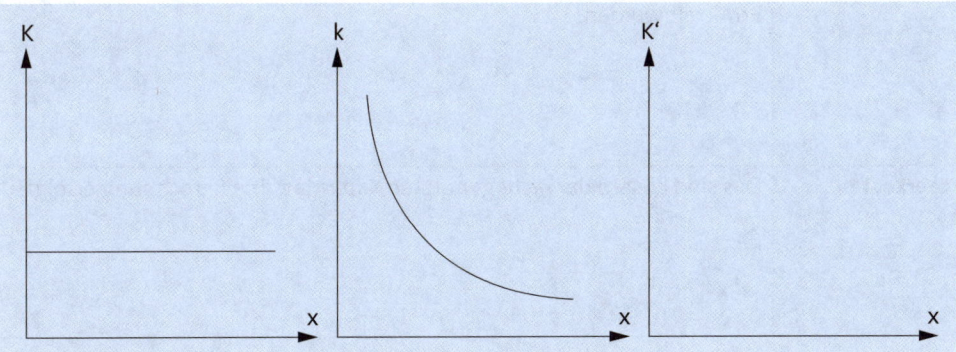

Die **Gesamtkosten** bleiben bei Beschäftigungsschwankungen konstant.

Die **Durchschnittskosten** (Stückkosten) verhalten sich bei Beschäftigungsschwankungen degressiv.

**Grenzkosten** fallen bei Beschäftigungsschwankungen nicht an.

▶ **Sprungfixe** oder **intervallfixe Kosten**

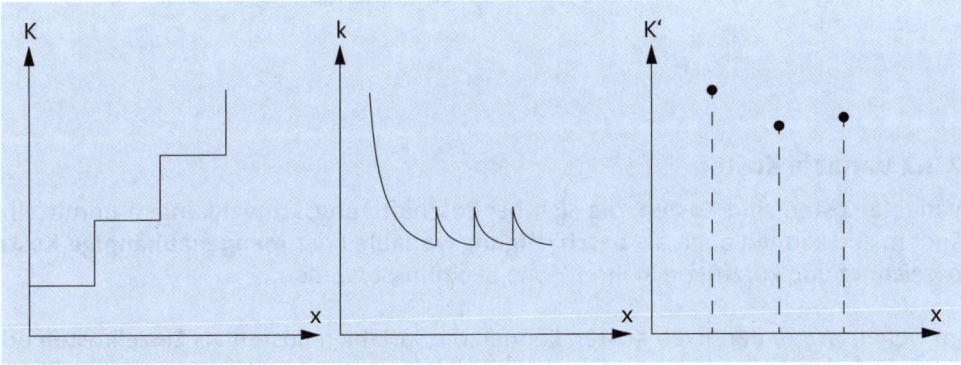

Die **Gesamtkosten** bleiben innerhalb eines Beschäftigungsintervalls konstant.

Die **Durchschnittskosten** (Stückkosten) sinken degressiv, steigen aber jeweils nach Anstieg der Gesamtkosten sprungweise.

**Grenzkosten** fallen nur an, wenn die Gesamtkosten ansteigen.

Da die fixen Kosten auch anfallen, wenn keine Leistungen erstellt werden, also die Kapazität nicht ausgeschöpft wird, ist es bedeutsam zu wissen, **welche der Kosten ungenutzt** entstehen. Aus diesem Grund werden unterschieden:

| | |
|---|---|
| **Nutzkosten** | Dabei handelt es sich um Kosten der genutzten Kapazität. Sie können ermittelt werden:<br><br>$$K_N = K_f \cdot b$$ |
| **Leerkosten** | Das sind Kosten der *nicht* genutzten Kapazität. Ihre Berechnung erfolgt:<br><br>$$K_L = K_f - K$$ |

wobei: $K_L$ = Leerkosten (€/**Periode**)   $K_N$ = Nutzkosten (€/**Periode**)

$K_f$ = Fixe Kosten (€/**Periode**)   b = Beschäftigungsgrad

Die Leerkosten nehmen mit zunehmendem Beschäftigungsgrad ab. Dementsprechend erfahren die Nutzkosten in diesem Falle einen Zuwachs. Nutzkosten und die Leerkosten stellen als Summe die gesamten entstehenden Kosten dar.

**Aufgabe 10 > Seite 186**

## 2.2.2 Variable Kosten

Variable Kosten sind Kosten, die sich bei Beschäftigungsschwankungen unmittelbar ändern. Sie können auch als **beschäftigungsvariable** oder **mengenabhängige Kosten** bezeichnet und kurzfristig in ihrer Höhe beeinflusst werden.

Im Gegensatz zu den fixen Kosten können die variablen Kosten als **Einzelkosten** oder **Gemeinkosten** in Erscheinung treten. Sie fallen nur an, wenn Leistungen erstellt werden. Als Einzelkosten werden sie den Erzeugnissen direkt zugerechnet, als Gemeinkosten indirekt über die Kostenstellen.

Variable Kosten können verschiedene Verläufe aufweisen, die sich durch ihren **Reagibilitätsgrad** charakterisieren lassen:

$$R = \frac{\text{Prozentuale Kostenänderung}}{\text{Prozentuale Beschäftigungsänderung}}$$

R = Reagibilitätsgrad

Als **Verläufe** der variablen Gesamtkosten sind zu unterscheiden:
- **Proportionaler Verlauf**

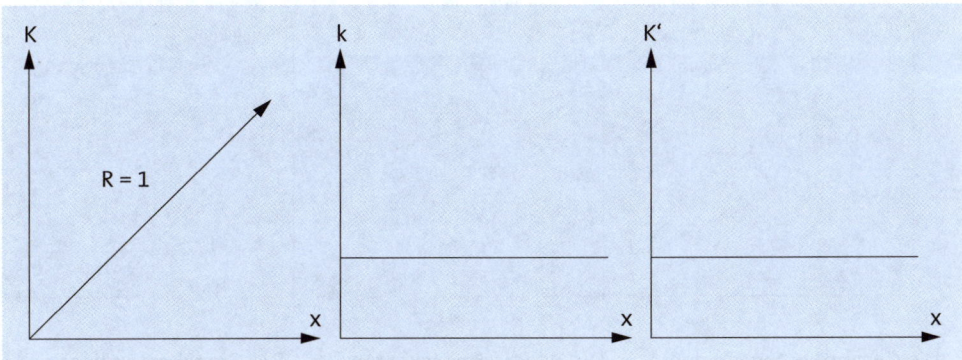

Die **Gesamtkosten** reagieren im gleichen Maße wie die Beschäftigung.

Die **Durchschnittskosten** (Stückkosten) sind konstant.

Die **Grenzkosten** sind ebenfalls konstant.

Wenn von variablen Kosten gesprochen wird, erfolgt meist die Annahme eines proportionalen Verlaufes, z. B. bei Akkordlöhnen, konstanten Einstandspreisen, Verbrauchssteuern.

### Beispiel

| Ausbringungsmenge x | Gesamtkosten K | Durchschnittskosten k | Grenzkosten K' |
|---|---|---|---|
| 1 | 40 | 40 | 40 |
| 2 | 80 | 40 | 40 |
| 3 | 120 | 40 | 40 |
| 4 | 160 | 40 | 40 |
| 5 | 200 | 40 | 40 |

## A. Grundlagen | 2. Kosten

### ▶ Degressiver Verlauf

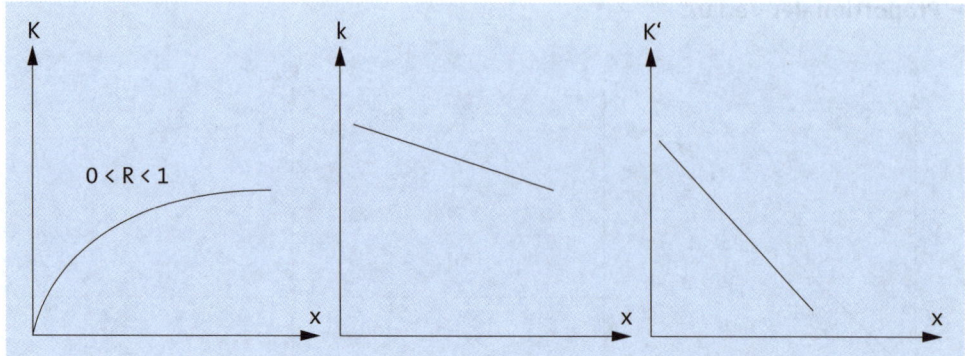

Die **Gesamtkosten** steigen in geringerem Maße als die Beschäftigung.

Die **Durchschnittskosten** (Stückkosten) fallen degressiv.

Die **Grenzkosten** liegen unter den Durchschnittskosten und fallen.

Ein degressiver Verlauf der variablen Gesamtkosten kann sich z. B. ergeben, wenn Mengenrabatte gewährt werden.

### Beispiel

| Ausbringungsmenge x | Gesamtkosten K | Durchschnittskosten k | Grenzkosten K' |
|---|---|---|---|
| 1 | 40 | 40 | 40 |
| 2 | 76 | 38 | 36[1] |
| 3 | 108 | 36 | 32[2] |
| 4 | 136 | 34 | 28[3] |
| 5 | 160 | 32 | 24[4] |

---

[1] 76 - 40 = **36**

[2] 108 - 40 - 36 = **32**

[3] 136 - 40 - 36 - 32 = **28**

[4] 160 - 40 - 36 - 32 - 28 = **24**

### ▶ Progressiver Verlauf

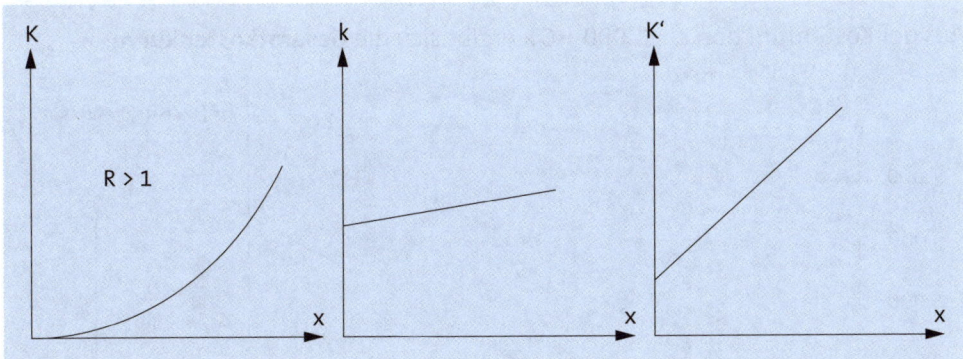

Die **Gesamtkosten** steigen in stärkerem Maße als die Beschäftigung.

Die **Durchschnittskosten** (Stückkosten) steigen.

Die **Grenzkosten** liegen über den Durchschnittskosten und steigen.

Die variablen und fixen Kosten ergeben zusammen die gesamten Kosten. Sie lassen sich in einer **Kostenfunktion** mathematisch darstellen, bei welcher üblicherweise ein proportionaler Verlauf der variablen Kosten unterstellt wird:

Gesamte Kosten = Fixe Kosten + Variable Kosten

oder

$K = K_f + k \cdot x$

$K$ = Kosten (€/**Periode**)

$K_f$ = Fixe Kosten (€/**Periode**)

$k$ = Stückkosten (€/**Stück**)

$x$ = Menge (**Stück**)

## Beispiel

Aus der Kostenfunktion K = 1.000 + 6 x ergibt sich die **Gesamtkostenkurve**:

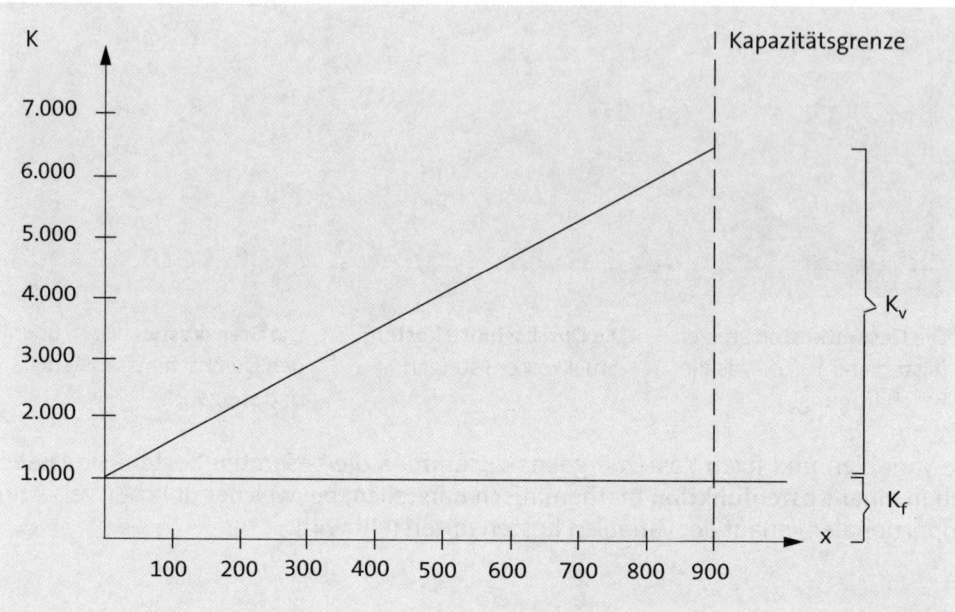

Unter Berücksichtigung eines Verkaufserlöses von 8 €/Einheit gilt als **Umsatzfunktion**:

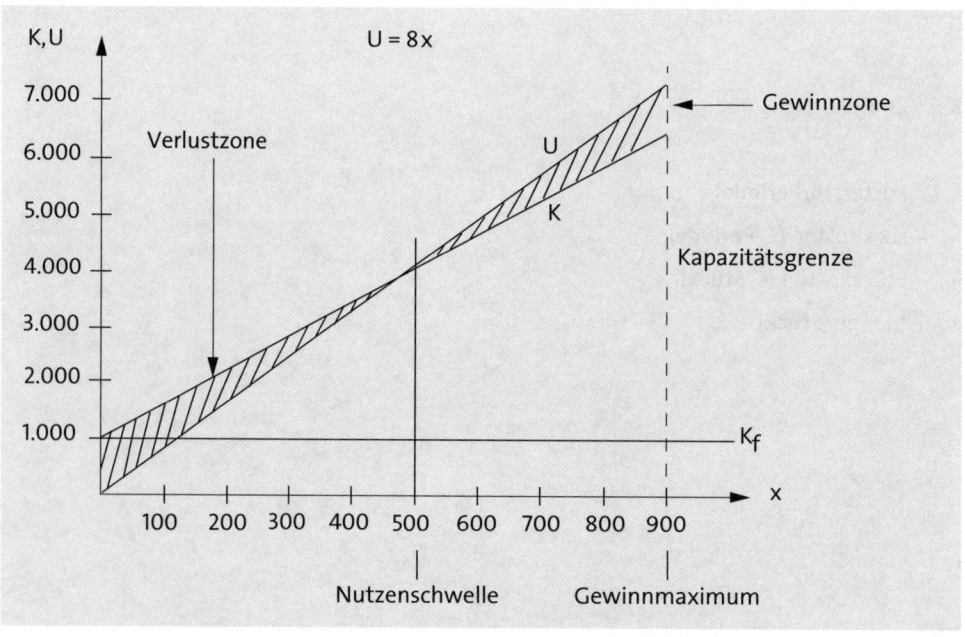

Die **Nutzenschwelle** ist der Übergang von der Verlustzone in die Gewinnzone. Sie ergibt sich aus dem Schnittpunkt von Kostenkurve und Umsatzkurve. Das **Gewinnmaximum** wird bei einer linearen Gesamtkostenkurve an der Kapazitätsgrenze erreicht.

**Aufgabe 11 > Seite 186**

### 2.2.3 Mischkosten

Gewöhnlich werden die beschäftigungsbezogenen Kosten in fixe und variable Kosten unterteilt. In der betrieblichen Praxis gibt es aber mehrere Kostenarten, die weder reine fixe Kosten noch reine variable Kosten sind. Sie können dementsprechend als Mischkosten bezeichnet werden.

Um die Kosten in fixe und variable Bestandteile zerlegen zu können, sind mehrere **Verfahren der Kostenauflösung** entwickelt worden – siehe *Olfert*:

► Bei der **buchtechnisch-statistischen Methode** werden die betreffenden Kosten daraufhin untersucht, wie sie sich bei Beschäftigungsschwankungen verhalten haben. Die Kosten können mithilfe des **Reagibilitätsgrades** zerlegt werden – siehe Seite 39.

► Bei der **mathematischen Methode** wird ein linearer Verlauf der zwischen zwei Beschäftigungspunkten bestehenden Differenzkosten unterstellt. Die Berechnung erfolgt schichtweise unter Verwendung des **Differenzenquotienten:**

$$\text{Differenzenquotient} = \frac{\text{Kostenspanne}}{\text{Beschäftigungsspanne}} = \frac{K_2 - K_1}{x_2 - x_1}$$

**Beispiel**

| | | |
|---|---|---|
| Kostenspanne: | von 2.500 € auf 3.500 € | $\hat{=}$ Zuwachs um 1.000 € |
| Beschäftigungsspanne: | von 200 Std. auf 300 Std. | $\hat{=}$ Zuwachs um 100 Std. |

Der Differenzenquotient und damit die proportionalen Fertigungskosten je Fertigungsstunden sind:

$$\frac{3.500 - 2.500}{300 - 200} = 10 \text{ €/Std.}$$

Somit können ermittelt werden:

|   | | |
|---|---:|---:|
|   | Gesamtkosten bei 200 Fertigungsstunden | 2.500 € |
| - | Proportionale Kosten (200 Std. • 10 €/Std.) | 2.000 € |
| = | **Fixe Kosten** | **500 €** |
|   | Gesamtkosten bei 300 Fertigungsstunden | 3.500 € |
| - | Proportionale Kosten (300 Std. • 10 €/Std.) | 3.000 € |
| = | **Fixe Kosten** | **500 €** |

Es ist festzustellen, dass unabhängig vom Beschäftigungsgrad 500 € als fixe Kosten angefallen sind.

▶ Bei der **grafischen Methode** wird ebenfalls von einem linearen Verlauf der Kostenkurve ausgegangen. Die Beschäftigung und die damit verbundenen Kosten werden – jeweils monatlich kumuliert – über ein Jahr hinweg aufgezeichnet.

Diese Daten sind in ein **Koordinatensystem** einzutragen, und es wird freihändig eine Gerade gezeichnet, die möglichst geringe Abstände zu den markierten Daten aufweist. Aus dem **Schnittpunkt** dieser Geraden und der Kostenachse ergeben sich die fixen Kosten pro Monat, mit 12 multipliziert pro Jahr. Der verbleibende Rest der Kosten stellt die variablen Kosten dar.

▶ Bei der **Methode der kleinsten Quadrate** werden – wie bei der grafischen Methode – die Beschäftigung und die damit verbundenen Kosten über ein Jahr hinweg aufgezeichnet und formelmäßig verarbeitet.

**Aufgabe 12 > Seite 187**

## 2.3 Sonstige Kosten

Die Kosten lassen sich nach weiteren Kriterien unterteilen. Es sollen genannt werden:

► **Herkunftsbezogene Kosten**

| Primäre Kosten | Dabei handelt es sich um Kosten, die dem Unternehmen aufgrund seiner **Beziehungen zur Umwelt** entstehen, d. h. die verbrauchten Kostengüter wurden von außen und nicht vom Unternehmen selbst geschaffen, z. B. als Materialkosten. Die primären Kosten werden auch als **ursprüngliche** oder **einfache Kosten** bezeichnet. |
|---|---|
| Sekundäre Kosten | Sie beziehen sich – in der Kostenstellenrechnung – auf die innerbetrieblichen Leistungen und werden auch **gemischte**, **zusammengesetzte** oder **abgeleitete Kosten** genannt, z. B. als Raumkosten. |

► **Zeitbezogene Kosten**

| Istkosten | Das sind vergangenheitsbezogene Kosten, die für eine Leistungseinheit oder eine Zeiteinheit tatsächlich angefallen sind. Sie werden auch als **effektive** oder **tatsächliche Kosten** bezeichnet und ergeben sich: <br><br> Istkosten = Ist-Menge • Ist-Preis |
|---|---|
| Normalkosten | Sie werden aus den Istkosten vergangener Perioden – als durchschnittliche Kosten – abgeleitet und beziehen sich auf den mengenmäßigen Verbrauch und/oder den Preis. Rechnerisch kommen sie zu Stande: <br><br> Normalkosten = Normal-Menge • Normal-Preis |
| Plankosten | Sie stellen im Voraus bestimmte, bei ordnungsgemäßem Betriebsverlauf methodisch errechnete Kosten für den leistungsgebundenen Güterverzehr dar und lassen sich ermitteln: <br><br> Plankosten = Plan-Menge • Plan-Preis |

► **Umfangbezogene Kosten**

| Vollkosten | Sie enthalten sowohl fixe als auch variable Kostenbestandteile. Die Vollkosten setzen sich aus Einzelkosten und Gemeinkosten zusammen. |
|---|---|
| Teilkosten | Sie bestehen lediglich aus variablen Kosten, d. h. die Teilkosten fallen nur an, wenn Leistungen erstellt werden, z. B. als Materialkosten. |

# 3. Kostenrechnung

Die Kostenrechnung ist ein Gebiet des Rechnungswesens. Sie entspricht der **Betriebsbuchhaltung**, in welche auch die Leistungsrechnung eingegliedert ist. Diese soll als integrativer Bestandteil der Kostenrechnung angesehen werden, wodurch die Kostenrechnung zu einer **kalkulatorischen Erfolgsrechnung** wird.

Die Kostenrechnung hat vielfältige **Aufgaben** zu erfüllen. Dazu zählen vor allem:

- Planung des leistungsbezogenen Erfolges
- Planung der Fertigungsverfahren
- Planung der Beschaffungsmethoden
- Planung der Absatzmethoden

- Erfassung der Kosten nach Kostenarten
- Verteilung der Kosten auf die Kostenstellen
- Zurechnung der Kosten auf die Kostenträger
- Erfassung der Leistungen
- Ermittlung der Wirtschaftlichkeit
- Kontrolle der Wirtschaftlichkeit
- Ermittlung des leistungsbezogenen Erfolges

- Ermittlung der Angebotspreise
- Ermittlung der Preisuntergrenzen für Absatzgüter
- Ermittlung der Preisobergrenzen für Beschaffungsgüter
- Ermittlung der Verrechnungspreise für innerbetriebliche Leistungen
- Kontrolle der Preise
- Kontrolle des leistungsbezogenen Erfolges.

Eine Beschreibung der Kostenrechnung soll umfassen:

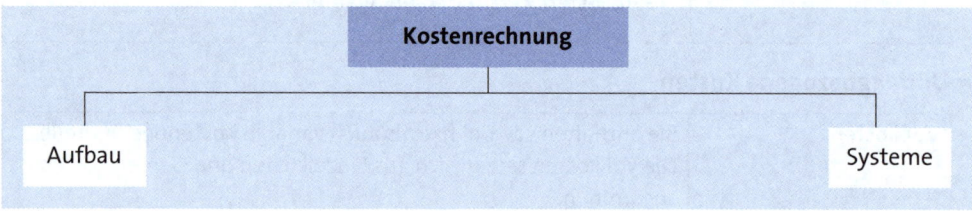

# 3.1 Aufbau

Die Kostenrechnung erfolgt auf der Grundlage der Daten, welche die Finanzbuchhaltung ihr bereitstellt. Während die **Finanzbuchhaltung** jedoch mit Aufwendungen und Erträgen rechnet, handelt es sich bei den Rechengrößen der **Kostenrechnung** um Kosten und Leistungen.

Da beide Begriffspaare unterschiedliche Inhalte aufweisen, sind bei der Übernahme der Aufwendungen und Erträge in die Kostenrechnung entsprechende Korrekturen als **sachliche Abgrenzungen** vorzunehmen. Das geschieht, indem die Aufwendungen und Erträge um ihre neutralen Anteile bereinigt werden.

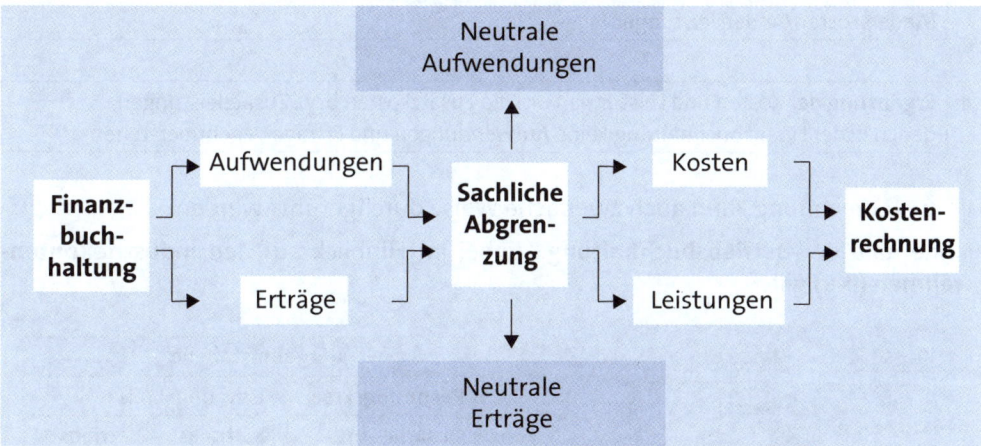

Die Abgrenzungen bzw. Korrekturen erfolgen mithilfe der **Ergebnistabelle**, die folgende Grundstruktur aufweist:

| Ergebnistabelle | | | | | | | | |
|---|---|---|---|---|---|---|---|---|
| Rechnungskreis I | | | Rechnungskreis II | | | | | |
| Finanzbuchhaltung | | | Abgrenzungsbereich | | | | Kosten- und Leistungsrechnung | |
| | | | Unternehmensbezogene Abgrenzungen | | Kostenrechnerische Korrekturen | | | |
| Konto | Aufwendungen | Erträge | Neutrale Aufwendungen | Neutrale Erträge | Zweckaufwendungen | Verrechnete Kosten | Kosten | Leistungen |
| ⋮ | ⋮ | ⋮ | ⋮ | ⋮ | ⋮ | ⋮ | ⋮ | ⋮ |
| Summen | | | | | | | | |
| | Gesamtergebnis | | Neutrales Ergebnis | | | | Betriebsergebnis | |

A. Grundlagen | 3. Kostenrechnung

Zu ihrer Erstellung sind folgende **Schritte** notwendig, wobei Schritt 1 im Rechnungskreis I erfolgt und die folgenden Schritte im Rechnungskreis II vorgenommen werden:

| 1 | **Übernahme** der Aufwendungen und Erträge aus der Finanzbuchhaltung |
|---|---|

⇩

| 2 | **Trennung** der Zweckaufwendungen von den neutralen Aufwendungen bzw. der Zweckerträge von den neutralen Erträgen |
|---|---|

⇩

| 3 | **Ermittlung** der Zweckaufwendungen und Zweckerträge, die in der Kosten- und Leistungsrechnung mit einem abweichenden Betrag anzusetzen sind (Anderskosten/Andersleistungen) |
|---|---|

⇩

| 4 | **Ergänzung** der Kosten und Leistungen um die Zusatzkosten bzw. Zusatzleistungen, denen in der Finanzbuchhaltung keine Aufwendungen und Erträge gegenüberstehen |
|---|---|

Die Kostenrechnung kann auch zweifache Weise durchgeführt werden:

▸ Innerhalb der **Betriebsbuchhaltung**, wobei im Hinblick auf den **Industriekontenrahmen (IKR)** gilt:

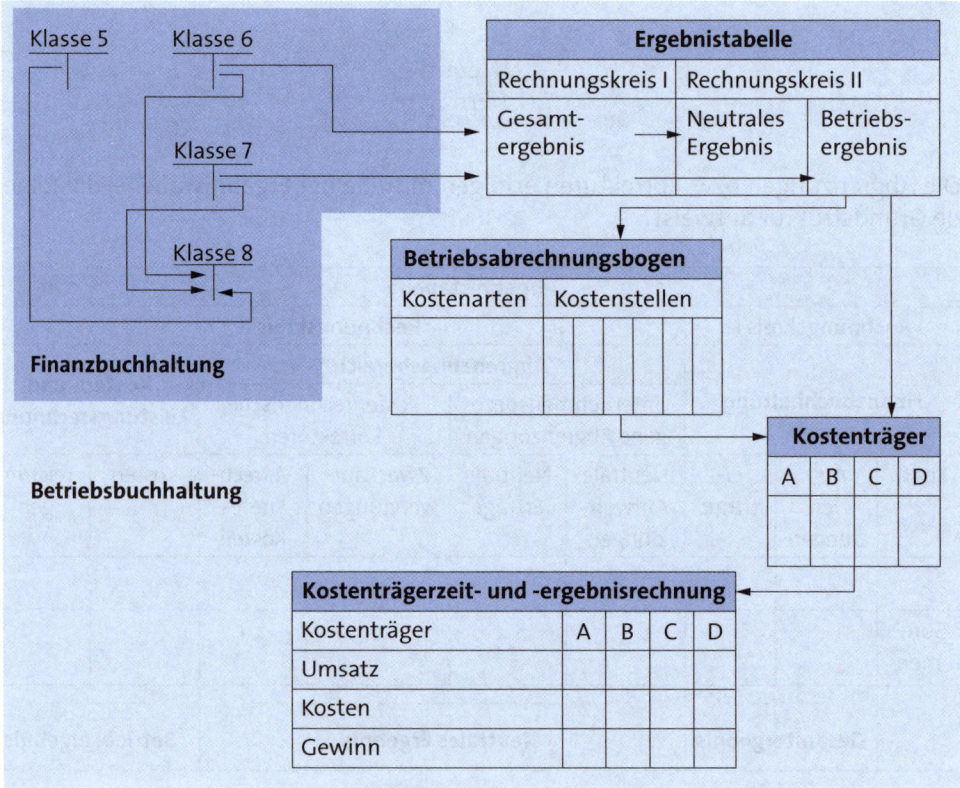

- Üblicherweise in der betrieblichen Praxis aber **statistisch-tabellarisch** außerhalb der Buchhaltung.

Der **Aufbau** der Kostenrechnung umfasst:

> Kostenartenrechnung
> ⇩
> Kostenstellenrechnung
> ⇩
> Kostenträgerrechnung

- Die **Kostenartenrechnung** dient dazu, festzustellen, *welche* Kosten in welcher Höhe angefallen sind. Sie ist Ausgangspunkt der Kostenrechnung und bildet die Grundlage für die Kostenstellenrechnung und Kostenträgerrechnung.

  Ihre **Aufgabe** ist es, alle in einer Periode anfallenden Kosten genau zu erfassen und aufzugliedern. Dabei übernimmt sie einen großen Teil der Kostenarten aus **Nebenbuchhaltungen**, insbesondere:

  - Lohn- und Gehaltsbuchhaltung
  - Lagerbuchhaltung
  - Anlagenbuchhaltung.

  Die Kostenartenrechnung gliedert die Kosten ihrer Art nach sowohl in Einzel-, Gemein- und Sondereinzelkosten als auch in fixe und variable Kosten.

- Die **Kostenstellenrechnung** soll klären, *wo* im Unternehmen die Kosten entstanden sind. Sie ist die zweite Stufe der Kostenrechnung und übernimmt diejenigen Kosten aus der Kostenartenrechnung, welche den Kostenträgern nicht unmittelbar zugerechnet werden, die **Gemeinkosten**.

  In der Kostenstellenrechnung werden die auf jede Kostenstelle entfallenden Gemeinkosten als Zuschlagsatz auf die in der Kostenstelle angefallenen Einzelkosten ermittelt. Dies geschieht in der betrieblichen Praxis üblicherweise mithilfe des **Betriebsabrechnungsbogens**.

  Die einzelnen Zuschlagsätze werden in die Kostenträgerrechnung übernommen, wodurch eine anteilige Zurechnung der Gemeinkosten auf die Kostenträger möglich ist.

- Die **Kostenträgerrechnung** dient der Feststellung, *wofür* Kosten entstanden sind, also für welche Produkte. Sie übernimmt die **Einzelkosten** aus der Kostenartenrechnung sowie die Gemeinkosten aus der Kostenstellenrechnung und verrechnet die Kosten auf die Kostenträger, die auch als Erzeugnisse oder Aufträge bezeichnet werden. Zudem werden die durch die Kostenträger erzielten **Erlöse** erfasst.

  Die **Durchführung** der Kostenträgerrechnung kann erfolgen als:

  - Kostenträger**zeit**rechnung als Periodenrechnung
  - Kostenträger**stück**rechnung, die auch Kalkulation genannt wird.

  Die Kostenträgerrechnung bildet den **Abschluss** der Kostenrechnung.

## 3.2 Systeme

Die Kostenrechnung kann – entsprechend unterschiedlicher Zielsetzungen – auf verschiedene Weisen durchgeführt werden. Zu nennen sind:

▶ **Zeitbezogene Kostenrechnungssysteme**

| Istkostenrechnung | Sie erfasst die tatsächlich angefallenen Kosten – die **Istkosten** – und verrechnet sie auf die Kostenstellen und Kostenträger. Dabei gehen Schwankungen, die z. B. beim Bezug von Rohstoffen auftreten, in vollem Umfang in die Istkostenrechnung ein und beeinflussen ihre Ergebnisse. <br><br> Die Istkostenrechnung kann betrieben werden als: <br><br> ▶ **Vollkostenrechnung** – siehe S. 53 <br> ▶ **Teilkostenrechnung** – siehe S. 53. <br><br> Als Vollkostenrechnung wird sie in den Kapiteln B., C., D. beschrieben, als Teilkostenrechnung im Kapitel F. |
|---|---|
| Normalkostenrechnung | Sie stellt eine Weiterentwicklung der Istkostenrechnung dar und erfasst die Kosten in der Kostenstellenrechnung als **Normalkosten**. Das sind die Durchschnittswerte, die sich aus den in vergangenen Perioden angefallenen Istkosten ergeben. <br><br> Der Normalkostenrechnung können statische Mittelwerte oder aktualisierte Mittelwerte zugrunde liegen. Sie wird als **Vollkostenrechnung** betrieben, wobei es zwei Formen gibt – siehe ausführlicher *Olfert*: <br><br> ▶ **starre Normalkostenrechnung** <br> (*ohne* Berücksichtigung von Beschäftigungsveränderungen) <br><br> ▶ **flexible Normalkostenrechnung** <br> (*mit* Berücksichtigung von Beschäftigungsänderungen). |
| Plankostenrechnung | Sie ist eine zukunftsorientierte Kostenrechnung und arbeitet mit **Plankosten**. Das sind im Voraus bestimmte, bei ordnungsgemäßem Betriebsverlauf methodisch errechenbare Kosten. Sie werden aufgrund von Erfahrungen der Vergangenheit und unter Berücksichtigung der zukünftigen inner- und außerbetrieblichen Verhältnisse ermittelt. <br><br> Die Plankostenrechnung wird durchgeführt als: <br><br> ▶ **starre Plankostenrechnung als Vollkostenrechnung** <br> ▶ **flexible Plankostenrechnung als Vollkostenrechnung** <br> ▶ **Grenzplankostenrechnung als Teilkostenrechnung.** <br><br> Sie wird im Kapitel E. behandelt. |

## ▶ Umfangbezogene Kostenrechnungssysteme

| Vollkostenrechnung | Bei ihr werden alle Kostenbestandteile – also fixe und variable Kosten – erfasst und auf die Kostenträger verteilt. Sie **widerspricht** dem **Verursachungsprinzip**, da die Kostenträger auch mit Kosten belastet werden, die sie nicht verursacht haben.<br><br>Als Vollkostenrechnung gelten:<br>▶ **Istkostenrechnung mit Vollkosten**<br>▶ **Normalkostenrechnung mit Vollkosten**<br>▶ **Plankostenrechnung mit Vollkosten.**<br><br>Istkostenrechnung und Plankostenrechnung werden in den folgenden Kapiteln beschrieben. Nähere Ausführungen zur Normalkostenrechnung mit Vollkosten erfolgen von *Olfert*. |
|---|---|
| Teilkostenrechnung | Bei ihr werden nicht alle Kostenbestandteile – sondern nur die variablen Kosten – den Kostenträgern zugerechnet. Somit trägt sie dem **Verursachungsprinzip** entsprechend Rechnung, denn die Kostenträger werden nur mit den Kosten belastet, die durch sie verursacht wurden.<br><br>Die fixen Kosten werden bei der Teilkostenrechnung als Block erfasst und nicht auf die Kostenträger verteilt. Als Teilkostenrechnungen gelten vor allem:<br>▶ **einstufige Deckungsbeitragsrechnung**<br>  (Direct Costing)<br>▶ **mehrstufige Deckungsbeitragsrechnung**<br>  (Fixkostendeckungsrechnung)<br>▶ **Deckungsbeitragsrechnung mit relativen Einzelkosten**<br>▶ **Grenzplankostenrechnung.**<br><br>Für weitere Informationen zur mehrstufigen Deckungsbeitragsrechnung und zur Deckungsbeitragsrechnung mit relativen Einzelkosten wird auf die grundlegende Darstellung von *Olfert* verwiesen.<br><br>Die Grenzplankostenrechnung wird in Kapitel E., die einstufige Deckungsbeitragsrechnung in Kapitel F. behandelt. |

Die zeit- und umfangbezogenen Kostenrechnungssysteme sind Grundlagen und unverzichtbare Bestandteile der Kostenrechnung. Um ein wirkungsvolles Kostenmanagement zu betreiben, reichen sie als Instrumente der Kostenrechnung jedoch nicht aus, sondern sollten durch Kostenrechnungskonzepte ergänzt werden, die prozess- und marktbezogen ausgerichtet sind. Dabei sollen unterschieden werden – siehe ausführlich *Olfert*:

- Die **Prozesskostenrechnung**, die dem Management der Geschäftsprozesse dient. Sie ermöglicht es, den Ressourcenverbrauch und die Kapazitätsauslastung im Unternehmen zu steuern sowie Chancen und Risiken frühzeitig aufzudecken, damit das Kostenmanagement rasch geeignete Maßnahmen ergreifen kann.

  Die Prozesskostenrechnung ist ein **Vollkostenrechnungssystem**, mit dem inhaltlich berücksichtigt wird, dass die Produkte unterschiedliche Tätigkeiten bzw. Teilprozesse in Anspruch nehmen. Sie ist u. a. das Ergebnis des Bemühens um eine stärkere strategische Ausrichtung der Kostenrechnung. Dabei erfordert die Erhaltung von **Wettbewerbsvorteilen** die genaue Kenntnis der „richtigen" betrieblichen Kosten. Die betriebswirtschaftliche Literatur äußert sich dazu vorsichtig und skeptisch.

  Die zunehmende Automatisierung der Produktion führt zu starken **Veränderungen der Produktionsbedingungen** und der Kostenstrukturen. Die Bedeutung der indirekten Leistungsbereiche, z. B. Produktionsplanung, Forschung, Logistik nimmt zu und wirkt sich in einem starken Anstieg der Gemeinkosten im Vergleich zu den Einzelkosten aus.

  Aus diesem Grund strebt die Prozesskostenrechnung eine **verursachungsgerechte** Zuordnung der Gemeinkosten indirekter Leistungsbereiche auf die Kostenträger an. **Voraussetzung** dafür ist ein entsprechender Aufbau des Kostenrechnungssystems, das die Prozesskostenrechnung umfasst:
    - Die **Zergliederung in Prozesse**, indem eine zweckdienliche Zerlegung der von den Kostenstellen zu verrichtenden Aufgabenkomplexe in Teilprozesse erfolgt. Das heißt z. B., dass der Einkauf Angebote einzuholen, Bestellungen aufzugeben und Reklamationen zu bearbeiten hat.
    - Die **Wahl von Bezugsgrößen,** die für die Maßgrößen für die Teilprozesse festzulegen sind, z. B. die Anzahl der Bestellungen. Für jede Bezugsgröße ist eine Planprozessmenge zu fixieren, um eine Quantifizierung des jeweiligen Prozessumfangs zu erreichen.
    - Die **Ermittlung von Planprozesskosten,** wobei den Planprozessmengen die Planprozesskosten zuzuordnen sind, z. B. Personalkosten, Raumkosten und Materialkosten. Dabei wird unterstellt, dass zwischen den gewählten Bezugsgrößen und Prozessgemeinkosten – zumindest langfristig – eine proportionale Beziehung besteht.
    - Letzter Arbeitsschritt ist die **Ermittlung der Prozesskostensätze.**

  In Deutschland hat sich die Prozesskostenrechnung als eigenständiges Kostenrechnungskonzept (noch) nicht in größerem Umfang durchgesetzt. Sie wird aber als Ergänzung der traditionellen Vollkostenrechnung genutzt.

- Die **Zielkostenrechnung** wird der Tatsache gerecht, dass die Preise der Produkte seit der Entwicklung des Käufermarktes in Deutschland in den 1960er-Jahren nicht mehr ausschließlich auf der Grundlage der Kosten gestaltet werden konnten. Vielmehr mussten der Markt bzw. die Käufer bei der Preisbildung einbezogen werden, da das Angebot größer war als die Nachfrage, d. h. im Unternehmen war zu ermitteln wie hoch die Selbstkosten sein durften, um den Erwartungen der Käufer gerecht zu werden.

Die Zielkostenrechnung ist deshalb ein Kostenmanagementsystem, welches das Marketing mit der Kostenrechnung verbindet. Es wird auch als **Target Costing** bezeichnet. Mit ihm erfolgt zunächst die Feststellung des realisierbaren Verkaufspreises eines Produktes und es wird versucht, das Produktionskonzept wettbewerbsfähig zu verwirklichen. Ausgangspunkt ist die Bestimmung erzielbarer **Marktpreise**.

Das grundlegende **Ziel** besteht darin, den einzelnen Komponenten von Produkten die Werte zuzuordnen, die Kunden diesen Komponenten im Rahmen der Nutzung des jeweiligen Produktes beimessen. Diese Werte stellen die Obergrenzen (**targets**) für die Kosten dar, die durch die Bereitstellung der einzelnen Produktfunktionen verursacht werden dürfen. Zur Erreichung ihrer Ziele bedient sich die Zielkostenrechnung der traditionellen Kostenrechnung.

Das **Zielkostenkonzept** geht vom Marktpreis als dem Wert aus, den der potenzielle Kunde zu zahlen bereit ist. Der Marktpreis abzüglich Gewinn ergibt die Zielkosten für ein Produkt als Ganzes. Um daraus Details für die Produktkomponenten zu erhalten, wird das Produkt in seine **Baugruppen** zerlegt. Sodann wird ermittelt, inwieweit die Baugruppen zu den vom Kunden gewünschten Produktfunktionen beitragen. Dabei muss die **Höhe der erlaubten Kosten** der Produktkomponenten oder Baugruppen in Relation zu dem Kundennutzen stehen.

Das **Zielkosten-Management** kann als **Prozess** dargestellt werden:

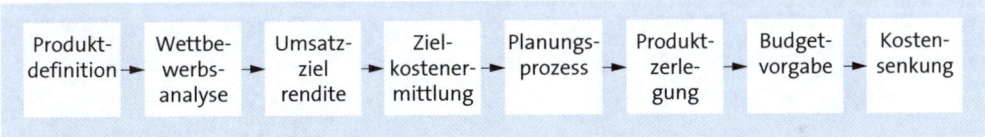

Nach Aufnahme der Produktion und des Vertriebs wird die Einhaltung des Kostenbudgets einer ständigen Kontrolle unterzogen. Außerdem wird angestrebt, die in den einzelnen Bereichen entstehenden Kosten weiter zu senken.

## Aufgabe 13 > Seite 187

# B. Kostenartenrechnung

Die Kostenartenrechnung ist die **erste Stufe** der Kostenrechnung. Sie bildet damit die Grundlage für die Kostenstellenrechnung und Kostenträgerrechnung. Mit ihrer Hilfe kann die Frage beantwortet werden, *welche* Kosten angefallen sind.

| 1 | **Kostenartenrechnung** |
|---|---|

⇩

| 2 | Kostenstellenrechnung |
|---|---|

⇩

| 3 | Kostenträgerrechnung |
|---|---|

Zu den **Aufgaben** der Kostenartenrechnung zählen:

- Erfassung aller Kosten des Unternehmens
- Identifizierung der entsprechenden Kostenarten
- Ermittlung der Kostenbeträge aller Kostenarten
- Information über die Zusammensetzung der Kosten
- Gliederung der Kosten in Einzelkosten, Gemeinkosten und Sondereinzelkosten
- Aufteilung der Kosten in fixe und variable Kosten.

Die Erfassung der Kosten erfolgt durch **Belege**, die erkennen lassen, um welche Kostenarten es sich handelt, welche Geschäftsvorfälle zugrunde liegen und wie die Weiterverrechnung der Kosten zu erfolgen hat. Dabei sind als **Grundsätze** zu beachten:

- Die Erfassung soll **geordnet** sein. Hierzu dienen eindeutige Begriffsbestimmungen der Kostenarten, das Streben nach möglichst überschneidungsfreien Kostenarten, einheitliche Kontierungsvorschriften und ein detaillierter Kostenartenplan.
- Die Erfassung soll **vollständig** sein. In diesem Zusammenhang ist sicherzustellen, dass alle entstandenen Kosten tatsächlich erfasst werden, aber auch eine sachliche Abgrenzung zu nicht kalkulationsfähigen neutralen Aufwendungen erfolgt.
- Die Erfassung soll **periodengerecht** sein. Dies erfordert die Vornahme kurzfristiger zeitlicher Abgrenzungen, wenn betriebliche Ausgaben für mehrere Rechnungsperioden anfallen.

Bevor die Kostenarten im Rahmen der Kostenartenrechnung erfasst werden, muss beachtet werden:

- Zunächst ist die Notwendigkeit der **Abgrenzung** zu prüfen, denn die Kostenartenrechnung übernimmt – als Teil der Betriebsbuchhaltung – Aufwendungen aus der Finanzbuchhaltung, die nicht immer dem entsprechen, was in der Betriebsbuchhaltung als Kosten bezeichnet wird – siehe S. 22.
- **Aufwendungen**, die **keine Kosten** darstellen, dürfen nicht als Kostenarten in die Kostenartenrechnung übernommen werden, d. h. neutrale Aufwendungen haben in der

Kostenartenrechnung nichts zu suchen. Deshalb sind bei der Übernahme der Daten von der Finanzbuchhaltung in die Betriebsbuchhaltung – natürlich auch der Erträge in die Kostenrechnung – erforderlichenfalls Abgrenzungen vorzunehmen.

Nach gegebenenfalls notwendigen Abgrenzungen bzw. Korrekturen kann die Erfassung der **Kosten** erfolgen als:

| | |
|---|---|
| **Kostenartenrechnung** | Materialkosten |
| | Personalkosten |
| | Dienstleistungskosten |
| | Öffentliche Abgaben |
| | Kalkulatorische Kosten |

## 1. Materialkosten

Materialkosten werden durch den Verbrauch von Material verursacht. Sie fallen für folgende Güter an:

- **Fertigungsstoffe**, die als Hauptbestandteile unmittelbar in die Erzeugnisse eingehen, z. B. Rohstoffe, Werkstoffe. Sie werden als **Einzelkosten** erfasst.
- **Hilfsstoffe**, die ebenfalls unmittelbar in die Erzeugnisse eingehen, aber nur Hilfsfunktionen erfüllen, z. B. Schrauben, Leim. Wegen ihrer geringen wertmäßigen Anteile an den Erzeugnissen werden sie **zweckmäßigerweise** als **Gemeinkosten** verrechnet.
- **Betriebsstoffe**, die nicht in die Erzeugnisse eingehen, sondern mittel- oder unmittelbar bei der Herstellung der Erzeugnisse verbraucht werden, z. B. Schmierstoffe, Kraftstoffe. Sie werden ausschließlich als **Gemeinkosten** erfasst.

Die Materialkosten sind die mit Preisen bewerteten Verbrauchsmengen dieser Materialarten:

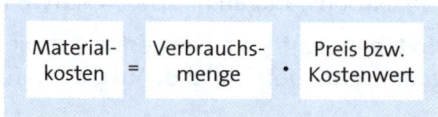

Dementsprechend erfolgt die Ermittlung der Materialkosten in zwei **Schritten**:

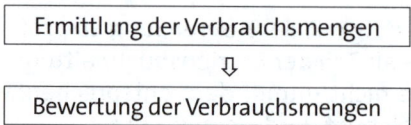

## 1.1 Ermittlung der Verbrauchsmengen

Für die Ermittlung der Verbrauchsmengen werden in der betrieblichen Praxis drei **Verfahren** verwendet:

- **Skontrationsmethode**
- **Inventurmethode**
- **retrograde Methode.**

### 1.1.1 Skontrationsmethode

Bei der Skontrationsmethode wird der Materialverbrauch bei jeder einzelnen Materialentnahme festgehalten. Sie setzt das Vorhandensein einer Lagerbuchhaltung voraus. In ihr wird eine **Lagerkartei** geführt, mit deren Hilfe die Veränderungen im Lager genau erfasst werden:

- Die **Zugänge** werden auf der Grundlage der **Lieferscheine** ermittelt, die der Lagerbuchhaltung zugehen.
- Die **Abgänge** werden durch die **Materialentnahmescheine** belegmäßig erfasst, die darüber informieren, um welche Kostenarten es sich handelt, welche Kostenstellen die Materialien benötigen, für welche Kostenträger der Verbrauch erfolgt und wann die Entnahme erfolgt ist.

Um den buchmäßigen **Endbestand** zu ermitteln, sind neben den Zugängen und Abgängen auch die Bestände an Materialien zu Beginn der Rechnungsperiode zu berücksichtigen:

|   | Anfangsbestand |
|---|---|
| + | Zugang |
| - | Abgang |
| = | **Endbestand** |

Außer der buchmäßigen Feststellung wird der Endbestand an Materialien jährlich durch eine **Inventur** als körperliche Bestandsaufnahme der vorhandenen Materialien ermittelt. Heute erfolgt die Erfassung des Verbrauches direkt über EDV. Bei jeder Materialentnahme wird ein umfangreicher Datensatz eingegeben. Das EDV-System schreibt dann permanent die jeweiligen Materialbestände fort.

Die Skontrationsmethode wird auch als **Fortschreibungsmethode** bezeichnet. Sie ist ein **genaues Verfahren**, mit dem Zurechnungen im Hinblick auf Kostenstellen und Kostenträger möglich sowie nicht reguläre Bestandsveränderungen erkennbar werden. Es erfordert jedoch eine aufwändige belegmäßige Organisation, die durch EDV-Einsatz aber problemlos bewältigt werden kann.

## 1.1.2 Inventurmethode

Die Inventurmethode versucht den Nachteil der Skontrationsmethode, eine Lagerbuchhaltung führen und ein Belegwesen aufbauen zu müssen, auszugleichen. Bei ihr wird **keine laufende Ermittlung** der Verbrauchsmengen durchgeführt, Materialentnahmescheine gibt es nicht.

Bei dieser Methode ergeben sich die **Verbrauchsmengen** erst am Ende der Rechnungsperiode im Rahmen eines Vergleichs der Zahlen aus der letzten Inventur als Anfangsbestand und einer neu durchgeführten Inventur als Endbestand. Dabei ist der Zugang an Materialien – entsprechend der zugegangenen Lieferscheine – zu berücksichtigen:

```
   Anfangsbestand
 + Zugang
 - Endbestand
 ─────────────────
 = Verbrauch
```

Der **Vorteil** der Inventurmethode besteht in den geringen verwaltungsmäßigen Belastungen. Als **Nachteile** sind zu nennen, dass Zurechnungen des Materialverbrauches auf die Kostenstellen und Kostenträger nicht möglich und nicht reguläre Bestandsveränderungen nicht feststellbar sind. Ebenso ist eine Aufteilung in ordentlichen und außerordentlichen Verbrauch nicht realisierbar.

Die Notwendigkeit einer körperlichen Bestandsaufnahme zum Ende der Abrechnungsperiode mindert die Wirtschaftlichkeit der Methode.

## 1.1.3 Retrograde Methode

Bei der retrograden Methode kann der Stoffverbrauch aus den erstellten unfertigen und fertigen Erzeugnissen abgeleitet werden, d. h. es wird – von einem bestimmten hergestellten Erzeugnis ausgehend – zurückgerechnet, welches Material in welchen Mengen in das Erzeugnis eingegangen ist.

Dabei sind auch die Abfälle, die bei der Fertigung notwendigerweise angefallen sind, in der Rechnung zu berücksichtigen. Der **Verbrauch** wird ermittelt:

$$\text{Verbrauch} = \text{Hergestellte Stückzahl} \cdot \text{Soll-Verbrauchsmenge pro Stück}$$

Bei der retrograden Methode wird von der Kostenträgerrechnung in die Kostenstellenrechnung und in die Kostenartenrechnung zurückgegangen.

Als **Nachteil** ist zu nennen, das die Rückrechnung keine genauen Werte hervorbringen kann. Das gilt umso mehr, je komplizierter die Fertigung der betreffenden Erzeugnisse ist. Die Feststellung von regulären Bestandsveränderungen ist zudem ohne zusätzliche Kontrollen nicht möglich.

Somit kann die retrograde Methode letztlich nur bei einfach strukturierten, aus wenigen Teilen bestehenden Erzeugnissen verwendet werden.

## Aufgabe 14 > Seite 188

### 1.2 Bewertung der Verbrauchsmengen

Nach der Ermittlung der Verbrauchsmengen ist es erforderlich, die Mengen in Geldeinheiten zu bewerten, damit die Materialkosten für die einzelnen Kostenarten festgestellt werden können. Grundsätzlich bieten sich dabei folgende **Möglichkeiten** zur Bewertung der Verbrauchsmengen:

- **Anschaffungswert**
- **Wiederbeschaffungswert**
- **Tageswert**
- **Verrechnungswert**.

### 1.2.1 Anschaffungswert

Der Anschaffungswert ist der bei der Beschaffung des Materials zu zahlende Preis, der auch als **Einstandspreis** bezeichnet wird. Er kann sich zusammensetzen aus:

|   |   |
|---|---|
|   | Angebotspreis |
| − | Rabatt |
| − | Bonus |
| + | Mindermengenzuschlag |
| = | *Zieleinkaufspreis* |
| − | Skonto |
| = | *Bareinkaufspreis* |
| + | Bezugskosten |
|   | Verpackung |
|   | Fracht |
|   | Rollgeld |
|   | Versicherung |
|   | Zoll |
| = | **Einstandspreis** |

Die **Bewertung** der Verbrauchsmengen mithilfe der Anschaffungswerte kann auf unterschiedliche Weise erfolgen. Als **Möglichkeiten** bieten sich an:

- **Effektive Anschaffungspreise**, die bei jedem Materialeingang erfasst und bei jedem Materialverbrauch verrechnet werden. Dieses Verfahren ist aufwändig und bietet sich für Materialien an, die höherwertig und bereits bei ihrem Eingang für bestimmte Aufträge reserviert sind.

## B. Kostenartenrechnung | 1. Materialkosten

▶ **Durchschnittliche Anschaffungspreise**, wenn die Materialien zu unterschiedlichen Zeitpunkten und Preisen beschafft werden. Als Durchschnittsbewertungen sind zu unterscheiden[1]:

| | |
|---|---|
| **Permanente Durchschnittsbewertung** | Dabei wird der Durchschnittspreis **nach jedem Zugang** ermittelt, was jedoch sehr arbeitsaufwändig ist. Zweckmäßiger ist es, die Bewertung nach jeder Periode vorzunehmen. |
| **Periodische Durchschnittsbewertung** | Hier wird unter Berücksichtigung aller Zugänge einer Periode nur einmal **am Ende der Periode** der Durchschnittspreis ermittelt, was praktikabler ist: |

| | | Stück (Menge) | Preis pro Einheit | Wert in € |
|---|---|---|---|---|
| Anfangsbestand | 01.01. | 100 | 6,00 | 600 |
| + Zugang | 15.01. | 50 | 8,00 | 400 |
| + Zugang | 15.02. | 50 | 5,00 | 250 |
| + Zugang | 18.02. | 40 | 7,00 | 280 |
| + Zugang | 01.04. | 120 | 4,00 | 480 |
| Summe | | 360 | | 2.010 |
| Ø Preis pro Einheit | | | 5,58 | |
| Endbestand | | 60 | 5,58 | 335 |
| **Verbrauch** | | **300** | **5,58**[1] | **1.675** |

▶ **Fiktive Anschaffungspreise**, die aufgrund unterstellter Verbrauchsfolgen ermittelt werden. Sie beruhen auf – siehe ausführlich *Olfert*:

| | |
|---|---|
| **Lifo-Verfahren** | Bei ihm wird unterstellt, dass die zuletzt beschafften Güter zuerst wieder verbraucht oder veräußert werden (**last in – first out**), womit bezweckt wird, zu möglichst gegenwartsnahen Preisen abzurechnen. |
| **Fifo-Verfahren** | Es unterstellt, dass die zuerst angeschafften oder hergestellten Güter auch zuerst verbraucht oder veräußert werden (**first in – first out**), d. h. dass die am Bilanzstichtag vorhandenen Mengen demgemäß aus den letzten Einkäufen stammen. |
| **Hifo-Verfahren** | Das Verfahren geht von der Fiktion aus, dass die zu den höchsten Preisen erworbenen Güter zuerst verbraucht werden (**highest in – first out**). |
| **Lofo-Verfahren** | Bei ihm wird ebenfalls eine wertmäßige Verbrauchsfolge angenommen. Dabei wird unterstellt, dass die am billigsten erworbenen Güter zuerst verbraucht oder veräußert werden (**lowest in – first out**). |

---

[1] Durchschnittlicher Anschaffungspreis = $\dfrac{\text{Summe der Zugänge (€)}}{\text{Summe der Zugänge (Stück)}}$

Durchschnittlicher Anschaffungspreis = $\dfrac{335}{60}$ = **5,58 €/Stück**

## 1.2.2 Wiederbeschaffungswert

Mit dem Ansatz des Wiederbeschaffungswertes wird angestrebt, die Substanz des Unternehmens zu erhalten. Dabei erfolgt die Ansetzung eines Wertes in der Kostenrechnung, der erforderlich ist, um das vorhandene Material zu einem späteren Zeitpunkt wieder zu beschaffen. Indessen kann die Verwendung des Wiederbeschaffungswertes durchaus **Schwierigkeiten** bereiten, weil

- der Zeitpunkt der Wiederbeschaffung schwer abschätzbar ist.
- die Schätzung des Wiederbeschaffungswertes sich als schwierig erweist.

Der Wiederbeschaffungswert wird auch als **Ersatzwert** bezeichnet.

## 1.2.3 Tageswert

Da ein Wiederbeschaffungswert vielfach nicht ohne weiteres ermittelt werden kann, wird mitunter der Tageswert für die Bewertung der Verbrauchsmengen angesetzt. Er kann sich auf **unterschiedliche Tage** beziehen, die z. B. sein können:

- Tag des Angebotes
- Tag der Lagerentnahme
- Tag des Umsatzes
- Tag des Zahlungseinganges.

Vielfach erscheint es empfehlenswert, den Tageswert auf den **Tag der Lagerentnahme** der Materialien zu beziehen.

## 1.2.4 Verrechnungswert

Die bisher dargestellten Ansätze zur Bewertung der Verbrauchsmengen orientieren sich am Beschaffungsmarkt und unterliegen damit dessen Schwankungen.

Der Verrechnungswert ist dagegen ein über einen längeren Zeitraum festgelegter Wert, der künftige Preiserwartungen berücksichtigt. Er wird nach unternehmensspezifischen Gesichtspunkten gebildet und **nur** in der **Betriebsbuchhaltung** verwendet, z. B. zur innerbetrieblichen Leistungsverrechnung und bei der Abrechnung zwischen Konzernunternehmen.

Mit dem Ansatz eines Verrechnungswertes sollen unternehmensexterne Einflüsse ausgeschaltet werden, insbesondere ständig wechselnde Preise, welche die Kontinuität der Kostenrechnung negativ beeinflussen. Dadurch können Kostenkontrollen besser vorgenommen werden.

**Aufgabe 15 > Seite 189**

## 2. Personalkosten

Personalkosten entstehen durch den Einsatz der menschlichen Arbeitskraft im Unternehmen. Sie umfassen alle Leistungen des Unternehmens, die den Mitarbeitern direkt oder indirekt geldlich oder geldwert gewährt werden. Grundsätzlich lassen sich unterscheiden:

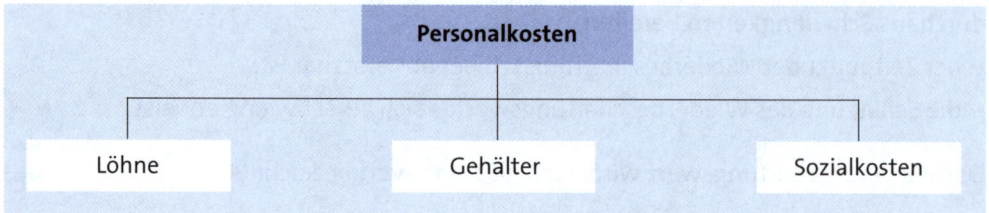

Die Löhne, Gehälter und Sozialkosten werden in der **Lohnbuchhaltung und Gehaltsbuchhaltung** erfasst, die eine Nebenbuchhaltung der Betriebsbuchhaltung ist.

Grundlage für die Feststellung der Brutto**löhne** sind die Lohnscheine, die alle für die Feststellung und Zuordnung notwendigen Daten enthalten müssen. Die Festlegung der Brutto**gehälter** erfolgt auf der Grundlage der Personalstammsätze. Eventuell gezahlte Zulagen werden mit besonderen Belegen erfasst.

Für jeden Arbeitnehmer wird ein Lohnkonto oder Gehaltskonto entsprechend den Vorschriften der LStDV (§ 4) geführt. Als Sammelbelege für die Buchführung gelten Lohnlisten und Gehaltslisten.

Löhne und Gehälter sind in ihrer tatsächlichen Höhe – als Bruttolöhne und Bruttogehälter – in die Kostenrechnung zu übernehmen. **Probleme** ergeben sich hier vor allem in Form einer richtigen **zeitlichen Abgrenzung** der Personalkosten.

So können die Lohnzahlungen und die meist monatlich durchgeführten Kostenrechnungen terminlich auseinander fallen. In der Betriebsabrechnung eines Monats sind aber nur die für die Leistung eben dieses Monats aufgewendeten Löhne zu erfassen und – ungeachtet der Zahlungstermine – zu verrechnen.

Besonders deutlich wird dieses Problem bei der **Verrechnung der Urlaubslöhne**, die auf das ganze Jahr verteilt sein müssen, da sonst die Ferienmonate durch eine ungerechtfertigte Belastung mit Urlaubslöhnen ein zu niedriges Betriebsergebnis aufweisen würden.

### 2.1 Löhne

Löhne sind das vertragsmäßige Entgelt, welches der Arbeitgeber gemäß einem bestehenden oder früheren Arbeitsvertrag dem **Arbeiter** für geleistete Arbeit zu zahlen verpflichtet ist. Sie lassen sich nach zwei **Kriterien** unterteilen:

- Löhne unterschiedlicher Zurechnung
- Löhne unterschiedlicher Ermittlung.

## 2.1.1 Löhne unterschiedlicher Zurechnung

Löhne, die den Kostenträgern unterschiedlich zugerechnet werden, sind die Fertigungslöhne und die Hilfslöhne:

▶ **Fertigungslöhne** sind Einzelkosten und stehen in direktem Zusammenhang mit der Leistungserstellung. Sie lassen sich auftragsweise erfassen, sind also den Kostenträgern direkt zurechenbar, z. B. als Löhne für Dreher, Fräser, Schleifer.

Zu den Fertigungslöhnen werden auch die **Zulagen** und **Zuschläge** gerechnet, um die Gemeinkostenzuschläge möglichst klein zu halten, z. B. als Überstundenzuschläge und Gefahrenzuschläge.

▶ **Hilfslöhne** sind den Kostenträgern nicht direkt zurechenbar. Sie lassen sich demnach nicht auftragsweise erfassen. Es handelt sich bei den Hilfslöhnen um Gemeinkosten. Hilfslöhne können lediglich den Kostenstellen zugeordnet werden, z. B. als Löhne für Betriebsreinigung, Pförtner, Büroboten.

Auch die **Zulagen** und **Zuschläge**, die den betroffenen Arbeitskräften gewährt werden, zählen zu den Hilfslöhnen.

## 2.1.2 Löhne unterschiedlicher Ermittlung

Löhne, die auf unterschiedliche Weise ermittelt werden, sind insbesondere – siehe ausführlich *Olfert*:

### 2.1.2.1 Zeitlohn

Der Zeitlohn ist die Entlohnung durch Zahlung eines gleichen Lohnsatzes pro Zeiteinheit ohne Rücksicht auf die während dieser Zeit hervorgebrachten Arbeitsleistungen. Seine **Ermittlung** als Bruttolohn wird in der folgenden Weise vorgenommen:

Zeitlohn = Lohnsatz je Zeiteinheit • Anzahl der Zeiteinheiten

> **Beispiel**
>
> Ein Arbeiter hat im Abrechnungszeitraum 40 Stunden gearbeitet. Sein Lohn beträgt 13 €/Std.
>
> Der Lohn des Arbeiters beträgt: 40 · 13 € = **520 €**.

Die **Anwendung** des Zeitlohnes erfolgt z. B. bei kontinuierlich ablaufender, nicht vorherbestimmbarer, quantitativ nicht messbarer oder hoch qualitativer Arbeit.

Neben dem „reinen" Zeitlohn gibt es auch den **Zeitlohn mit Leistungszulage**. Die Leistungszulage wird vielfach als Prämie gewährt, z. B. als Mengenprämie, Qualitätsprämie, Ersparnisprämie.

### 2.1.2.2 Akkordlohn

Beim Akkordlohn wird nach der geleisteten Arbeitsmenge einer Arbeitskraft (**Einzelakkord**) oder mehrerer Arbeitskräfte gemeinschaftlich (**Gruppenakkord**) entlohnt. Die übliche Form des Akkordlohnes ist der **Proportionalakkord**, bei welchem der Verdienst sich proportional zur Zeiteinsparung bzw. Leistungssteigerung verändert.

Die **Anwendung** des Akkordlohnes ist u. a. möglich, wenn die Arbeit bekannt, gleichartig, regelmäßig und messbar ist sowie die Leistungsmenge durch die Arbeitskraft unmittelbar beeinflusst werden kann.

Der Akkordlohn besteht aus zwei Teilen, die den **Akkordrichtsatz** als den Lohn einer Arbeitskraft bei Normalleistung ergeben. Er wird auch als **Grundlohn** bezeichnet und umfasst:

- den **Mindestlohn**, der dem Zeitlohn bei Normalleistung entspricht
- den **Akkordzuschlag**, der tariflich 15 % - 25 % des Mindestlohnes beträgt.

Nach den unterschiedlichen **Verrechnungseinheiten** gibt es:

- Den **Geldakkord**, der auch **Stückakkord** genannt wird. Bei ihm wird der Arbeitskraft ein Geldbetrag als Akkordsatz für die Erbringung einer bestimmten Leistung vorgegeben bzw. gutgeschrieben:

$$\text{Akkordsatz} = \frac{\text{Akkordrichtsatz}}{\text{Leistungseinheiten bei Normalzeit}}$$

Die Normalzeit für eine Leistungseinheit wird in Form der **Vorgabezeit** ermittelt. Das ist die Soll-Zeit, die für Arbeitsabläufe angesetzt wird, die von Menschen und Betriebsmitteln ausgeführt werden – siehe ausführlicher *Olfert*.

Der Akkordlohn der Arbeitskraft ergibt sich:

> Akkordlohn = Leistungsmenge · Akkordsatz

**Beispiel**

Der Zeitlohn beträgt 12 €/Stunde, der Akkordzuschlag 20 %, die Vorgabezeit für ein Stück 10 Minuten. Der Arbeiter fertigt durchschnittlich 7 Stück pro Stunde. Somit ergibt sich:

$$\text{Akkordlohn} = 7 \cdot \frac{12 + 12 \cdot 0{,}20}{6} = \mathbf{16{,}80\ \text{€/Std.}}$$

Beim Geldakkord ist die Zeitvorgabe nicht unmittelbar erkennbar. Die Akkordvorgaben müssen bei Tarifänderungen stets völlig neu berechnet werden.

▶ Das ist beim **Zeitakkord** nicht der Fall, bei dem der Arbeitskraft eine bestimmte Zeit pro Stück vorgegeben bzw. gutgeschrieben wird, die der Vorgabezeit entspricht. Die **Umrechnung** in Geldeinheiten erfolgt erst am Ende der Abrechnungsperiode. Dabei gilt:

> Akkordlohn = Leistungsmenge · Vorgabezeit · Minutenfaktor

wobei:

$$\text{Minutenfaktor} = \frac{\text{Akkordrichtsatz}}{60}$$

**Beispiel**

Der Zeitlohn beträgt 12 €/Stunde, der Akkordzuschlag 20 %, die Vorgabezeit für ein Stück 10 Minuten. In einer Stunde werden 7 Stück gefertigt.

$$\text{Akkordlohn} = 7 \cdot 10 \cdot \frac{12 + 12 \cdot 0{,}20}{60} = \mathbf{16{,}80\ \text{€/Std.}}$$

Der Zeitakkord ist die in der Praxis vorrangig genutzte Form des Akkordes.

## Aufgabe 16 > Seite 190

## 2.1.2.3 Prämienlohn

Der Prämienlohn wird verwendet, wenn das Arbeitsergebnis vom Arbeitnehmer beeinflussbar ist, die Ermittlung genauer Vorgaben für das Unternehmen aber unwirtschaftlich oder unmöglich ist. Als **Teile** des Prämienlohnes sind zu unterscheiden:

- Der **Grundlohn**, der meist ein Zeitlohn ist.
- Die **Prämie**, die planmäßig und zusätzlich leistungsbezogen gewährt wird. Sie kann degressiv, s-förmig, proportional oder progressiv verlaufen, wobei der degressive Prämienverlauf in der Praxis am häufigsten vorkommt. Sie kann sein:
  - **Mengenleistungsprämie** (Leistung über Normalleistung)
  - **Güteprämie** (Ausschuss/Nacharbeit unter einem Soll-Wert)
  - **Ersparnisprämie** (Einsparung von Hilfs-, Betriebs-, Fertigungsstoffen)
  - **Nutzungsprämie** (Erhöhte Betriebsmittelausnutzung).

Schließlich kann die Prämie einer einzelnen Arbeitskraft zugerechnet werden (**Einzelprämie**) oder mehreren Arbeitskräften, die gemeinsam eine Leistung erbracht haben (**Gruppenprämie**).

**Aufgabe 17 > Seite 190**

## 2.2 Gehälter

Gehälter sind Zeitlöhne, die an kaufmännische und technische Angestellte gezahlt werden. Ihnen liegt kein direkter Leistungsbezug zugrunde. Sie lassen sich meist nicht bestimmten Kostenträgern zurechnen, stellen also **Gemeinkosten** dar. Nur in wenigen Fällen sind die Gehälter als Einzelkosten verrechenbar, d. h. bestimmten Kostenträgern direkt zuordenbar, z. B. bei Produktmanagern.

## 2.3 Sozialkosten

Sozialkosten sind der Teil der Aufwendungen des Unternehmens für die Arbeitnehmer, der über die Löhne und Gehälter hinausgeht. Sie können sein:

- **Gesetzliche Sozialkosten**, deren Grundlage entsprechende Gesetze und Verordnungen sind, nach denen das Unternehmen unter anderem zu folgenden Leistungen verpflichtet ist:
  - Arbeitgeberanteil zur Rentenversicherung
  - Arbeitgeberanteil zur Krankenversicherung
  - Arbeitgeberanteil zur Pflegeversicherung
  - Arbeitgeberanteil zur Arbeitslosenversicherung
  - gesetzliche Unfallversicherung.

- **Freiwillige Sozialleistungen**, deren Grundlage entsprechende Betriebsvereinbarungen oder Absprachen in einzelnen Arbeitsverträgen zwischen dem Arbeitgeber und der Belegschaft oder einzelnen Belegschaftsmitgliedern sind. Sie können unterteilt werden in:

| Direkte Sozialleistungen | Sie stellen direkt an die Arbeitnehmer gegebene Leistungen dar, z. B. in Form freiwilliger Pensionszusagen, als Beihilfen für Fahrten, Verpflegung, Kuren, Jubiläen. Direkte Sozialleistungen bewirken **primäre Sozialkosten**. |
|---|---|
| Indirekte Sozialleistungen | Dabei handelt es sich um indirekt an die Arbeitnehmer gelangende Leistungen, z. B. im Hinblick auf Kindergärten, Sportanlagen, Büchereien, Kantinen, Werkszeitungen. Indirekte Sozialleistungen führen zu **sekundären Sozialkosten**. |

## 3. Dienstleistungskosten

Dienstleistungskosten werden verursacht, indem das Unternehmen von anderen Wirtschaftseinheiten bestimmte Leistungen als **Fremdleistungen** in Anspruch nimmt.

**Beispiele**

- Pachtkosten
- Leasinggebühren
- Frachten
- Provisionen
- Mietkosten
- Telefonkosten
- Versicherungskosten
- Reisekosten
- Bewirtungskosten
- Rechtsberatungskosten
- Steuerberatungskosten
- Prüfungskosten

Weitere Dienstleistungskosten können **Instandhaltungskosten** und **Werkzeugkosten** sein. Sie werden im industriellen Unternehmen wegen ihrer besonderen Bedeutung häufig aber nicht den Dienstleistungskosten zugerechnet, sondern eigenständig behandelt:

- Als Dienstleistungskosten lassen sich **Instandhaltungskosten** nur ansetzen, wenn die Instandhaltung von außerhalb des Unternehmens vorgenommen wird.
- **Werkzeugkosten** entstehen für Handwerkzeuge, Messwerkzeuge und Maschinenwerkzeuge. Sie werden vielfach in Werkzeugausgaben gelagert und gegen Werkzeugausgabescheine ausgegeben.

Mitunter werden den Dienstleistungskosten auch die **Energiekosten** zugerechnet, obwohl sie im Grunde genommen Betriebsstoffkosten darstellen.

Die **Ermittlung** der Dienstleistungskosten bereitet dem Unternehmen keine Schwierigkeiten, da von den Dienst leistenden Unternehmen entsprechende Rechnungen erstellt werden, die als Grundlage für die Kostenrechnung dienen.

## 4. Öffentliche Abgaben

Öffentliche Abgaben mit **Kostencharakter** sind:

- Die **Kostensteuern**, zu denen u. a. die Gewerbeertragsteuer, Grundsteuer, Kraftfahrzeugsteuer und Verbrauchsteuern zählen. Steuern sind somit vor allem dann Kosten, wenn sie mit der Aufrechterhaltung der Betriebsbereitschaft und der Durchführung des Betriebsprozesses verbunden sind.

- Die **Gebühren**, die für die tatsächliche Inanspruchnahme bestimmter öffentlich erbrachter Leistungen erhoben werden, soweit sie der Aufrechterhaltung der Betriebsbereitschaft oder unmittelbar der Leistungserstellung dienen, z. B. als Benutzungs- oder Verwaltungsgebühren.

- Die **Beiträge**, die Kostenbeteiligungen der Unternehmen an speziellen öffentlich bereitgestellten Leistungen darstellen, der Aufrechterhaltung der Betriebsbereitschaft oder unmittelbar der Leistungserstellung dienen, wobei sie auch ohne eine tatsächliche Inanspruchnahme der Leistungen anfallen, z. B. als Kammerbeiträge (IHK).

Öffentliche Abgaben können insbesondere als Entgelt für Fremdleistungen der öffentlichen Hand angesehen werden.

## 5. Kalkulatorische Kosten

Kalkulatorische Kosten werden angesetzt, um die Kostenrechnung von Zufälligkeiten und Unregelmäßigkeiten zu befreien, die ihre Stetigkeit stören würden und um auch jenen Güter- und Diensteverzehr bei der Ermittlung der Selbstkosten zu berücksichtigen, der nicht zu Aufwendungen führt.

Als kalkulatorische Kosten lassen sich in der betrieblichen Praxis unterscheiden:

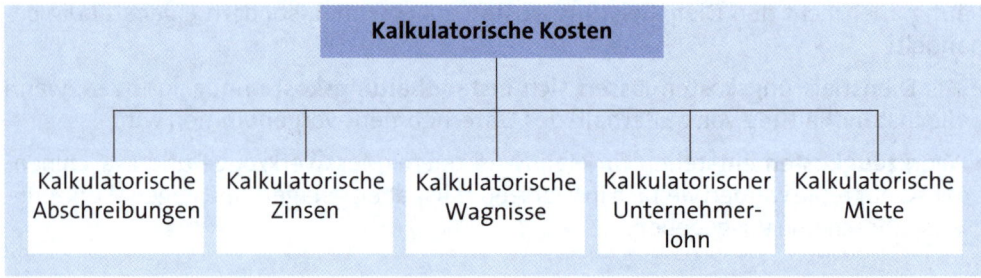

Die kalkulatorischen Kosten werden vielfach mit den **Zusatzkosten** begrifflich gleichgesetzt, was aber nicht immer zutreffend ist:

▶ Der kalkulatorische **Unternehmerlohn** und die kalkulatorische **Miete** sind kalkulatorische Kosten, denen keine Aufwendungen gegenüberstehen. Deshalb entsprechen diese kalkulatorischen Kosten den **Zusatzkosten**.

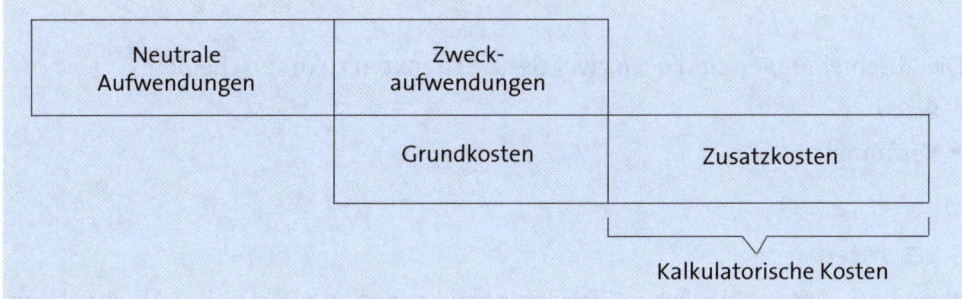

▶ Die kalkulatorischen **Abschreibungen**, kalkulatorischen **Zinsen** und kalkulatorischen **Wagnisse** sind kalkulatorische Kosten, die größer sein können als die Zusatzkosten. Das ist möglich, wenn die kalkulatorischen Kosten **nicht nur die Zusatzkosten** umfassen, sondern auch einen Teil der Grundkosten.

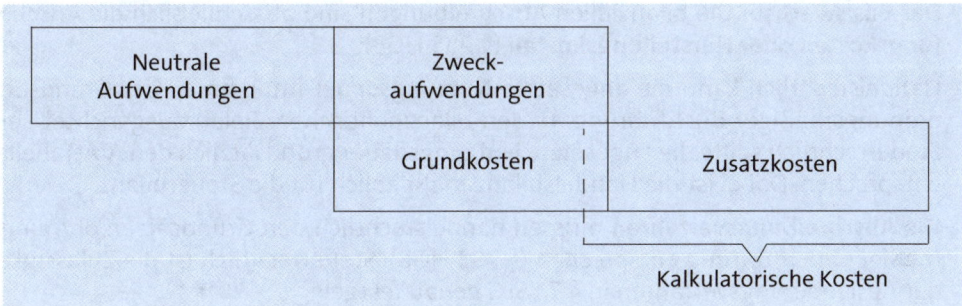

## 5.1 Kalkulatorische Abschreibungen

Abschreibungen sind der mengen- und wertmäßige Werteverzehr für materielle und immaterielle Gegenstände des Anlagevermögens, die nicht innerhalb einer Rechnungsperiode verbraucht werden. Mit ihrer Hilfe werden im Rechnungswesen die für diese Güter anfallenden Anschaffungskosten bzw. Herstellungskosten, ggf. aber auch Wiederbeschaffungskosten als **Basiswerte** auf die einzelnen Rechnungsperioden ihrer Nutzung verteilt.

**Ursachen** von Abschreibungen können sein:

▶ **primär technischer Art**
  - technischer Verschleiß
  - natürlicher Verschleiß
  - ruhender Verschleiß
  - Katastrophenverschleiß

▶ **primär wirtschaftlicher Art**
- Entwertung durch technischen Fortschritt
- Entwertung durch Bedarfsverschiebung am Markt
- Entwertung durch Fristablauf
- Entwertung durch Preisänderungen.

Die Abschreibungen sind nach zwei Gesichtspunkten zu unterscheiden:
▶ **Arten**
▶ **Verfahren.**

### 5.1.1 Arten

Nach ihren unterschiedlichen **Zielsetzungen** können zwei Arten der Abschreibungen genannt werden:

▶ Die **bilanziellen Abschreibungen**, die dem Prinzip der nominellen Kapitalerhaltung des Unternehmens gerecht werden. Sie müssen sich an den gesetzlichen Vorschriften – handelsrechtlich § 253 HGB und steuerrechtlich § 7 EStG – orientieren.

Der **Basiswert** für die bilanziellen Abschreibungen sind ausschließlich die **Anschaffungskosten oder Herstellungskosten** (§ 255 HGB).

Handelsrechtlich kann die angesetzte **Nutzungsdauer** im Rahmen der Grundsätze ordnungsmäßiger Buchführung an den bilanzpolitischen Zielen ausgerichtet sein. Steuerrechtlich sollte die angesetzte Nutzungsdauer grundsätzlich den AfA-Tabellen entsprechen. Dabei ist die Handelsbilanz maßgeblich für die Steuerbilanz.

Die **Abschreibungsverfahren** müssen handelsrechtlich den Grundsätzen ordnungsmäßiger Buchführung entsprechen (§ 253 HGB). Steuerrechtlich ist die Zulässigkeit der Abschreibungsverfahren in § 7 EStG genau festgelegt.

Die bilanziellen Abschreibungen können vorgenommen werden als:

- **Direkte Abschreibungen**, die unmittelbar auf dem Anlagenkonto verbucht werden, wodurch der effektive Buchwert eines Anlagegutes dort unmittelbar abgelesen werden kann. Das HGB (§ 266) sieht nur sie vor.

- **Indirekte Abschreibungen**, die mithilfe eines Wertberichtigungskontos erfolgen, d. h. der Wert eines Anlagegutes bleibt auf dem Anlagenkonto stets unverändert.

▶ Die **kalkulatorischen Abschreibungen**, die dem Prinzip der substanziellen Kapitalerhaltung des Unternehmens gerecht werden. Sie sind nicht gesetzlich geregelt und verfolgen keine externen Zwecke, sondern dienen ausschließlich der Kostenrechnung als Hilfsmittel, um den verursachungsgerechten Werteverzehr zu ermitteln.

Dementsprechend können die kalkulatorischen Abschreibungen **in beliebiger Höhe** angesetzt werden, müssen sich also nicht auf die Anschaffungskosten oder Herstellkosten beziehen. Vielfach sind die **Wiederbeschaffungskosten** maßgeblich.

Welches **Abschreibungsverfahren** gewählt wird, steht dem Unternehmen hier frei, wobei der *BDI* das lineare Abschreibungsverfahren empfiehlt. Im Gegensatz zu der bilanziellen Abschreibung werden kalkulatorische Abschreibungen so lange vorgenommen, wie das Abschreibungsobjekt vom Unternehmen genutzt wird, also auch noch, wenn es eigentlich bereits abgeschrieben ist.

Als besondere **Merkmale** bilanzieller und kalkulatorischer Abschreibungen lassen sich zusammenfassen:

| Merkmale | Bilanzielle Abschreibungen | Kalkulatorische Abschreibungen |
| --- | --- | --- |
| **Prinzip der Kapitalerhaltung** | nominelle Kapitalerhaltung | substanzielle Kapitalerhaltung |
| **Rechtliche Vorschriften** | Handelsrecht/Steuerrecht | keine |
| **Basiswert** | Anschaffungskosten/ Herstellungskosten | frei wählbar |

## 5.1.2 Verfahren

Die Abschreibungen können mithilfe verschiedener **Abschreibungsverfahren** vorgenommen werden. Dabei handelt es sich um:

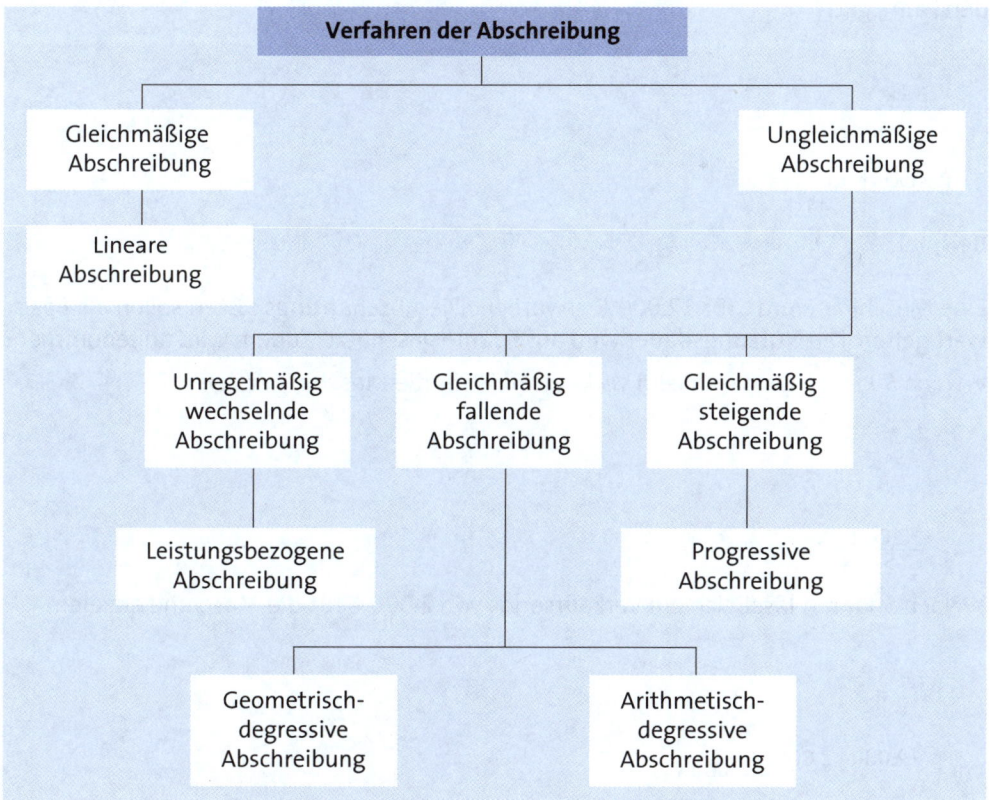

Die **progressive Abschreibung** soll nicht näher behandelt werden, da sie keine praktische Bedeutung hat. Sie steht durch die starke Belastung der späteren Perioden im Widerspruch zu den Grundsätzen kaufmännischer Vorsicht.

### 5.1.2.1 Lineare Abschreibung

Bei der linearen Abschreibung wird der **Basiswert** eines Anlagegutes gleichmäßig auf die einzelnen Rechnungsperioden verteilt, in denen das Anlagegut voraussichtlich genutzt wird. Die Ermittlung des **jährlichen Abschreibungsbetrages** erfolgt rechnerisch, indem der Basiswert durch die Zahl der Nutzungsjahre dividiert wird:

$$a = \frac{B}{n}$$

a = Abschreibungsbetrag (€/Jahr)

B = Basiswert (€)

n = Geschätzte Nutzungsdauer (Jahre)

Soll ausnahmsweise berücksichtigt werden, dass für das Anlagegut nach Ablauf der Nutzungsdauer noch ein Verkaufserlös – z. B. in Höhe des Schrottwertes – erzielt werden kann, gilt:

$$a = \frac{B - R}{n}$$

R = Restwert (€)

**Beispiel**

Eine Maschine wurde für 12.000 € erworben. Die Anschaffungskosten sollen als Basiswert gelten. Die Nutzungsdauer wird auf 5 Jahre geschätzt. Zudem wird angenommen:

▶ Nach 5 Jahren lässt sich kein Verkaufserlös für die Maschine erzielen:

$$a = \frac{B}{n}$$

$$a = \frac{12.000}{5} = \textbf{2.400 €}$$

▶ Nach 5 Jahren lässt sich ein Verkaufserlös von 2.000 € für die Maschine erzielen:

$$a = \frac{B - R}{n}$$

$$a = \frac{12.000 - 2.000}{5} = \textbf{2.000 €}$$

Das Verfahren der linearen Abschreibung soll zu einer **gleichmäßigen Kostenbelastung** führen, wobei von der Voraussetzung ausgegangen wird, dass die Gebrauchsfähigkeit eines Anlagegutes während der Nutzungsdauer konstant bleibt. Es ist einfach zu handhaben.

**Handelsrechtlich** ist die lineare Abschreibung nach § 253 HGB erlaubt, da sie den Grundsätzen ordnungsmäßiger Buchführung entspricht. Ebenso darf sie **steuerrechtlich** verwendet werden (§ 7 Abs. 1 EStG).

### Aufgabe 18 > Seite 190

### 5.1.2.2 Degressive Abschreibung

Bei der degressiven Abschreibung wird der **Basiswert** ungleichmäßig über die einzelnen Wirtschaftsperioden verteilt. Die ersten Jahre der voraussichtlichen Nutzungsdauer werden stärker belastet als die letzten. Das wird damit begründet, dass im Laufe der Zeit die Gebrauchsfähigkeit des Anlagegutes nachlässt und/oder erhöhte Reparaturen entstehen.

Den hohen Abschreibungen zu Beginn entsprechen niedrige Reparaturkosten und den niedrigen Abschreibungen am Ende der Lebensdauer hohe Reparaturkosten, sodass gegebenenfalls eine einigermaßen gleichmäßige Verteilung der gesamten Kosten erreicht wird.

Der Abfall der Abschreibungsbeträge kann regelmäßig oder unregelmäßig verlaufen. Abschreibungen mit **gleichmäßig fallenden Abschreibungsbeträgen** sind:

▶ Die **geometrisch-degressive Abschreibung**, bei welcher der Abschreibungs-Prozentsatz in gleicher Weise ermittelt wird wie bei der linearen Abschreibung, jedoch wird nicht vom Basiswert, sondern **vom** jeweiligen **Buch- oder Restwert abgeschrieben**. Der Abschreibungssatz wird durch das Verhältnis des Restwertes zum Basiswert bestimmt.

Bei der geometrisch-degressiven Abschreibung ergibt sich eine **unendliche geometrische Reihe**, sodass die Abschreibung auf den Nullwert mathematisch nicht möglich ist. Deshalb wird im letzten Nutzungsjahr eine **Sonderabschreibung** in Höhe des Restwertes notwendig.

Der **prozentuale Abschreibungssatz** wird bei der geometrisch-degressiven Abschreibung ermittelt:

$$p = 100 \cdot 1 - \sqrt[n]{\frac{R}{B}}$$

p = Abschreibungssatz (%)

n = Geschätzte Nutzungsdauer (Jahre)

B = Basiswert (€)

R = Restwert (€)

Der Restwert des Anlagegutes hat Einfluss auf die Höhe des prozentualen Abschreibungssatzes. Es kann sich anbieten, ihn in Höhe des Schrottwertes des Anlagegutes zum Ende der Nutzungsdauer anzusetzen.

**Beispiel**

Eine Maschine wurde für 22.000 € erworben. Die Anschaffungskosten sollen der Basiswert sein. Die Maschine wird schätzungsweise 5 Jahre nutzbar sein und dann einen Restwert von 2.000 € haben.

Der Abschreibungs-Prozentsatz für die Maschine beträgt:

$$p = 100 \cdot \left(1 - \sqrt[5]{\frac{2.000}{22.000}}\right) = 38{,}1\,\%$$

Die geometrisch-degressive Abschreibung wird in der Kostenrechnung nicht häufig angewendet.

**Handelsrechtlich** ist sie nach § 253 HGB erlaubt, da sie den Grundsätzen ordnungsmäßiger Buchführung entspricht. **Steuerrechtlich** war die geometrisch-degressive Abschreibung nach § 7 Abs. 2 EStG für bis 2010 angeschaffte Wirtschaftsgüter unter bestimmten Bedingungen erlaubt. Für danach angeschaffte Wirtschaftsgüter ist sie nicht mehr zulässig.

▶ Bei der **arithmetisch-degressiven Abschreibung** fallen die jährlichen Abschreibungsbeträge stets um den gleichen Betrag. Die Berechnung der Abschreibungsquoten erfolgt, indem aus der Nutzungsdauer die Summe einer arithmetischen Reihe gebildet wird, durch welche der abzuschreibende Betrag zu dividieren ist.

Der **Degressionsbetrag** ergibt sich:

$$D = \frac{B}{N} \quad \text{bzw.} \quad D = \frac{B - R}{N}$$

D = Degressionsbetrag (€)

N = Summe der arithmetischen Reihe von 1 + 2 + ... + n Nutzungsjahren

B = Basiswert (€)

R = Restwert (€)

Um den **jährlichen Abschreibungsbetrag** zu erhalten, multipliziert man den Degressionsbetrag mit den Jahresziffern in fallender Reihe, d. h. mit den Restnutzungsdauern:

$$a = D \cdot T$$

a = Abschreibungsbetrag zum Jahresende (€/Jahr)

T = Rest-Nutzungsdauer zum Jahresbeginn (Jahre)

Die arithmetisch-degressive Abschreibung kann sowohl vom **Basiswert** als auch vom **Buchwert** durchgeführt werden. Wird auf einen Restwert von Null abgeschrieben, handelt es sich bei ihr um eine **digitale Abschreibung**.

### Beispiel

Ein Pkw wurde für 48.000 € erworben. Die Anschaffungskosten sollen der Basiswert sein. Es wird mit einer Nutzung von 4 Jahren gerechnet.

$$D = \frac{B}{N}$$

$$D = \frac{48.000}{1 + 2 + 3 + 4} = \mathbf{4.800\ €}$$

Die jährlichen Abschreibungsbeträge sind:

$a_1 = D \cdot n = 4.800 \cdot 4 = \mathbf{19.200\ €}$

$a_2 = D \cdot (n-1) = 4.800 \cdot 3 = \mathbf{14.400\ €}$

$a_3 = D \cdot (n-2) = 4.800 \cdot 2 = \mathbf{9.600\ €}$

$a_4 = D \cdot (n-3) = 4.800 \cdot 1 = \mathbf{4.800\ €}$

**Handelsrechtlich** sind die arithmetisch-degressive und digitale Abschreibung nach § 253 HGB erlaubt, da sie den Grundsätzen ordnungsmäßiger Buchführung entsprechen. **Steuerrechtlich** ist die arithmetisch-degressive wie auch die digitale Abschreibung nicht zugelassen.

**Aufgabe 19 > Seite 191**

### 5.1.2.3 Leistungsbezogene Abschreibung

Bei der leistungsbezogenen Abschreibung gibt es – im Gegensatz zu den zuvor dargestellten Abschreibungen – keinen einheitlichen Trend im Verlauf der jährlichen Abschreibungsbeträge. Maßgebend für die jährlichen Abschreibungsbeträge ist der Umfang der Beanspruchung.

Der **Basiswert** wird durch die erwartete Gesamtleistungsmenge des Anlagegutes dividiert. Das Ergebnis ist der Abschreibungsbetrag pro Leistungseinheit. Je nach der Höhe der jährlichen Leistung ergibt sich der **jährliche Abschreibungsbetrag**:

$$a = \frac{B}{L} \cdot L_P \qquad \text{bzw.} \qquad a = \frac{B - R}{L} \cdot L_P$$

a = Abschreibungsbetrag (€)

B = Basiswert (€)

R = Restwert (€)

L = Gesamtleistung des Anlagegutes (Einheiten/**Lebensdauer**)

$L_p$ = Periodenleistung des Anlagegutes (Einheiten/**Periode**)

**Beispiel**

Ein Pkw wird mit einer Gesamtleistung von 100.000 km veranschlagt. Der Anschaffungspreis, der als Basiswert gelten soll, beträgt 40.000 €. In der Rechnungsperiode beträgt die Kilometerleistung 25.000 km.

$$a = \frac{B}{L} \cdot L_p \qquad a = \frac{40.000}{100.000} \cdot 25.000 = \mathbf{10.000\ €}$$

Die leistungsbezogene Abschreibung verliert den Charakter der auf die Zeitperiode bezogenen festen Kosten. Sie verändert sich proportional zur Änderung des Beschäftigungsgrades und ist damit die **betriebswirtschaftlich einzig zutreffende Abschreibung**, von Wertminderungen wegen technischer Überholung abgesehen.

**Handelsrechtlich** ist die leistungsbezogene Abschreibung nach § 253 HGB erlaubt, da sie den Grundsätzen ordnungsmäßiger Buchführung entspricht. Ebenso ist die leistungsbezogene Abschreibung **steuerrechtlich** bei beweglichen Anlagegegenständen zulässig (§ 7 Abs. 1 Satz 4 EStG), wenn sie wirtschaftlich begründet ist.

**Aufgabe 20 > Seite 191**

## 5.2 Kalkulatorische Zinsen

Zinsen sind das Entgelt für überlassenes Kapital. Sie werden für das im Unternehmen befindliche **Fremdkapital** an die Banken oder sonstigen Gläubiger gezahlt und stellen Aufwendungen dar, die in der Finanzbuchhaltung erfasst werden.

Aber auch das **Eigenkapital** bedarf einer Verzinsung, denn würden die Geldmittel nicht im Unternehmen gebunden, sondern z. B. einem anderen Unternehmen als Fremdkapital überlassen oder in Wertpapieren angelegt, wäre die Forderung nach einer Verzinsung ganz selbstverständlich.

Die **Verzinsung** des im Unternehmen vorhandenen **Eigenkapitals** erfolgt nicht – wie beim Fremdkapital – über die Finanzbuchhaltung, sondern durch den Ansatz von kalkulatorischen Zinsen in der Kostenrechnung. Sie beziehen sich auf das gesamte betriebsnotwendige Kapital des Unternehmens.

Ausgangspunkt zur Ermittlung der kalkulatorischen Zinsen ist deshalb das **betriebsnotwendige Kapital**. Ist dieses nicht bekannt, dann wird vom betriebsnotwendigen Vermögen ausgegangen, welches die Kapitalverwendung darstellt. Das betriebsnotwendige Kapital wird ermittelt:

|   | |
|---|---|
|   | Nicht abnutzbares Anlagevermögen |
| + | Abnutzbares Anlagevermögen |
| = | Betriebsnotwendiges Anlagevermögen |
| + | Betriebsnotwendiges Umlaufvermögen |
| = | Betriebsnotwendiges Vermögen |
| - | Abzugskapital |
| = | **Betriebsnotwendiges Kapital** |

Dabei sind folgende **Wertansätze** vorzunehmen:

▶ Das **nicht abnutzbare Anlagevermögen** wird mit den Werten angesetzt, die sich aus der Buchhaltung ergeben.

▶ Das **abnutzbare Anlagevermögen** kann mithilfe von zwei **Methoden** ermittelt werden. Das sind:

| Restwertverzinsung | Bei ihr werden die kalkulatorischen Restwerte der Anlagegüter zum Ende der Rechnungsperiode festgestellt und für die Errechnung der kalkulatorischen Zinsen herangezogen. Die kalkulatorischen Zinsen eines Anlagegutes nehmen wegen des sinkenden Restwertes im Zeitablauf ab: |   |
|---|---|---|
|   | 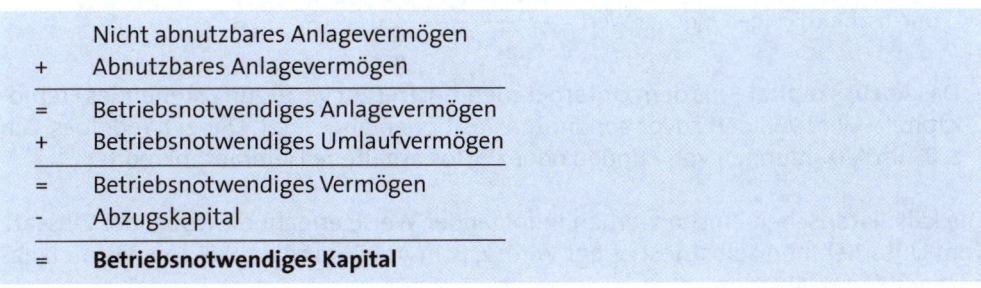 | Eine annähernd gleichmäßige Zinsbelastung der einzelnen Perioden kann im Hinblick auf das gesamte abnutzbare Anlagevermögen bei Verwendung der Restwertverzinsung möglich sein. |
| Durchschnittswertverzinsung | Hier wird davon ausgegangen, dass – unter der Annahme der linearen Abschreibung – durchschnittlich der halbe Anschaffungs-, Tages- oder Wiederbeschaffungswert im Unternehmen gebunden ist. Dadurch ergibt sich sowohl für das einzelne als auch für die Gesamtheit der Anlagegüter eine gleiche Zinsbelastung der einzelnen Perioden. |   |
|   |  | Die Durchschnittswertverzinsung ist **einfach** anzuwenden, die von ihr ermittelten kalkulatorischen Zinsen der einzelnen Abschreibungsperioden entsprechen aber nicht der tatsächlichen Kapitalbindung. |

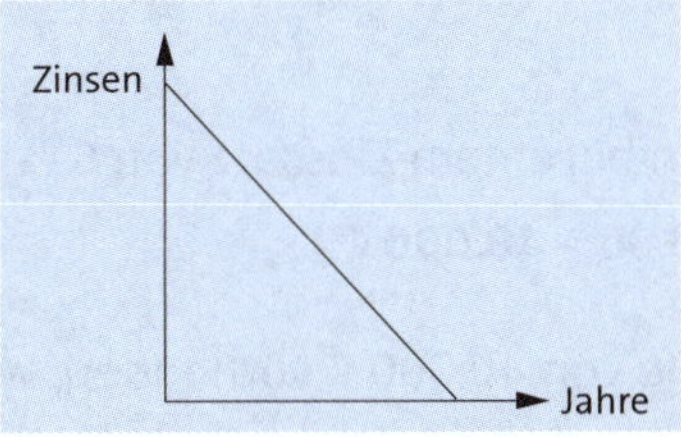

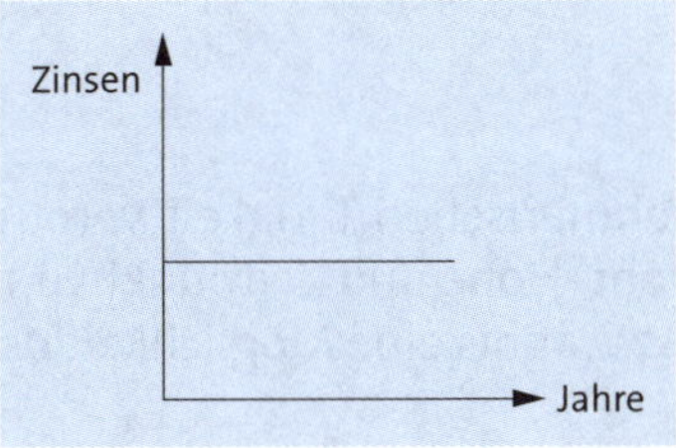

- Das **betriebsnotwendige Umlaufvermögen** ist mit den Werten anzusetzen, die während der betreffenden Rechnungsperiode durchschnittlich im Unternehmen gebunden sind. Diese lassen sich z. B. errechnen als:

$$\text{Durchschnittlich gebundener Wert} = \frac{\text{Anfangsbestand} + \text{Endbestand}}{2}$$

- Das **Abzugskapital** – als dem Unternehmen **zinsfrei** zur Verfügung stehendes Fremdkapital – wird von den zuvor genannten Positionen abgesetzt. Dabei handelt es sich z. B. um Anzahlungen von Kunden oder zinslos erhaltene Lieferantenkredite.

Die kalkulatorischen Zinsen werden in folgender Weise errechnet, wobei der Zinssatz vom Unternehmen selbst festgelegt wird, z. B. in Anlehnung an das Zinsniveau langfristiger Kapitalanlagen:

$$\text{Kalkulatorische Zinsen} = \text{Betriebsnotwendiges Kapital} \cdot \text{Zinssatz}$$

**Beispiel**

**Betriebsnotwendiges Anlagevermögen**    300.000 €
(Kalkulatorische Restwerte)

**Betriebsnotwendiges Umlaufvermögen**    500.000 €
(Durchschnittsbestände)

Die kalkulatorischen Zinsen betragen bei einem Zinssatz von 6 %:
Kalkulatorische Zinsen = 800.000 · 0,06 = **48.000 €**

Wäre zinsfreies Fremdkapital in Höhe von 40.000 € vorhanden, würden die kalkulatorischen Zinsen betragen:
Kalkulatorische Zinsen = (800.000 - 40.000) · 0,06 = **45.600 €**

Aufgabe 21 > Seite 191

## 5.3 Kalkulatorische Wagnisse

Ein Wagnis ist die mit jeder unternehmerischen Tätigkeit verbundene Verlustgefahr, welche das eingesetzte Kapital bedroht. Höhe und Zeitpunkt von Verlusten sind nicht vorherbestimmbar. Ebenso bietet das Wagnis eine Möglichkeit der **Kapitalmehrung**.

Das **allgemeine Unternehmerwagnis** erfasst Verluste, die das Unternehmen als Ganzes betreffen, z. B. Rückschläge in der gesamtwirtschaftlichen Entwicklung, technischer

Fortschritt, Nachfrageverschiebungen. Kalkulatorisch wird es nicht angesetzt, denn seine Abgeltung erfolgt im Gewinn. Eine Abdeckung des allgemeinen Unternehmerwagnisses durch Versicherungen ist ebenfalls nicht möglich.

**Einzelwagnisse** beziehen sich unmittelbar auf einzelne Unternehmensbereiche oder Kostenstellen. Sie sind vorhersehbar und aufgrund von Erfahrungswerten berechenbar. Einzelwagnisse können kalkulatorisch angesetzt *oder* versichert werden.

Als **Arten** von Einzelwagnissen lassen sich z. B. unterscheiden:

- **Gewährleistungswagnis** (z. B. Garantieverpflichtungen, Nacharbeit)
- **Entwicklungswagnis** (fehlgeschlagene Forschungs-, Entwicklungsarbeiten)
- **Vertriebswagnis** (z. B. Forderungsausfälle, Währungsverluste)
- **Anlagenwagnis** (z. B. Ausfälle, Wertminderungen)
- **Beständewagnis** (z. B. Schwund, Entwertung der Vorräte)
- **Mehrkostenwagnis** (z. B. Fertigungs-, Konstruktionsfehler, Ausschuss).

Der **Ansatz** der kalkulatorischen Wagnisse in der Kostenrechnung erfolgt, indem die in der Vergangenheit eingetretenen Wagnisverluste mit den in der Vergangenheit – als mindestens die letzten drei bis fünf Jahre – angefallenen Anschaffungskosten in Beziehung zueinander gesetzt werden:

$$\text{Durchschnittlicher Wagnisverlust} = \frac{\text{Summe der eingetretenen Wagnisverluste}}{\text{Summe der Anschaffungskosten}} \cdot 100$$

### Beispiel

| Wagnisverlust 2013 | 600 € | Anschaffungskosten 2013 | 26.000 € |
|---|---|---|---|
| Wagnisverlust 2014 | 350 € | Anschaffungskosten 2014 | 18.000 € |
| Wagnisverlust 2015 | 550 € | Anschaffungskosten 2015 | 26.000 € |
| Wagnisverlust 2016 | 500 € | Anschaffungskosten 2016 | 30.000 € |

Durchschnittlicher Wagnisverlust = $\frac{2.000}{100.000} \cdot 100 =$ **2,0 %**

Wenn Wagnisverluste mithilfe von Versicherungen abgedeckt werden, dürfen sie kalkulatorisch nicht angesetzt werden, als Kosten hingegen die dafür zu leistenden Versicherungsprämien.

**Aufgabe 22 > Seite 192**

## 5.4 Kalkulatorischer Unternehmerlohn

In **Kapitalgesellschaften** erhalten die in der Funktion des Unternehmers tätigen Mitarbeiter – als Vorstandsmitglieder oder Geschäftsführer – Gehälter, die als **Personalkosten** in die Kostenrechnung eingehen, also nicht als kalkulatorischer Unternehmerlohn.

Bei den **Einzelunternehmen** und **Personengesellschaften** werden den mitarbeitenden Inhabern oder Gesellschaftern keine Gehälter gezahlt, die Abgeltung ihrer Arbeitsleistung geschieht durch den Gewinn. Da der Unternehmerlohn aber über die zu verkaufenden Erzeugnisse erwirtschaftet werden muss, ist es unumgänglich, ihn als Kosten zu berücksichtigen.

Der in der Kostenrechnung angesetzte kalkulatorische Unternehmerlohn soll dem Entgelt entsprechen, das der Unternehmer bei gleicher Arbeitsleistung insgesamt – einschließlich Sozialleistungen – in einem anderen vergleichbaren Unternehmen erhalten würde.

### Beispiel

Ein Gesellschafter einer OHG erhält ein kalkulatorisches Gehalt von 3.500 € im Monat. Seine Frau macht halbtags die Büroarbeiten ohne Bezahlung. Das Bruttogehalt einer vergleichbaren kaufmännischen Angestellten würde – bei ganztägiger Beschäftigung – 1.800 € pro Monat betragen.

Der kalkulatorischer Unternehmerlohn beträgt:

Kalkulatorischer Unternehmerlohn = $3.500 \cdot 12 + \frac{1.800}{2} \cdot 12 =$ **52.800 €**

In der betrieblichen Praxis werden Formeln verwendet, mit denen ermittelt werden soll, welche Höhe ein kalkulatorischer Unternehmerlohn aufweisen sollte – siehe *Olfert*. Sie erscheinen indessen dafür nur bedingt geeignet.

### Aufgabe 23 > Seite 192

## 5.5 Kalkulatorische Miete

Mieten fallen – als Dienstleistungskosten – an, wenn das Unternehmen an einen Vermieter entsprechende Zahlungen leistet.

Stellt ein Einzelunternehmer oder der Gesellschafter einer Personengesellschaft **eigene Räume** für betriebliche Zwecke zur Verfügung, erscheint es grundsätzlich gerechtfertigt, eine Miete kalkulatorisch anzusetzen. Werden also Gegenstände, die dem Unternehmer privat gehören, insoweit betrieblich genutzt, können hierfür kalkulatorische Kosten berücksichtigt werden.

Die **Höhe** der kalkulatorischen Miete kann sich an der ortsüblichen Miete orientieren oder durch anteilige Erfassung aller mit dem Mietobjekt verbundenen Kosten festgelegt werden.

### Beispiel

Die durchschnittlichen Kosten der letzten drei Jahre betragen für ein von der Walter Schmidtke OHG genutztes Gebäude:

| Kosten (€) | 2014 | 2015 | 2016 |
|---|---|---|---|
| Abschreibung | 14.500 | 14.500 | 14.500 |
| Hypothekenzinsen | 9.450 | 11.100 | 10.630 |
| Instandhaltung | 3.300 | 3.450 | 3.520 |
| Sonstige Kosten | 2.630 | 2.710 | 2.720 |
| **Summe** | **29.880** | **31.760** | **31.370** |

Kalkulatorische Miete sollte im Jahr 2017 in Höhe von

(29.880 + 31.760 + 31.370) : 3 = **31.003 €**

angesetzt werden, sofern nicht bestimmte Entwicklungen bekannt sind, die ein Abweichen vom Durchschnittswert rechtfertigen, z. B. eine wesentliche Veränderung in den Hypothekenzinsen wegen Umschuldung oder besonders hohe Instandhaltungskosten.

Die kalkulatorische **Berücksichtigung** der Miete ist **nicht vertretbar**, wenn für die genutzten Räume bereits anteilig z. B. kalkulatorische Abschreibungen, kalkulatorische Zinsen, Gebäudeversicherungen, Gebäudesteuern verrechnet wurden.

### Aufgabe 24 > Seite 193

# C. Kostenstellenrechnung

Die Kostenstellenrechnung ist die **zweite Stufe** der Kostenrechnung. Sie übernimmt die Kosten aus der Kostenartenrechnung, die den Kostenträgern nicht unmittelbar zugerechnet werden, die **Gemeinkosten**.

| 1 | Kostenartenrechnung |
|---|---|
|   | ⇩ |
| 2 | **Kostenstellenrechnung** |
|   | ⇩ |
| 3 | Kostenträgerrechnung |

Die Gemeinkosten können aber den einzelnen Funktionsbereichen als Kostenstellen angelastet werden. Darunter sind betriebliche Teilbereiche zu verstehen, die kostenrechnerisch selbstständig abgerechnet werden. Die den Kostenstellen zugerechneten Gemeinkosten werden auf die Kostenträger nach der Inanspruchnahme der Kostenstellen durch die Kostenträger weiterverrechnet.

Erfolgt die **Zurechnung** der Gemeinkosten auf die Kostenträger **ohne Kostenstellenrechnung** lediglich mit einem globalen prozentualen Zuschlag auf die Einzelkosten, würde eine Proportionalität von Einzelkosten und Gemeinkosten unterstellt, die normalerweise nicht gegeben ist.

In der Kostenstellenrechnung wird die Ermittlung der auf jede einzelne Kostenstelle entfallenden Gemeinkosten als **Zuschlagsatz** auf die in dieser Kostenstelle angefallenen Einzelkosten vorgenommen. Die jeweiligen Zuschlagsätze werden in die Kostenträgerrechnung übernommen, in der eine anteilige Zurechnung der Gemeinkosten auf die Kostenträger erfolgt.

**Aufgaben** der Kostenstellenrechnung sind:

▶ Verteilung der Gemeinkosten aus der Kostenartenrechnung
▶ Durchführung der innerbetrieblichen Leistungsverrechnung
▶ Vorbereitung einer verursachungsgerechten Kalkulation
▶ Kontrolle der Wirtschaftlichkeit.

Im Rahmen der Kostenstellenrechnung sollen behandelt werden:

| **Kostenstellenrechnung** | Betriebsabrechnungsbogen |
|---|---|
|  | Innerbetriebliche Leistungsverrechnung |

# C. Kostenstellenrechnung | 1. Betriebsabrechnungsbogen

## 1. Betriebsabrechnungsbogen

Die Kostenstellenrechnung wird in der betrieblichen Praxis üblicherweise mithilfe des Betriebsabrechnungsbogens (BAB) durchgeführt. Er wird meist **monatlich** mithilfe der EDV aufgestellt. Der Betriebsabrechnungsbogen soll unter drei Gesichtspunkten dargestellt werden:

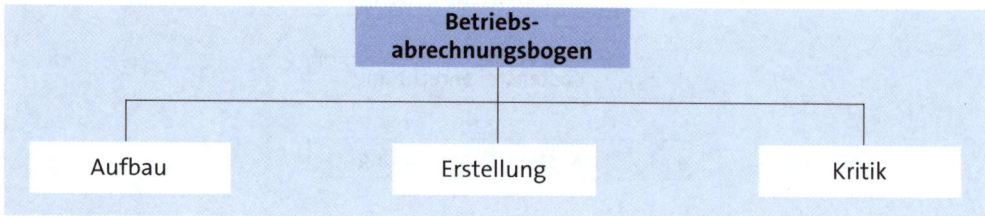

### 1.1 Aufbau

Der BAB ist eine tabellarische Darstellung und weist im industriellen Unternehmen folgende **Grundstruktur** auf:

| Kostenstellen<br>Kostenarten | Zahlen der Buchhaltung | Allgemeiner Bereich | Materialbereich | Fertigungsbereich | Verwaltungsbereich | Vertriebsbereich |
|---|---|---|---|---|---|---|
| | | | | | | |
| | | | | | | |
| | | | | | | |

Er enthält demnach:

▶ In **vertikaler Richtung** alle Kosten, die im Unternehmen entstanden und den Kostenträgern nicht direkt zurechenbar sind, die **Gemeinkosten**. Vielfach werden zusätzlich auch die **Einzelkosten** aufgenommen, aber nur zu Informationszwecken, da sie die Bezugsgrößen für die später zu ermittelnden Zuschlagsätze sind.

▶ In **horizontaler Richtung** die Kostenstellen als Orte, an denen die zur Leistungserstellung benötigten Güter und Dienstleistungen verbraucht werden. Sie können sein:

| Hauptkostenstellen | Sie werden **nicht** auf andere Kostenstellen **weiter verrechnet**. Ihre Kosten werden in der Kostenträgerrechnung mithilfe von prozentuellen Zuschlagsätzen den Einzelkosten zugeschlagen. |
|---|---|
| Hilfskostenstellen | Ihre Kosten werden grundsätzlich **auf** die **Hauptkostenstellen verrechnet**. Sie kommen im Fertigungsbereich, mitunter auch im Materialbereich vor. |

Es sollen näher betrachtet werden:
- **Kostenstellen**
- **Kostenstellenplan**.

### 1.1.1 Kostenstellen

Der Aufbau des BAB kann unter verschiedenen Gesichtspunkten erfolgen. Dementsprechend sind zu unterscheiden:

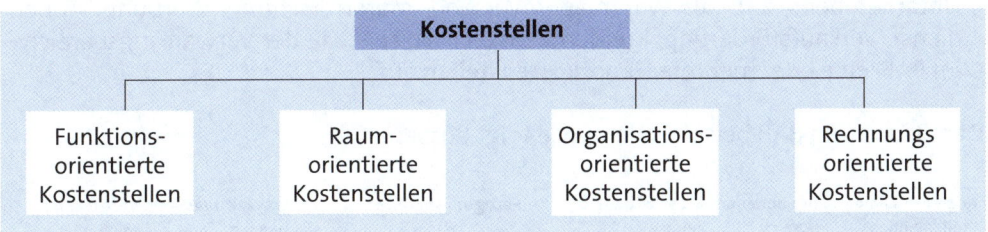

#### 1.1.1.1 Funktionsorientierte Kostenstellen

Bei der Bildung der Kostenstellen ist die Funktionsorientierung das **hauptsächliche Kriterium**, d. h. die Kostenstellen werden zunächst funktionsorientiert gebildet. Innerhalb der funktionsorientierten Gliederung der Kostenstellen können dann noch raum-, organisations- oder rechnungsorientierte Unterteilungen der Kostenstellen erfolgen.

Bei der Bildung funktionsorientierter Kostenstellen ergeben sich folgende Kostenstellen, die auch als **Kostenbereiche** bezeichnet werden können:

- Im **Allgemeinen Bereich** werden die Kosten für jene Leistungen erfasst, die für die anderen Kostenstellen des Unternehmens erbracht werden bzw. dem gesamten Unternehmen dienen. Dementsprechend werden die Allgemeinen Kostenstellen entsprechend ihrer Inanspruchnahme auf die **Hilfskostenstellen** und die **Hauptkostenstellen** verrechnet, z. B. für Beleuchtung, Energie, Heizung.

- Der **Materialbereich** dient dazu, das Material – also Fertigungsstoffe, Hilfsstoffe, Betriebsstoffe – für den Fertigungsbereich zu beschaffen, zu lagern und zu verteilen. Im BAB wird er vielfach als **eine Hauptkostenstelle** in Form einer Sammelposition ausgewiesen. Es ist aber auch möglich, **mehrere Hauptkostenstellen** zu bilden. Dadurch kann die Kostenzurechnung verbessert werden.

- Der **Fertigungsbereich** ist der Leistungsbereich des industriellen Unternehmens. Es erscheint für die Mehrzahl der Fälle wenig zweckmäßig, sich auf eine einzige Hauptkostenstelle Fertigung im Sinne einer Sammelposition zu beschränken, weil darunter die Zurechenbarkeit der Kosten leidet.

  Vielmehr empfiehlt es sich meist, den Fertigungsbereich in **mehrere Hauptkostenstellen** zu unterteilen. Die Hilfskostenstellen, deren Kosten für mehrere Hauptkostenstellen der Fertigung gemeinsam anfallen, sind ebenfalls aufzugliedern.

Die tiefste Gliederung der Fertigungskostenstellen wird in der **Platzkostenrechnung** verwirklicht, bei der die Kostenstellen bis zu den einzelnen Arbeitsplätzen oder Maschinen aufgegliedert werden. Dabei sind aus den globalen Kostenstellenkosten spezifische Arbeits- oder Maschinenstundensätze zu ermitteln.

▶ Der **Verwaltungsbereich** umfasst die Verwaltungsstellen des Unternehmens, z. B. Geschäftsleitung, Finanzwesen, Rechnungswesen, Personalwesen, Revision, Statistik, Öffentlichkeitsarbeit. Er besteht im BAB je nach Zweckmäßigkeit aus einer oder mehreren **Hauptkostenstellen**.

▶ Der **Vertriebsbereich** steht im Zusammenhang mit dem Absatz der Erzeugnisse des Unternehmens, z. B. als Warenlager, Versand, Marktforschung, Werbung, Außendienst, Verkaufsförderung, Kundendienst. Er weist – wie der Verwaltungsbereich – im BAB eine oder mehrere **Hauptkostenstellen** auf.

Damit kann ein BAB beispielsweise wie folgt aussehen:

| Kostenstellen | Zahlen der Buchhaltung | Allgemeiner Bereich | | | Materialbereich | | | Fertigungsbereich | | | | | | | | | Verwaltungsbereich | | | | Vertriebsbereich | | | |
|---|---|---|---|---|---|---|---|---|---|---|---|---|---|---|---|---|---|---|---|---|---|---|---|---|
| | | | | | | | | Hilfsstellen | | | | | | Hauptstellen | | | | | | | | | | |
| Kostenarten | | 1 | 2 | ... n | 1 | 2 | Summe | 1 | 2 | 3 | 4 | 5 | 6 | A | B | Summe | 1 | 2 | 3 | Summe | 1 | 2 | 3 | Summe |
| | | | | | | | | | | | | | | | | | | | | | | | | |
| | | | | | | | | | | | | | | | | | | | | | | | | |

In industriellen Unternehmen kann es zudem einen weiteren funktionsorientierten Kostenbereich geben, den **Entwicklungsbereich**.

**Aufgabe 25 > Seite 193**

### 1.1.1.2 Raumorientierte Kostenstellen

Auf der Grundlage der funktionsorientierten Gliederung der Kostenstellen können zusätzliche Überlegungen hinsichtlich einer Raumorientierung angestellt werden. Bei ihr werden räumlich abgegrenzte Betriebsteile in Kostenstellen zusammengefasst, wobei vor allem zwei **Möglichkeiten** unterschieden werden können:

▶ Es werden **mehrere** betriebliche **Funktionen,** die im Unternehmen wahrgenommen werden, in einer Kostenstelle zusammengezogen.

**Beispiel**

Ein Unternehmen hat drei Werksvertretungen, von denen jede einzelne Verkaufs-, Werbe-, Kundendienst-, Reparatur- und Verwaltungsaufgaben wahrnimmt, die pro Werksvertretung als Kostenstelle zusammengefasst werden.

- Es wird **eine** betriebliche **Funktion,** die im Unternehmen vorhanden ist, auf mehrere Kostenstellen aufgeteilt, die ausführen.

**Beispiel**

Ein Unternehmen verfügt über mehrere Zweigwerke, die alle einen Fuhrpark unterhalten, der für jedes einzelne Zweigwerk als eigene Kostenstelle geführt wird.

### 1.1.1.3 Organisationsorientierte Kostenstellen

Als eine Hauptaufgabe der Kostenstellenrechnung wurde die Überwachung der Wirtschaftlichkeit genannt und darauf hingewiesen, dass die Kostenentwicklung in jeder Kostenstelle zu überwachen sei.

Um dieser Kontrollfunktion in geeigneter Weise gerecht zu werden, sind die organisatorischen Regelungen so zu treffen, dass jede Kostenstelle ein **eigenständiger Verantwortungsbereich** ist, für welchen ausschließlich der Kostenstellenleiter allein die Verantwortung zu tragen hat:

Kostenstelle/-bereich X ≙ Verantwortungsbereich X

Die organisationsorientierte Bildung der Kostenstellen ist eine zwingende **Voraussetzung**, wenn eine Budgetierung erfolgt oder die Plankostenrechnung eingesetzt wird.

### 1.1.1.4 Rechnungsorientierte Kostenstellen

Von der funktionsorientierten Gliederung der Kostenstellen ausgehend, können auch rechnungstechnische Überlegungen bei der Bildung der Kostenstellen berücksichtigt werden, um eine weitgehend **verursachungsgerechte Kostenverteilung** zu erreichen. So bietet sich z. B. die Zusammenfassung von mehreren Maschinen an, deren Kostensituation ähnlich ist:

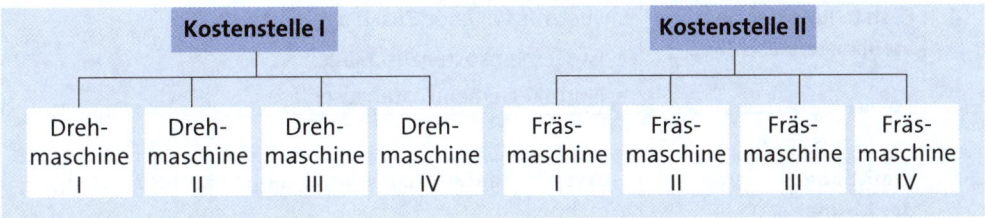

Mit der Bildung rechnungsorientierter Kostenstellen wird es möglich, mit **gleichen Kalkulationssätzen** zu arbeiten.

## 1.1.2 Kostenstellenplan

Zur Systematisierung der Kostenstellenrechnung ist es erforderlich, einen Kostenstellenplan zu erstellen. Darin ist eine konkrete Gliederung eines Unternehmens in Kostenstellen verbindlich festzuschreiben. Bei seiner Erstellung sind vor allem drei **Grundsätze** zu beachten:

- Für jede Kostenstelle müssen sich genaue **Maßstäbe der Kostenverursachung** in Form von geeigneten Bezugsgrößen finden lassen.
- Nach dem Wirtschaftlichkeitsprinzip ist jede Kostenstelle so zu bilden, dass sich alle **Kostenbelege** ohne große Schwierigkeiten **zuordnen** lassen.
- Um der Kontrollfunktion der Kostenrechnung gerecht zu werden, muss jede Kostenstelle ein **selbstständiger Verantwortungsbereich** sein.

Wichtig ist, dass der Kostenstellenplan auf die speziellen Belange des Unternehmens abgestellt wird.

## 1.2 Erstellung

Die Erstellung des BAB geht in mehreren aufeinander folgenden **Schritten** vor sich. Dabei handelt es sich um:

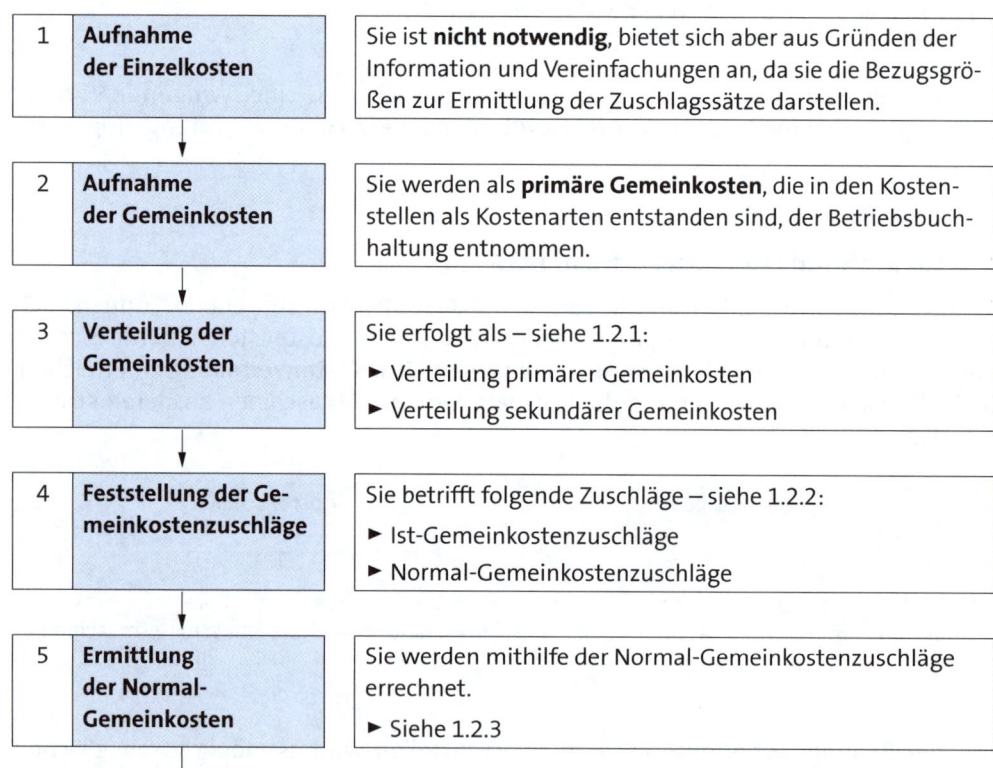

| 6 | Feststellung von Über-/Unterdeckungen | Sie geschieht, indem Ist- und Normal-Gemeinkosten miteinander verglichen werden.<br>▶ Siehe 1.2.4 |

Die Aufnahme der Einzelkosten als **Schritt 1** und der Gemeinkosten als **Schritt 2** aus der Betriebsbuchhaltung bedarf keiner näheren Erläuterung. Sie ermöglicht es, den BAB mit grundlegenden Daten – wie nachfolgend gezeigt – zu versorgen.

**Beispiel**

| Kostenstellen<br><br>Kostenarten | Zahlen der Buchhaltung | Allgemeiner Bereich | | Materialbereich | Fertigungsbereich | | | | | Verwaltungsbereich | Vertriebsbereich |
|---|---|---|---|---|---|---|---|---|---|---|---|
| | | 1 | 2 | | Hilfsstelle 1 | Hilfsstelle 2 | Hauptstelle A | Hauptstelle B | Summe A + B | | |
| Fertigungsmaterial | 10.000 | | | 10.000 | | | | | | | |
| Fertigungslohn | 6.000 | | | | | | 2.000 | 4.000 | 6.000 | | |
| Hilfs-, Betriebsstoffe<br>Energie<br>Hilfslöhne<br>Gehälter<br>Abschreibung<br>Sonstige | 2.500<br>500<br>5.000<br>3.000<br>1.200<br>2.000 | | | | | | | | | | |

## 1.2.1 Verteilung der Gemeinkosten

Nach der Aufnahme der Gemeinkosten aus der Betriebsbuchhaltung – und ggf. der Einzelkosten als Bezugsgrößen zur Errechnung der Zuschlagsätze – erfolgt die Verteilung der Gemeinkosten, die in zwei **Schritten** geschieht:

▶ Zunächst erfolgt die Verteilung der **primären Gemeinkosten** als den in den Kostenstellen tatsächlich angefallenen Gemeinkosten auf alle Hilfskostenstellen und Hauptkostenstellen, die sie verursacht haben. Sie werden sodann kostenstellenweise zusammengezählt.

## C. Kostenstellenrechnung | 1. Betriebsabrechnungsbogen

Dem jeweiligen **Verteilungsverfahren** entsprechend sind als Kosten zu unterscheiden:

| Stellen-Einzelkosten | Sie lassen sich für die einzelnen Kostenstellen **genau** ermitteln, da sie belegmäßig erfasst werden können, z. B.:<br>▸ Strom aufgrund von Stromzählern<br>▸ Wasser aufgrund von Wasserzählern<br>▸ Hilfsstoffe aufgrund von Entnahmescheinen<br>▸ Hilfslöhne aufgrund von Lohnlisten.<br><br>Die Stellen-Einzelkosten werden daher auch **direkte Stellenkosten** genannt. |
|---|---|
| Stellen-Gemeinkosten | Sie lassen sich für die einzelnen Kostenstellen nicht oder nicht mit vertretbarem Aufwand unmittelbar verursachungsgerecht zurechnen, sondern nur mithilfe von **Verteilungsschlüsseln**. So werden z. B. verteilt:<br>▸ Heizungskosten aufgrund von Raumgrößen<br>▸ Energiekosten aufgrund installierter KW<br>▸ Mieten aufgrund von Raumgrößen.<br><br>Die Stellen-Gemeinkosten werden auch als **indirekte Stellenkosten** bezeichnet. |

**Beispiel**

Die Verteilung erfolgt im nachfolgend dargestellten BAB aufgrund folgender Schlüssel:

❶ nach Entnahmescheinen          50|80|150|300|320|510|630|240|220 €

❷ nach Anzahl der Energiequellen   3 : 6 : 8 : 5 : 4 : 6 : 8 : 5 : 5

❸ nach Lohnlisten                100|150|300|550|600|900|1.700|300|400 €

❹ nach Gehaltslisten             60|70|170|200|280|650|710|400|460 €

❺ nach Anlagekartei              30|40|80|140|160|280|290|90|90 €

❻ nach Anzahl der Beschäftigten   12 : 9 : 23 : 40 : 32 : 78 : 57 : 60 : 89

Dabei wird – wie exemplarisch anhand der **Kostenart Energie** zu zeigen ist – in folgender Weise vorgegangen:

▸ **Bildung der Schlüsselsumme:**
  3 + 6 + 8 + 5 + 4 + 6 + 8 + 5 + 5 = 50

▸ **Ermittlung einer Schlüsseleinheit:**
  500 : 50 = 10

▸ **Ermittlung der Kosten pro Kostenstelle:**
  3 · 10 = 30; 6 · 10 = 60; 8 · 10 = 80; 5 · 10 = 50 usw.

## C. Kostenstellenrechnung | 1. Betriebsabrechnungsbogen

| Kosten-stellen<br><br>Kostenarten | Zahlen der Buch-haltung | Allgemeiner Bereich | | Material-bereich | Fertigungsbereich | | | | | Ver-waltungs-bereich | Ver-triebs-bereich |
|---|---|---|---|---|---|---|---|---|---|---|---|
| | | 1 | 2 | | Hilfs-stelle 1 | Hilfs-stelle 2 | Haupt-stelle A | Haupt-stelle B | Summe A + B | | |
| Fertigungs-material | 10.000 | | | 10.000 | | | | | | | |
| Fertigungs-lohn | 6.000 | | | | | | 2.000 | 4.000 | 6.000 | | |
| ❶ Hilfs-, Betriebsstoffe | 2.500 | 50 | 80 | 150 | 300 | 320 | 510 | 630 | 1.140 | 240 | 220 |
| ❷ Energie | 500 | 30 | 60 | 80 | 50 | 40 | 60 | 80 | 140 | 50 | 50 |
| ❸ Hilfslöhne | 5.000 | 100 | 150 | 300 | 550 | 600 | 900 | 1.700 | 2.600 | 300 | 400 |
| ❹ Gehälter | 3.000 | 60 | 70 | 170 | 200 | 280 | 650 | 710 | 1.360 | 400 | 460 |
| ❺ Abschreibung | 1.200 | 30 | 40 | 80 | 140 | 160 | 280 | 290 | 570 | 90 | 90 |
| ❻ Sonstige | 2.000 | 60 | 45 | 115 | 200 | 160 | 390 | 285 | 675 | 300 | 445 |
| Summe | 14.200 | 330 | 445 | 895 | 1.440 | 1.560 | 2.790 | 3.695 | 6.485 | 1.380 | 1.665 |

▶ Nach den primären Gemeinkosten werden die **sekundären Gemeinkosten** verteilt. Das sind jene Kosten, die sich aus mehreren Kostenarten zusammensetzen und zunächst nur den Allgemeinen Kostenstellen und den Hilfskostenstellen zugeordnet werden konnten.

Damit werden die **Allgemeinen Kostenstellen** und die **Hilfskostenstellen** im Rahmen der innerbetrieblichen Leistungsverrechnung kostenmäßig **entlastet**, sodass Kosten nur noch in den Hauptkostenstellen ausgewiesen werden.

Üblicherweise bedient man sich bei der Verteilung der sekundären Gemeinkosten des **Treppenverfahrens**, einem Verfahren der innerbetrieblichen Leistungsverrechnung, mit welchem die innerbetrieblichen Leistungen für die Hilfskostenstellen gebildet werden und stufenweise auf die empfangenden Kostenstellen aufgeteilt werden.

| Kostenstelle 1 | Kostenstelle 2 | Kostenstelle 3 | Kostenstelle 4 |
|---|---|---|---|
| | | | |
| ... → | ... → | ... → | ... |
| | ... → | ... → | ... |
| | | ... → | ... |

Die **Verteilung** der Gemeinkosten kann erfolgen:

- nach der Zahl der in Anspruch genommenen **Leistungseinheiten**, die mit den Kosten pro Einheit bewertet werden, sofern gleichartige Leistungen zugrunde liegen

## C. Kostenstellenrechnung | 1. Betriebsabrechnungsbogen

- durch **Äquivalenzziffern**, wenn die Leistungen zwar verschiedenartig, aber dennoch fertigungstechnisch miteinander verwandt sind
- mithilfe von **festen Ersatzschlüsseln**, wenn die Leistungen nicht erfasst werden oder erfasst werden können. Das können **Mengenschlüssel** oder **Wertschlüssel** sein.

Die Kostenstellen des **Allgemeinen Bereiches** sind als Erste umzulegen, da sie nicht nur auf Hauptkostenstellen, sondern auch auf die Hilfskostenstellen zu verteilen sind, die ihrerseits danach auf die Hauptkostenstellen ihres jeweiligen Kostenbereiches umgelegt werden. Dabei kann eine Zwischensumme gebildet werden.

### Beispiel

Als Umlageschlüssel sollen gelten:

(Allg.Ko.st..1) :    1 : 2 : 2 : 1 : 1 : 2 : 1
(Allg.Ko.st.2) :    1 : 0 : 0 : 1 : 1 : 1 : 1
(Hi-Ko.st.1):        1 : 2
(Hi.Ko.st.2):        1 : 1

| Kostenstellen / Kostenarten | Zahlen der Buchhaltung | Allgemeiner Bereich | | Materialbereich | Fertigungsbereich | | | | | Verwaltungsbereich | Vertriebsbereich |
|---|---|---|---|---|---|---|---|---|---|---|---|
| | | 1 | 2 | | Hilfsstelle 1 | Hilfsstelle 2 | Hauptstelle A | Hauptstelle B | Summe A + B | | |
| ... | ... | ... | ... | ... | ... | ... | ... | ... | ... | ... | ... |
| Summe | 14.200 | 330 | 445 | 895 | 1.440 | 1.560 | 2.790 | 3.695 | 6.485 | 1.380 | 1.665 |
| Umlage Allg. Ko. st. 1 | | | | 33 | 66 | 66 | 33 | 33 | 66 | 66 | 33 |
| Umlage Allg. Ko. st. 2 | | | | 89 | 0 | 0 | 89 | 89 | 178 | 89 | 89 |
| Summe | | | | 1.017 | 1.506 | 1.626 | 2.912 | 3.817 | 6.729 | 1.535 | 1.787 |
| Umlage Hi. Ko. st. 1 | | | | | | | 502 | 1.004 | 1.506 | | |
| Umlage Hi. Ko. st. 2 | | | | | | | 813 | 813 | 1.626 | | |
| Summe | | | | 1.017 | | | 4.227 | 5.634 | 9.861 | 1.535 | 1.787 |

## 1.2.2 Feststellung der Gemeinkostenzuschläge

Als Gemeinkostenzuschläge sind auszuweisen:

▶ Die **Ist-Gemeinkostenzuschläge**, die errechnet werden, indem die Gemeinkosten der einzelnen Hauptkostenstellen durch die Bezugsgröße der jeweiligen Hauptkostenstelle dividiert werden. Zu unterscheiden sind:

$$\text{Ist-Materialgemeinkostenzuschlag} = \frac{\text{Materialgemeinkosten}}{\text{Fertigungsmaterial}} \cdot 100$$

$$\text{Ist-Fertigungsgemeinkostenzuschlag} = \frac{\text{Fertigungsgemeinkosten}}{\text{Fertigungslöhne}} \cdot 100$$

$$\text{Ist-Verwaltungsgemeinkostenzuschlag} = \frac{\text{Verwaltungsgemeinkosten}}{\text{Herstellkosten des Umsatzes}} \cdot 100$$

$$\text{Ist-Vertriebsgemeinkostenzuschlag} = \frac{\text{Vertriebsgemeinkosten}}{\text{Herstellkosten des Umsatzes}} \cdot 100$$

Die **Herstellkosten des Umsatzes** werden errechnet:

|   | |
|---|---|
|   | Fertigungsmaterial |
| + | Materialgemeinkosten |
| + | Fertigungslöhne |
| + | Fertigungsgemeinkosten |
| = | *Herstellkosten der Erzeugung* |
| + | Minderbestand |
| − | Mehrbestand |
| = | **Herstellkosten des Umsatzes** |

In der Praxis werden als Bezugsgrößen für die Verwaltungs- und Vertriebskostenzuschläge mitunter auch die Herstellkosten der Erzeugung verwendet.

### Beispiel

Für den obigen BAB ergeben sich als Ist-Gemeinkostenzuschläge:

Ist-Materialgemeinkostenzuschlag $= \frac{1.017}{10.000} \cdot 100 = \mathbf{10{,}17\ \%}$

Ist-Fertigungsgemeinkostenzuschlag A $= \frac{4.227}{2.000} \cdot 100 = \mathbf{211{,}35\ \%}$

## C. Kostenstellenrechnung | 1. Betriebsabrechnungsbogen

Ist-Fertigungsgemein-
kostenzuschlag B $= \frac{5.634}{4.000} \cdot 100 = \mathbf{140{,}85\ \%}$

Ist-Fertigungsgemein-
kostenzuschlag A + B $= \frac{9.861}{6.000} \cdot 100 = \mathbf{164{,}35\ \%}$

Ist-Verwaltungsgemein-
kostenzuschlag $= \frac{1.535}{10.000 + 1.017 + 6.000 + 9.861} \cdot 100 = \mathbf{5{,}71\ \%}$

Ist-Vertriebsgemein-
kostenzuschlag $= \frac{1.787}{10.000 + 1.017 + 6.000 + 9.861} \cdot 100 = \mathbf{6{,}65\ \%}$

Sie werden in den BAB übernommen:

| Kostenstellen / Kostenarten | Zahlen der Buchhaltung | | Allgemeiner Bereich | | Materialbereich | Fertigungsbereich | | | | | Verwaltungsbereich | Vertriebsbereich |
|---|---|---|---|---|---|---|---|---|---|---|---|---|
| | | | 1 | 2 | | Hilfsstelle 1 | Hilfsstelle 2 | Hauptstelle A | Hauptstelle B | Summe A + B | | |
| ⋮ | ⋮ | ⋮ | ⋮ | ⋮ | ⋮ | ⋮ | ⋮ | ⋮ | ⋮ | ⋮ | ⋮ | ⋮ |
| Summe | | | | | 1.017 | | 4.227 | 5.634 | 9.861 | | 1.535 | 1.787 |
| Ist-Zuschläge % | | | | | 10,17 | | 211,35 | 140,85 | 164,35 | | 5,71 | 6,65 |

▶ Um die Kontrollfunktion der Kostenstellenrechnung wahrzunehmen, sind die **Normal-Gemeinkostenzuschläge** als Erfahrungswerte der Vergangenheit in den BAB aufzunehmen. Auf ihrer Basis lassen sich daraufhin die Normal-Gemeinkosten ermitteln, die mit den angefallenen Ist-Gemeinkosten verglichen werden, wie unten gezeigt.

**Beispiel**

Als Vergangenheitsdaten werden in den obigen BAB übernommen:

| Kostenstellen / Kostenarten | Zahlen der Buchhaltung | | Allgemeiner Bereich | | Materialbereich | Fertigungsbereich | | | | | Verwaltungsbereich | Vertriebsbereich |
|---|---|---|---|---|---|---|---|---|---|---|---|---|
| | | | 1 | 2 | | Hilfsstelle 1 | Hilfsstelle 2 | Hauptstelle A | Hauptstelle B | Summe A + B | | |
| ⋮ | ⋮ | ⋮ | ⋮ | ⋮ | ⋮ | ⋮ | ⋮ | ⋮ | ⋮ | ⋮ | ⋮ | ⋮ |
| Ist-Zuschläge | | | | | 10,17 | | 211,35 | 140,85 | 164,35 | | 5,71 | 6,65 |
| Normal-Zuschläge % | | | | | 9,70 | | 210,10 | 143,20 | | | 4,70 | 6,65 |

## 1.2.3 Ermittlung der Normal-Gemeinkosten

Die Normal-Gemeinkosten werden unter Zugrundelegung der Ist-Einzelkosten ermittelt. Ihre **Berechnung** erfolgt:

> Normal-**Material**gemeinkosten = **Ist**-Fertigungsmaterial • Normal-Zuschlag

> Normal-**Fertigungs**gemeinkosten = **Ist**-Fertigungslöhne • Normal-Zuschlag

> Normal-**Verwaltungs**gemeinkosten = **Normal**-Herstellkosten • Normal-Zuschlag

> Normal-**Vertriebs**gemeinkosten = **Normal**-Herstellkosten • Normal-Zuschlag

Die **Normal-Herstellkosten** ergeben sich:

|   | |
|---|---|
|   | **Ist**-Fertigungsmaterial |
| + | Normal-Materialgemeinkosten |
| + | **Ist**-Fertigungslöhne |
| + | Normal-Fertigungsgemeinkosten |
| = | *Normal-Herstellkosten der Erzeugung* |
| + | Minderbestand |
| - | Mehrbestand |
| = | **Normal-Herstellkosten des Umsatzes** |

Auch hier gilt, dass in der betrieblichen Praxis als Bezugsgröße grundsätzlich zwar die **Normal-Herstellkosten des Umsatzes**, mitunter aber auch die Normal-Herstellkosten der Erzeugung verwendet werden.

### Beispiel

Für den **BAB** ergeben sich als Normal-Gemeinkosten:

| | | |
|---|---|---|
| Materialbereich | 10.000 • 0,097 = | **970 €** |
| Fertigungshauptstelle A | 2.000 • 2,1010 = | **4.202 €** |
| Fertigungshauptstelle B | 4.000 • 1,4320 = | **5.728 €** |
| Verwaltungsbereich | (10.000 + 970 + 2.000 + 4.202 + 4.000 + 5.728) • 0,047 = | **1.264 €** |
| Vertriebsbereich | (10.000 + 970 + 2.000 + 4.202 + 4.000 + 5.728) • 0,0665 = | **1.789 €** |

## C. Kostenstellenrechnung | 1. Betriebsabrechnungsbogen

Sie werden entsprechend übernommen:

| Kostenstellen<br><br>Kostenarten | Zahlen der Buchhaltung | Allgemeiner Bereich | | Materialbereich | Fertigungsbereich | | | | | Verwaltungsbereich | Vertriebsbereich |
|---|---|---|---|---|---|---|---|---|---|---|---|
| | | 1 | 2 | | Hilfsstelle 1 | Hilfsstelle 2 | Hauptstelle A | Hauptstelle B | Summe A + B | | |
| Fertigungsmaterial<br>Fertigungslohn | 10.000<br>6.000 | | | 10.000 | | | 2.000 | 4.000 | 6.000 | | |
| ⋮ | ⋮ | ⋮ | ⋮ | ⋮ | ⋮ | ⋮ | ⋮ | ⋮ | ⋮ | ⋮ | ⋮ |
| Ist-Zuschläge % | | | | 10,17 | | | 211,35 | 140,85 | 164,35 | 5,71 | 6,65 |
| Normal-Zuschläge % | | | | 9,70 | | | 210,10 | 143,20 | | 4,70 | 6,65 |
| Normal-Gemeinkosten | | | | 9,70 | | | 4.202 | 5.728 | 9.930 | 1.264 | 1.789 |

### 1.2.4 Feststellung von Über-/Unterdeckungen

Der Vergleich von Ist-Gemeinkosten und Normal-Gemeinkosten zeigt, ob eine **Unterdeckung** vorliegt, d. h. „zu viel" Kosten entstanden sind, oder eine **Überdeckung** gegeben ist. Für die Ermittlung gilt:

> Über-/Unterdeckung = Normal-Gemeinkosten - Ist-Gemeinkosten

**Beispiel**

Für den obigen BAB ergeben sich:

| | | | |
|---|---|---|---|
| Materialbereich | 970 - 1.017 | = | **- 47 €** |
| Fertigungshauptstelle A | 4.202 - 4.227 | = | **- 25 €** |
| Fertigungshauptstelle B | 5.728 - 5.634 | = | **+ 94 €** |
| Verwaltungsbereich | 1.264 - 1.535 | = | **- 271 €** |
| Vertriebsbereich | 1.789 - 1.787 | = | **+ 2 €** |

Der exemplarisch dargestellte Betriebsabrechnungsbogen hat damit insgesamt folgendes Aussehen:

| Kostenstellen<br><br>Kostenarten | Zahlen der Buchhaltung | Allgemeiner Bereich | | Materialbereich | Fertigungsbereich | | | | | Verwaltungsbereich | Vertriebsbereich |
|---|---|---|---|---|---|---|---|---|---|---|---|
| | | 1 | 2 | | Hilfsstelle 1 | Hilfsstelle 2 | Hauptstelle A | Hauptstelle B | Summe A + B | | |
| Fertigungsmaterial | 10.000 | | | 10.000 | | | | | | | |
| Fertigungslohn | 6.000 | | | | | | 2.000 | 4.000 | 6.000 | | |
| Hilfs-, Betriebsstoffe | 2.500 | 50 | 80 | 150 | 300 | 320 | 510 | 630 | 1.140 | 240 | 220 |
| Energie | 500 | 30 | 60 | 80 | 50 | 40 | 60 | 80 | 140 | 50 | 50 |
| Hilfslöhne | 5.000 | 100 | 150 | 300 | 550 | 600 | 900 | 1.700 | 2.600 | 300 | 400 |
| Gehälter | 3.000 | 60 | 70 | 170 | 200 | 280 | 650 | 710 | 1.360 | 400 | 460 |
| Abschreibung | 1.200 | 30 | 40 | 80 | 140 | 160 | 280 | 290 | 570 | 90 | 90 |
| Sonstige | 2.000 | 60 | 45 | 115 | 200 | 160 | 390 | 285 | 675 | 300 | 445 |
| Summe | 14.200 | 330 | 445 | 895 | 1.440 | 1.560 | 2.790 | 3.695 | 6.485 | 1.380 | 1.665 |
| Umlage Allg. Ko. st. 1 | | | | 33 | 66 | 66 | 33 | 33 | 66 | 66 | 33 |
| Umlage Allg. Ko. st. 2 | | | | 89 | 0 | 0 | 89 | 89 | 178 | 89 | 89 |
| Summe | | | | 1.017 | 1.506 | 1.626 | 2.912 | 3.817 | 6.729 | 1.535 | 1.787 |
| Umlage Hi. Ko. st. 1 | | | | | | | 502 | 1.004 | 1.506 | | |
| Umlage Hi. Ko. st. 2 | | | | | | | 813 | 813 | 1.626 | | |
| Summe | | | | 1.017 | | | 4.227 | 5.634 | 9.861 | 1.535 | 1.787 |
| Ist-Zuschläge % | | | | 10,17 | | | 211,35 | 140,85 | 164,35 | 5,71 | 6,65 |
| Normal-Zuschläge % | | | | 9,70 | | | 210,10 | 143,20 | | 4,70 | 6,65 |
| Normal-Gemeinkosten | | | | 970 | | | 4.202 | 5.728 | 9.930 | 1.264 | 1.789 |
| Über-/Unterdeckung | | | | -47 | | | -25 | +94 | +69 | -271 | +2 |

Damit ist die Erstellung des BAB abgeschlossen.

## Aufgabe 26 > Seite 194

## 1.3 Kritik

Die Gemeinkostenzuschläge werden im BAB auf der Grundlage der Einzelkosten beim Materialbereich und Fertigungsbereich sowie der Herstellkosten des Umsatzes beim Verwaltungsbereich und Vertriebsbereich ermittelt.

Einzelkosten sind variable Kosten, Gemeinkosten enthalten fixe und variable Kostenbestandteile. Wird ein **Gemeinkostenzuschlag** – z. B. als Verhältnis von Fertigungsgemeinkosten und Fertigungslohn – festgestellt, dann ist er lediglich für den Beschäftigungsgrad gültig, für den er errechnet wird.

In der betrieblichen Praxis arbeitet man in der Vorkalkulation aber auch dann vielfach mit diesem Gemeinkostenzuschlag, wenn der Beschäftigungsgrad sich verändert hat. Dadurch wird das Verhalten von Einzelkosten und Gemeinkosten bei unterschiedlicher Kapazitätsauslastung als proportional angesehen.

Der BAB unterstellt somit eine **Proportionalität von Einzelkosten und Gemeinkosten**, die in Wirklichkeit jedoch umso weniger gegeben ist, je größer der Anteil der fixen Kosten an den Gemeinkosten ist.

## 2. Innerbetriebliche Leistungsverrechnung

Innerbetriebliche Leistungen sind interne, nicht für den Absatz bestimmte Leistungen des Unternehmens, die in dessen Produktionsprozess eingesetzt werden. Sie werden auch **Eigenleistungen** oder **Innenaufträge** genannt, wobei sich nach ihrem zeitlichen Verbrauch zwei **Arten** von innerbetrieblichen Leistungen unterscheiden lassen:

▶ **Leistungen**, die noch **in der Periode ihrer Erstellung verbraucht** werden. Sie sind nicht aktivierungsfähig, ihre Kosten sind sofort zwischen den Kostenstellen unmittelbar zu verrechnen.

▶ **Leistungen**, die **über mehrere Perioden genutzt** und damit verbraucht werden, z. B. Maschinen. Sie sind als Kostenträger anzusehen und zu aktivieren.

Wenn im Unternehmen innerbetriebliche Leistungen erbracht werden, sollten hierfür **eigene Kostenstellen** als allgemeine oder Hilfskostenstellen eingerichtet werden, von denen die innerbetrieblichen Leistungen weiterverrechnet werden.

Der innerbetrieblichen Leistungsverrechnung stellen sich zwei **Aufgaben**:

▶ die möglichst genaue Ermittlung der Selbstkosten der Kostenträger

▶ Information über die Vorteilhaftigkeit von Eigenerstellung oder Fremdbezug.

Die innerbetriebliche Leistungsverrechnung kann erfolgen als:

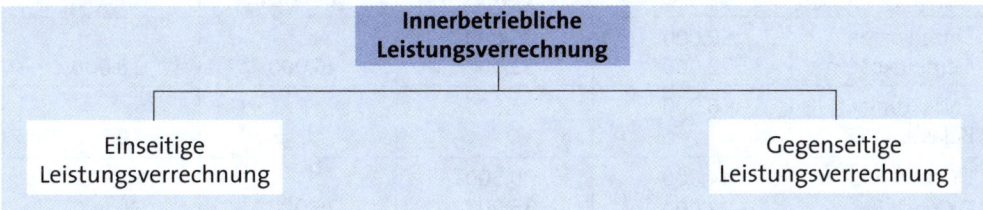

## 2.1 Einseitige Leistungsverrechnung

Bei der einseitigen Leistungsverrechnung wird unterstellt, dass die **Leistungen** nur **„in eine Richtung"** fließen. Die leistenden Kostenstellen erhalten keine Leistungen von den Kostenstellen, denen sie ihre Leistung erbringen. Als **Verfahren** einseitiger Leistungsverrechnung lassen sich unterscheiden:

- **Kostenartenverfahren**
- **Kostenstellenumlageverfahren**
- **Kostenstellenausgleichsverfahren**
- **Kostenträgerverfahren.**

Das **Kostenstellenumlageverfahren**, bei dem nicht auftragsmäßig erfasste innerbetriebliche Leistungen mithilfe des **Treppenverfahrens** verrechnet werden, ist bereits bei der Verteilung der sekundären Gemeinkosten im BAB – Seite 89 – dargestellt worden.

### 2.1.1 Kostenartenverfahren

Das Kostenartenverfahren ist das einfachste, aber auch ungenaueste Verfahren der innerbetrieblichen Leistungsverrechnung. Es ist nur anwendbar, wenn die innerbetrieblichen **Leistungen in Hauptkostenstellen erzeugt** werden.

Bei diesem Verfahren werden die leistenden Kostenstellen von Einzelkosten entlastet, die durch innerbetriebliche Leistungen angefallen sind. Die leistungsempfangende Kostenstelle wird in Höhe dieser Einzelkosten belastet, aber in Form von Gemeinkosten. Die in der leistenden Kostenstelle anfallenden Gemeinkosten werden nicht auf die leistungsempfangende Kostenstelle verrechnet.

**Beispiel**

Der Materialbereich hat 6.000 €, der Fertigungsbereich 4.500 € an Einzelkosten für den Vertriebsbereich erbracht. Damit ergeben sich bei folgenden Daten als Einzelkosten (EK) und Gemeinkosten (GK) nach der innerbetrieblichen Leistungsverrechnung (IBL):

|  | Material-bereich | Fertigungs-bereich | Verwaltungs-bereich | Vertriebs-bereich |
|---|---|---|---|---|
| Einzelkosten<br>Gemeinkosten | 50.000<br>22.000 | 35.000<br>33.000 | 20.000 | 18.000 |
| Entlastung EK<br>Belastung EK | – 6.000 | – 4.500 | | + 10.500 |
| EK nach IBL<br>GK nach IBL | 44.000<br>22.000 | 30.500<br>33.000 | 20.000 | 28.500 |

Durch den Verzicht auf die Verrechnung der tatsächlich angefallenen Gemeinkosten, mit denen die leistungsempfangende Kostenstelle eigentlich zu belasten wäre, werden die **Gemeinkostenzuschläge** bei den leistenden Kostenstellen **ungerechtfertigt erhöht**.

Deshalb sollte das Kostenartenverfahren nur eingesetzt werden, wenn die Gemeinkostenanteile der leistenden Kostenstellen an den innerbetrieblichen Leistungen gering sind, damit keine zu große Verfälschung bei der Kostenzurechnung erfolgt.

### 2.1.2 Kostenstellenausgleichsverfahren

Das Kostenstellenausgleichsverfahren hat mit dem Kostenartenverfahren gemeinsam, dass die Einzelkosten der innerbetrieblichen Leistung der empfangenden Kostenstelle als Gemeinkosten verrechnet werden. Zusätzlich werden bei ihm aber **auch die durch die innerbetriebliche Leistung verursachten Gemeinkosten** der leistenden Kostenstelle auf die empfangende Kostenstelle **verrechnet**.

**Beispiel**

Der Materialbereich hat 6.000 € an Einzelkosten und 1.500 € an Gemeinkosten, der Fertigungsbereich 4.500 € an Einzelkosten und 2.000 € an Gemeinkosten für den Vertriebsbereich geleistet.

|  | Material-bereich | Fertigungs-bereich | Verwaltungs-bereich | Vertriebs-bereich |
|---|---|---|---|---|
| Einzelkosten<br>Gemeinkosten | 50.000<br>22.000 | 35.000<br>33.000 | 20.000 | 18.000 |
| Entlastung EK<br>Entlastung GK<br>Belastung GK | – 6.000<br>– 1.500 | – 4.500<br>– 2.000 | | + 14.000 |
| EK nach IBL<br>GK nach IBL | 44.000<br>20.500 | 30.500<br>31.000 | 20.000 | 32.000 |

Wie beim Kostenartenverfahren ist es auch beim Kostenstellenausgleichsverfahren nur möglich, innerbetriebliche Leistungen zwischen **Hauptkostenstellen** zu verrechnen.

### 2.1.3 Kostenträgerverfahren

Das Kostenträgerverfahren ähnelt dem Kostenstellenausgleichsverfahren sehr, ist über übersichtlicher und wird deshalb dem Kostenstellenausgleichsverfahren meist vorgezogen. Dabei werden die Einzelkosten und Gemeinkosten der innerbetrieblichen Leistung von der leistenden Kostenstelle nicht auf die Leistung empfangende Kostenstelle übertragen, sondern auf eine **Ausgliederungsstelle**.

**Beispiel**

Es sollen die Daten aus dem Beispiel für das Kostenstellenausgleichsverfahren gelten. Daraus ergibt sich:

|  | Material-bereich | Fertigungs-bereich | Verwaltungs-bereich | Vertriebs-bereich | Ausgliede-rungsstelle |
|---|---|---|---|---|---|
| Einzelkosten | 50.000 | 35.000 | | | |
| Gemeinkosten | 22.000 | 33.000 | 20.000 | 18.000 | |
| Entlastung EK | - 6.000 | - 4.500 | | | |
| Entlastung GK | - 1.500 | - 2.000 | | | |
| Belastung GK | | | | | + 14.000 |
| EK nach IBL | 44.000 | 30.500 | | | |
| GK nach IBL | 20.500 | 31.000 | 20.000 | 18.000 | 14.000 |

Der **Einsatz** des Kostenträgerverfahrens erfolgt zur Ermittlung der Kosten aktivierbarer Leistungen sowie für Wirtschaftlichkeitsvergleiche zwischen Eigenfertigung und Fremdbezug.

**Aufgabe 27 > Seite 194**

### 2.2 Gegenseitige Leistungsverrechnung

Die innerbetriebliche Leistungsverrechnung wird **genauer** und **praxisgerechter**, wenn berücksichtigt wird, dass – wie vielfach festzustellen ist – ein wechselseitiger Leistungsaustausch zwischen den Kostenstellen erfolgt. Allerdings können die Kosten einer Kostenstelle erst umgelegt werden, wenn die Gesamtkosten der umzulegenden Kostenstelle ermittelt worden sind.

Als **Verfahren** gegenseitiger Leistungsverrechnung lassen sich nennen:
- **Verrechnungspreis-Verfahren**
- **mathematisches Verfahren.**

### 2.2.1 Verrechnungspreis-Verfahren

Die gegenseitige Leistungsverflechtung ist am einfachsten aufzulösen, indem die innerbetrieblichen Leistungsmengen mit Verrechnungspreisen bewertet werden, die **unternehmensinterne Wertansätze** sein können oder **Marktpreise**, wenn die Leistungen auch am Markt erhältlich sind.

Gegen die Verrechnung der innerbetrieblichen Leistungen zu Marktpreisen werden vielfach **Bedenken** erhoben, da auf der Kostenseite eine Reihe von Aufwendungen für innerbetriebliche Leistungen nicht ausgewiesen werden, die jedoch im Marktpreis abzugelten sind.

Zu beachten ist bei Nutzung des Verrechnungspreis-Verfahrens, dass:
- die innerbetrieblichen Leistungen nicht mit anteiligen **Verwaltungsgemeinkosten** belastet werden sollten
- die innerbetrieblichen Leistungen keinesfalls mit **Vertriebsgemeinkosten** und mit **Sondereinzelkosten des Vertriebs** belastet werden dürfen, da solche Kosten für innerbetriebliche Leistungen nicht anfallen.

### 2.2.2 Mathematisches Verfahren

Das mathematische Verfahren ist das genaueste Verfahren der innerbetrieblichen Leistungsverrechnung. Dabei bedient man sich – sofern zwei Kostenstellen am gegenseitigen Leistungsaustausch beteiligt sind – folgender Gleichungen:

$$m_1 \, q_1 = Kp_1 + l_{21} \cdot q_2$$

$$m_2 \, q_2 = Kp_2 + l_{12} \cdot q_1$$

$m_1$ = Leistungseinheiten der Kostenstelle 1
$m_2$ = Leistungseinheiten der Kostenstelle 2
$q_1$ = Kostensatz pro Leistungseinheit der Kostenstelle 1
$q_2$ = Kostensatz pro Leistungseinheit der Kostenstelle 2

$Kp_1$ = Primärkosten der Kostenstelle 1

$Kp_2$ = Primärkosten der Kostenstelle 2

$l_{21}$ = Leistung der Kostenstelle 2 an Kostenstelle 1

$l_{12}$ = Leistung der Kostenstelle 1 an Kostenstelle 2

**Beispiel**

Es werden die beiden Kostenstellen

▸ Reparaturwerkstatt (KSt. 1)

▸ Stromversorgung (KSt. 2)

betrachtet. Die Leistung der KSt. 1 betrug 2012 insgesamt 1.000 Leistungseinheiten, z. B. als Reparaturstunden, wovon 400 Einheiten an KSt. 2 gegeben wurden. Die KSt. 2 erstellte 60.000 Leistungseinheiten, von denen 15.000 Leistungseinheiten an die KSt. 1 geliefert wurden. Die Kosten vor Verrechnung der Kostenstellen betrugen 20.000 € für KSt. 1 und 3.000 € für KSt. 2.

Die beiden **Kostensätze pro Leistungseinheit** sind:

$$
\begin{aligned}
1.000\, q_1 &= 20.000 + 15.000\, q_2 \\
60.000\, q_2 &= 3.000 + 400\, q_1 \\
\hline
4.000\, q_1 &= 80.000 + 60.000\, q_2 \\
-400\, q_1 &= 3.000 - 60.000\, q_2 \\
\hline
3.600\, q_1 &= 83.000 \\
q_1 &= \mathbf{23{,}06\ \text{€/Einheit}} \\
60.000\, q_2 &= 3.000 + 400\, q_1 \\
60.000\, q_2 &= 3.000 + 400 \cdot 23{,}06 \\
q_2 &= \mathbf{0{,}204\ \text{€/Einheit}}
\end{aligned}
$$

Mit der Feststellung, wie hoch die Kostensätze pro Leistungseinheit sind, kann die Verrechnung der **Kosten** der **Kostenstellen** erfolgen.

## Beispiel

In Fortführung des obigen Beispiels gilt:

|   |   | KSt. 1 | KSt. 2 |
|---|---|---|---|
|   | Primärkosten | 20.000 € | 3.000 € |
| + | Sekundärkosten | 3.060 €[1] | 9.224 € |
| = | Gesamtkosten | 23.060 € | 12.224 € |
| - | Verrechnete Kosten | 9.224 €[2] | 3.060 € |
| = | **Kosten nach Verrechnung** | **13.836 €** | **9.164 €** |

## Aufgabe 28 > Seite 195

In der betrieblichen Praxis sind – vor allem unter Einsatz der EDV – sehr viel komplexere Gleichungssysteme zur innerbetrieblichen Leistungsverrechnung einsetzbar, welche die gegenseitige Leistungsverrechnung einer Vielzahl von Kostenstellen ermöglichen.

## Aufgabe 29 > Seite 195

---

[1] 3.060 = 0,204 € · 15.000

[2] 9.224 = 23,06 € · 400

# D. Kostenträgerrechnung

Die Kostenträgerrechnung ist die dritte Stufe der Kostenrechnung. Sie **übernimmt** die **Einzelkosten** aus der Kostenartenrechnung und die **Gemeinkosten** aus der Kostenstellenrechnung. Außerdem werden die **Leistungen** in der Kostenträgerrechnung erfasst, wodurch der leistungsbezogene Erfolg des Unternehmens ermittelt werden kann.

| 1 | Kostenartenrechnung |
|---|---|

⇩

| 2 | Kostenstellenrechnung |
|---|---|

⇩

| 3 | **Kostenträgerrechnung** |
|---|---|

**Kostenträger** sind Leistungen des Unternehmens, deren Erstellung mit Kosten verbunden ist. Es lassen sich als Kostenträger z. B. unterscheiden:

- **Kundenaufträge**, die bei der Fertigung bereits vorliegen
- **Lageraufträge**, die für den anonymen Markt gefertigt werden
- **materielle Güter** bei Handels- und industriellen Unternehmen
- **immaterielle Güter** bei Dienstleistungsunternehmen
- **unfertige Erzeugnisse**, die noch nicht absatzreif sind
- **Fertigerzeugnisse**, die absatzreif sind
- **unverbundene Erzeugnisse** ohne fertigungstechnischen Zusammenhang
- **Kuppelerzeugnisse** als verbundene Haupt-, Neben- oder Abfallprodukte.

Die **Aufgaben** der Kostenträgerrechnung sind:

- stück- und zeitbezogene Ermittlung der Kosten der Kostenträger
- stück- und zeitbezogene Ermittlung des Erfolges der Kostenträger
- Bereitstellung von Informationen für die Preispolitik
- Bereitstellung von Informationen für die Programmpolitik
- Bereitstellung von Informationen für die Beschaffungspolitik
- Bereitstellung von Informationen für die Bestandsbewertung
- Bereitstellung von Informationen für die Planungsrechnungen.

Die Zurechnung der Kosten auf die einzelnen Kostenträger kann nach verschiedenen **Prinzipien** erfolgen, die sind:

- Das **Kostenverursachungsprinzip**, das besagt, dass die Kosten **genau** auf die Kostenträger zu verteilen sind. Damit dürfen den Kostenträgern nur jene Kostenteile zugerechnet werden, die sie tatsächlich verursacht haben.

## D. Kostenträgerrechnung

Die Einhaltung des Kostenverursachungsprinzips ist bei der **Vollkostenrechnung** nicht möglich, da sie die gesamten Kosten, also nicht nur die variablen, sondern auch die fixen Kostenbestandteile auf die Kostenträger verteilt. Dagegen entspricht die **Teilkostenrechnung**, bei der nur die variablen Kostenteile den Kostenträgern zugerechnet werden, dem Kostenverursachungsprinzip.

▶ Das **Durchschnittsprinzip**, das eine Milderung des Kostenverursachungsprinzips darstellt und besagt, dass die Verrechnung der Kosten lediglich **möglichst genau** zu erfolgen hat. Da die Vollkostenrechnung dem Kostenverursachungsprinzip nicht gerecht werden kann, sollten die Kosten wenigstens nach diesem Prinzip verrechnet werden.

Beim Durchschnittsprinzip ist vor allem wichtig, dass die Gemeinkosten in zutreffender Weise verteilt werden, um eine ungerechtfertigt hohe Belastung bzw. Entlastung der Güter mit bzw. von Kosten zu vermeiden.

▶ Das **Kostentragfähigkeitsprinzip**, bei dem die Kosten den Kostenträgern nach ihrer Belastbarkeit zugeteilt werden. Dabei ist die **Belastbarkeit** des einzelnen Kostenträgers grundsätzlich umso größer, je höher sein Gewinnbeitrag ist.

Im Gegensatz zu den zuvor genannten Prinzipien werden die Kosten hier praktisch **willkürlich** auf die Kostenträger verrechnet. Deshalb wird das **Kostentragfähigkeitsprinzip** auch als **Belastungsprinzip** oder **Deckungsprinzip** bezeichnet.

Die Kostenträgerrechnung kann als Kostenträger**stück**rechnung und als Kostenträger**zeit**rechnung vorgenommen werden. Ihre grundlegenden **Merkmale** sind:

| Kostenträgerstückrechnung | Kostenträgerzeitrechnung |
|---|---|
| ▶ **Erfassung** der entstandenen Kosten und der erzielten Erlöse des Unternehmens, die für **eine Einheit** eines Erzeugnisses bzw. Kostenträgers angefallen sind. | ▶ **Erfassung** der entstandenen Kosten und der erzielten Erlöse des Unternehmens, die während eines Abrechnungszeitraumes angefallen sind. |
| ▶ **Gegenüberstellung** der je **Einheit** eines Erzeugnisses bzw. Kostenträgers angefallenen Selbstkosten und erzielten Erlöse als **Stückerfolgsrechnung**.<br><br>Als **Kalkulation** ist sie möglich:<br>- vor Auftragsnahme/Produktion<br>- während der Produktion<br>- nach der Produktion. | ▶ **Gegenüberstellung** der im **Abrechnungszeitraum** angefallenen Selbstkosten und Umsatzerlöse insgesamt und je Kostenträger bzw. Erzeugnisgruppe als **Ergebnisrechnung**, wobei sie erfolgen kann:<br>- jährlich<br>- kurzfristig (meist monatlich). |

Als Kostenträgerrechnungen sollen die Stück- und Zeitrechnung im Folgenden dargestellt werden:

| Kostenträgerrechnung | Kostenträgerstückrechnung |
|---|---|
| | Kostenträgerzeitrechnung |

# 1. Kostenträgerstückrechnung

Die Kostenträgerstückrechnung ermittelt die Herstellkosten und die Selbstkosten des Unternehmens für eine Kostenträgereinheit. Durch Gegenüberstellung der Kosten und Erlöse ist sie zudem in der Lage, den kalkulatorischen Erfolg einer Einheit der Kostenträger festzustellen. Die Kostenträgerstückrechnung wird auch **Kalkulation** genannt.

Entsprechend ihrem unterschiedlichen **Zeitbezug** lässt sich die Kostenträgerstückrechnung auf drei **Arten** durchführen. Das sind:

- Die **Vorkalkulation**, die als Vorschaurechnung vor der Annahme eines Auftrages und dem Beginn der Produktion durchgeführt wird. Sie stellt eine **Angebotskalkulation** dar, deren Aufgabe es ist, die Höhe der voraussichtlich zu erwartenden Herstellkosten und Selbstkosten abzuschätzen, die für einen bestimmten Auftrag anfallen werden.

Die **Einzelkosten** werden im Rahmen der Vorkalkulation durch eine realistische Bewertung der Verbrauchsmengen möglichst genau ermittelt. Die **Gemeinkosten** dagegen sind mit Durchschnittswerten der Vergangenheit anzusetzen.

Die Vorkalkulation ist in der **Einzelfertigung** und der **Kleinserienfertigung** üblich. Dabei kann sie nicht nur der Abgabe eines Angebotes dienen sondern auch bei der Entscheidung hilfreich sein, ob ein zu einem vorgegebenen Preis in Aussicht gestellter Auftrag überhaupt angenommen werden soll.

- Die **Zwischenkalkulation** liegt zeitlich zwischen der Vorkalkulation und dem Ende der Herstellung eines Erzeugnisses oder einer Serie. Sie wird insbesondere bei Erzeugnissen durchgeführt, die eine längere Herstellungszeit beanspruchen, z. B. Schiffe, große Bauvorhaben.

**Gründe** für die Erstellung einer Zwischenkalkulation sind:

- Überwachung der Kostenentwicklung, um Unwirtschaftlichkeiten aufzudecken und ihnen entgegenzusteuern
- Bereitstellung genauer wert- und mengenmäßiger Angaben zum Zwecke der Bilanzierung betroffenen Güter.

Die Zwischenkalkulation kann im Hinblick auf den Vergleich der Soll-Kosten der Vorkalkulation und der Ist-Kosten der Zwischenkalkulation als **Nachkalkulation für unfertige Erzeugnisse** angesehen werden.

- Die **Nachkalkulation** wird nach Herstellung des Erzeugnisses bzw. der Erzeugnisse durchgeführt. Sie enthält die angefallenen Herstellkosten und Selbstkosten in ihrer tatsächlichen Höhe.

Die **Bedeutung** der Nachkalkulation ist **groß**, da sie mögliche Abweichungen zwischen den Soll-Kosten der Vorkalkulation und den als Ist-Kosten tatsächlich entstandenen Kosten offen legt. Sie müssen analysiert werden, sowohl zur Aufdeckung von Unwirtschaflichkeiten als auch zu dem Zwecke, künftige Vorkalkulationen verbessern zu können. Außerdem dient die Nachkalkulation der Bewertung der Bestände, die für die Bilanzierung notwendig ist.

**Verfahren** der Kostenträgerstückrechnung sind:

Die Divisions-, Äquivalenzziffern-, Maschinensatz- und Kuppelkalkulation sind, wie zu sehen ist, **fertigungsbezogene Kalkulationsverfahren**. Die Zuschlagskalkulation kann sowohl fertigungsbezogen als auch **handels-** bzw. **warenbezogen** sein.

## 1.1 Divisionskalkulation

Die Divisionskalkulation stellt ein einfach durchzuführendes Kalkulationsverfahren für **Einprodukt-Unternehmen** dar, bei dem sich die Kosten einer Erzeugniseinheit grundsätzlich ergeben, indem die gesamten Kosten einer Rechnungsperiode durch die in dieser Periode erbrachte Mengenleistung dividiert werden, z. B. in Elektrizitäts- und Wasserwerken. Sie ist in verschiedenen **Formen** möglich, wobei dargestellt werden sollen:

▶ einstufige Divisionskalkulation

▶ zweistufige Divisionskalkulation.

Die Anwendbarkeit der Divisionskalkulation ist auf einheitliche **Massenfertigungen** beschränkt.

## 1.1.1 Einstufige Divisionskalkulation

Die Einsetzbarkeit der einstufigen Divisionskalkulation hat zur **Vorrausetzung**, dass Lagerbestandsveränderungen an unfertigen und fertigen Erzeugnissen nicht erfolgen, da die Lagerbestände nach handels- und steuerrechtlichen Vorschriften nicht mit Vertriebskosten belastet werden dürfen. Zu unterscheiden sind als einstufige Divisionskalkulationen:

▶ Die **summarische Divisionskalkulation**, bei der die Selbstkosten einer Erzeugniseinheit ermittelt werden, indem die Division der Gesamtkosten der Rechnungsperiode durch die Leistungsmenge erfolgt:

$$k = \frac{K}{x}$$

k = Selbstkosten (€/Stück)

K = Gesamtkosten (€/Periode)

x = Leistungsmenge (Stück/Periode)

**Beispiel**

Im Jahre 2016 fielen bei einer Ausbringungsmenge von 5.000 Stück Kosten in Höhe von 50.000 € an, sodass sich ergeben:

$$k = \frac{K}{x} = \frac{50.000}{5.000} = 10 \text{ €/Stück}$$

▶ Die **differenzierende Divisionskalkulation**, bei der nicht die Gesamtkosten durch die Ausbringungsmenge dividiert werden, sondern die Stückkosten für einzelne Kostengruppen zu ermitteln sind:

$$k = \frac{K_1}{x} + \frac{K_2}{x} + \ldots + \frac{K_n}{x}$$

k = Selbstkosten (€/Stück)

$K_1$ = Betrag der Kostengruppe 1 (€/Periode)

x = Gesamtmenge der Leistungen (Stück/Periode)

**Beispiel**

Die bei der einstufigen Divisionskalkulation zugrunde gelegten Kosten von 50.000 € für die Ausbringungsmenge von 5.000 Stück setzen sich wie folgt zusammen:

Materialkosten 30.000 €

Personalkosten 10.000 €

Abschreibungen 5.000 €

Sonstige Kosten 5.000 €

Als Stückkosten ergeben sich:

$$k = \frac{30.000}{5.000} + \frac{10.000}{5.000} + \frac{5.000}{5.000} + \frac{5.000}{5.000} = 10 \text{ €/Stück}$$

Summarische und differenzierende Divisionskalkulation führen zu **gleichen Ergebnissen**. Der Vorzug der differenzierenden Divisionskalkulation liegt darin, dass die Stückkosten jeder Kostengruppe bekannt sind und kontrolliert werden können.

### 1.1.2 Zweistufige Divisionskalkulation

Bei der zweistufigen Divisionskalkulation ist es möglich, **Lagerbestandsveränderungen an fertigen Erzeugnissen** rechnerisch zu berücksichtigen. Sie trägt damit der Tatsache Rechnung, dass nicht alle produzierten Erzeugnisse im Betrachtungszeitraum auch abgesetzt wurden.

**Ausgangspunkt** dieser Form der Divisionskalkulation ist, dass nicht mit Selbstkosten als Gesamtbetrag gerechnet wird, sondern eine Aufspaltung in Herstellkosten, Verwaltungskosten und Vetriebskosten erfolgt. Hierzu werden die Herstellkosten ($K_H$) sowie die Verwaltungs- und Vertriebskosten ($K_{Vw}$ und $K_{Vt}$) gesondert ermittelt und auf die produzierte bzw. abgesetzte Menge ($x_p$ bzw. $x_A$) bezogen.

Die **Selbstkosten je Erzeugniseinheit** ergeben sich:

$$k = \frac{K_H}{x_P} + \frac{K_{Vw} + K_{Vt}}{x_A}$$

k   = Selbstkosten (€/Stück)

$x_P$ = Produktionsmenge (Stück/Periode)

$x_A$ = Absatzmenge (Stück/Periode)

$K_H$ = Herstellkosten (€/Periode)

$K_{Vt}$ = Vertriebskosten (€/Periode)

$K_{Vw}$ = Verwaltungskosten (€/Periode)

**Beispiel**

Ein Unternehmen hat eine Periodenproduktion von 5.000 Stück, von denen 4.000 Stück verkauft werden. Die Gesamtkosten betragen in dieser Periode 50.000 €, hierin sind 10.000 € an Verwaltungs- und Vertriebskosten enthalten.

$k = \frac{40.000}{5.000} + \frac{10.000}{4.000} =$ **10,50 €/Stück**

Wenn auch **Lagerbestandsveränderungen an unfertigen Erzeugnissen** zu berücksichtigen sind, also ein mehrstufiger Produktionsprozess mit Zwischenlagern erfolgt, muss die Divisionskalkulation **mehrstufig** sein – siehe ausführlich *Olfert*.

## Aufgabe 30 > Seite 196

### 1.2 Äquivalenzziffernkalkulation

Die Äquivalenzziffernkalkulation ist für **Mehrprodukt-Unternehmen** anwendbar, deren Erzeugnisse hinsichtlich der **Ausgangsmaterialien gleichartig** sind, aber nicht gleiche Kosten bei der Be- und Verarbeitung verursachen, z. B. in der Textil- und Papierindustrie sowie Brauereien.

Bei der Äquivalenzziffernkalkulation wird davon ausgegangen, dass die **Kosten** der artverwandten Erzeugnisse in einem **bestimmten Verhältnis** zueinander stehen, das durch Äquivalenzziffern ausgedrückt wird. Sie geben dabei an, in welchem Verhältnis die Kosten eines Produktes zu den Kosten eines „Basis"produktes stehen. Die Äquivalenzziffern werden auch als **Gewichtungsfaktoren** bezeichnet.

Als **Formen** der Äquivalenzziffernkalkulation lassen sich unterscheiden:

- einstufige Äquivalenzziffernkalkulation
- mehrstufige Äquivalenzziffernkalkulation.

### 1.2.1 Einstufige Äquivalenzziffernkalkulation

Bei der einstufigen Äquivalenzziffernkalkulation wird als **Voraussetzung** für ihre Anwendung davon ausgegangen, dass Lagerbestandsveränderungen an unfertigen und fertigen Erzeugnissen nicht erfolgen. Damit wird eine Aufteilung der Kosten auf den Herstellungsbereich sowie den Verwaltungs- und Vertriebsbereich entbehrlich. Ihre Durchführung erfolgt in zwei **Schritten**:

- Zunächst werden die **Kostenanteile pro Erzeugniseinheit** für die einzelnen Kostenarten ermittelt, die erfahrungsgemäß für alle Sorten unterschiedlich sind.
- Danach gilt es, die Kostenanteile pro Erzeugniseinheit in **Beziehung zueinander** zu setzen, wobei ein bestimmtes Erzeugnis als Basiserzeugnis die **Wertzahl „1"** erhält. Welches Erzeugnis hiermit versehen wird, kann unterschiedlich gehandhabt werden. Es können z. B. mit dem Wert „1" angesetzt werden:
  - Haupterzeugnis
  - „Durchschnittserzeugnis"
  - kostengünstigstes Erzeugnis.

**Rechnerisch** lassen sich die Selbstkosten für das einzelne Erzeugnis bei der einstufigen Äquivalenzziffernkalkulation ermitteln:

$$k_i = \frac{K}{a_1 x_1 + \ldots + a_n x_n} \cdot a_i$$

a = Äquivalenzziffer des Produktes i
$k_i$ = Selbstkosten des Produktes i (€/Stück)
$x_i$ = Menge des Produktes i (Stück/Periode)
$n_i$ = Anzahl der Produkte (Stück/Periode)

### Beispiel

Drei Sorten eines Erzeugnisses sollen betrachtet werden, eine in minderer (A), eine in mittlerer (B) und eine in hoher Qualität (C). Die Kosten stehen im Verhältnis 1 (A) : 1,2 (B) : 1,5 (C) zueinander. Es werden 600 kg von A, 400 kg von B und 100 kg von C hergestellt. Die Gesamtkosten betragen 3.800 €.

$$k_A = \frac{3.800}{1 \cdot 600 + 1,2 \cdot 400 + 1,5 \cdot 100} \cdot 1,0 = \mathbf{3{,}09 \text{ €/Stück}}$$

$$k_B = \frac{3.800}{1.230} \cdot 1,2 = \mathbf{3{,}71 \text{ €/Stück}}$$

$$k_C = \frac{3.800}{1.230} \cdot 1,5 = \mathbf{4{,}63 \text{ €/Stück}}$$

Die rechnerische Ermittlung der Selbstkosten ist auch – ohne Verwendung der Formel – **tabellarisch** möglich. Dabei wird in folgenden **Schritten** vorgegangen:

> Multiplikation der Mengen mit den Äquivalenzziffern
> ⇩
> Eintrag der Ergebnisse als Rechnungseinheiten
> ⇩
> Bildung der Summe aller Rechnungseinheiten
> ⇩
> Übernahme der Gesamtkosten
> ⇩
> Division der Gesamtkosten durch die Rechnungseinheiten
> ⇩
> Multiplikation des Ergebnisses mit den Äquivalenzziffern

### Beispiel

Für das vorangegangene Beispiel ergeben sich tabellarisch die gleichen Selbstkosten für die Podukte als Stückkosten:

| Sorte | Menge | Äquivalenz-ziffer | Rechnungs-einheiten | Gesamtkosten | Stückkosten (je kg) |
|---|---|---|---|---|---|
| A | 600 | 1,0 | 600 |  | 3,09 |
| B | 400 | 1,2 | 480 |  | 3,71 |
| C | 100 | 1,5 | 150 |  | 4,63 |
|  |  |  | 1.230 | 3.800 |  |

## 1.2.2 Mehrstufige Äquivalenzziffernkalkulation

Mithilfe der mehrstufigen Äquivalenzziffernkalkulation wird es möglich, Lagerbestandsveränderungen an unfertigen Erzeugnissen und fertigen Erzeugnissen zu berücksichtigen. Bei ihr werden mehrere **Reihen von Äquivalenzziffern** für die nacheinander liegenden Fertigungsstufen gebildet.

Die mehrstufige Äquivalenzziffernkalkulation ist stets dann **erforderlich**, wenn sich die Kostenunterschiede der Sorten mithilfe einer einzigen Äquivalenzziffernreihe nicht erfassen lassen.

### Beispiel

Es werden drei Sorten eines Erzeugnisses in verschiedener Qualität hergestellt. Die Materialkosten betragen insgesamt 3.050 € für 600 kg von A, 400 kg von B und 100 kg von C. Die Äquivalenzziffern für die Materialkosten sind 0,83 (A) : 1 (B) : 1,17 (C). Sonstige Kosten sind in Höhe von 1.300 € entstanden, sie sind für alle Sorten gleich hoch.

**Material-kosten**

$$k_A = \frac{3.050}{0{,}83 \cdot 600 + 1 \cdot 400 + 1{,}17 \cdot 100} \cdot 0{,}83 = 2{,}49 \text{ €/Stück}$$

$$k_B = 3{,}01 \text{ €/Stück}$$

$$k_C = 3{,}52 \text{ €/Stück}$$

**Sonstige Kosten**

$$k_A = \frac{1.300}{1 \cdot 600 + 1 \cdot 400 + 1 \cdot 100} = 1{,}18 \text{ €/Stück}$$

$$k_B = 1{,}18 \text{ €/Stück}$$

$$k_C = 1{,}18 \text{ €/Stück}$$

**Selbstkosten pro kg**

$k_A = 2{,}49 + 1{,}18 = \mathbf{3{,}67}$ **€/Stück**

$k_B = 3{,}01 + 1{,}18 = \mathbf{4{,}19}$ **€/Stück**

$k_C = 3{,}52 + 1{,}18 = \mathbf{4{,}70}$ **€/Stück**

---

Auch bei der mehrstufigen Äquivalenzziffernkalkulation kann die rechnerische Ermittlung der Selbstkosten grundsätzlich in gleicher Weise **tabellarisch** erfolgen, wie dies bei der einstufigen Äquivalenzziffernkalkulation gezeigt wurde.

**Aufgabe 31 > Seite 196**

## 1.3 Zuschlagskalkulation

Die Zuschlagskalkulation findet bei industriellen Unternehmen, die im Rahmen von Einzelfertigungen und Serienfertigungen produzieren, Anwendung, aber auch bei Handelsunternehmen in Bezug auf die Warenkalkulation:

▶ Die Mehrzahl der **industriellen Unternehmen** fertigt verschiedenartige Erzeugnisse in unterschiedlichen Arbeitsabläufen. Dabei fallen Kosten in völlig unterschiedlichem Umfang an. Außerdem ergeben sich Lagerbestandsveränderungen an unfertigen und fertigen Erzeugnissen.

Die Zuschlagskalkulation ist für diese einzel- oder seriengefertigten Erzeugnisse das geeignete Kalkulationsverfahren. Es setzt eine **Trennung** der Einzelkosten und Gemeinkosten je Leistungseinheit voraus:

- Die **Einzelkosten** werden in unmittelbarer Weise auf die jeweilgen Produkteinheiten verteilt.
- Die **Gemeinkosten** werden dagegen gesammelt, nach gleichen Verursachungsmomenten gegliedert und durch einen prozentualen Zuschlag auf die Fertigungslöhne, die Fertigungsmaterialien oder die Summe von beiden verrechnet.

Ein **Zuschlagsatz** gibt somit das Verhältnis aller Gemeinkosten oder einer bestimmten Gemeinkostenart zu einer zweckdienlichen Bezugsgröße an.

Die Berechnung der Gemeinkosten erfolgt auf der Basis der in den einzelnen Bereichen entstandenen Einzelkosten. Für die **Verwaltungs- und Vertriebsgemeinkosten** werden die Herstellkosten als Basis verwendet.

▶ Bei **Handelsunternehmen** weist die Kostenrechnung Unterschiede zu den industriellen Unternehmen auf. Während die Kosten(arten) üblicherweise in der Finanzbuchhaltung erfasst werden, spielt die Kostenstellenrechnung – im Gegensatz zu den industriellen Unternehmen – eine eher untergeordnete Rolle, im Gegensatz zur Kostenträgerrechnung (*Langenbeck*).

Der Schwerpunkt der Kostenrechnung liegt bei den Handelsunternehmen bei der Kostenträgerstückrechnung in Form der Warenkalkulation – siehe S. 121 ff.

**Formen** der Zuschlagskalkulation sind:
- **summarische Zuschlagskalkulation**
- **differenzierende Zuschlagskalkulation.**

## 1.3.1 Summarische Zuschlagskalkulation

Die summarische Zuschlagskalkulation ist ein einfaches, aber auch ungenaues Verfahren der Kalkulation, das vorrangig nur von Kleinbetrieben verwendet wird. Sie erfordert **keine Kostenstellenrechnung**, um die Gemeinkosten den Erzeugnissen zuzurechnen, da eine Differenzierung der Gemeinkosten in Material-, Fertigungs-, Verwaltungs- und Vertriebsgemeinkosten nicht erfolgt.

Dem Prinzip der Kostenverursachung wird die summarische Zuschlagskalkulation in keiner Weise gerecht. Dehalb sollte sie – wenn überhaupt – nur dann genutzt werden, wenn Gemeinkosten im Unternehmen nicht in größerem Umfang anfallen. Die summarische Zuschlagsrechnung ist in zweifacher Weise möglich:

- In der Form einer **kumulativen Zuschlagskalkulation** dienen die gesamten Einzelkosten als Bezugsgröße. Sie stellen die Zuschlagsbasis für die Gemeinkosten dar. Somit wird **unterstellt**, dass die Gemeinkosten sich zu den verschiedenen Einzelkosten stets in gleicher Relation bewegen, was in der betrieblichen Praxis aber eher unwahrscheinlich ist. Der Zuschlagssatz ergibt sich rechnerisch:

$$\text{Zuschlagssatz} = \frac{\text{Gesamte Gemeinkosten der Periode}}{\text{Gesamte Einzelkosten der Periode}}$$

Die Anwendung dieses Verfahrens führt leicht zu Falschinformationen und damit zu Fehlentscheidungen.

- Es gibt auch eine jedoch lediglich geringfügig verbesserte Form der summarischen Zuschlagskalkulation als **elektive Zuschlagskalkulation** – siehe *Olfert*.

## 1.3.2 Differenzierende Zuschlagskalkulation

Die differenzierende Zuschlagskalkulation bietet im Vergleich zur summarischen Zuschlagskalkulation eine wesentlich **bessere Kalkulationsgrundlage**, wobei sie in industriellen Unternehmen und in Handelsunternehmen in unterschiedlicher Weise erfolgt. Dementsprechend sind zu behandeln:

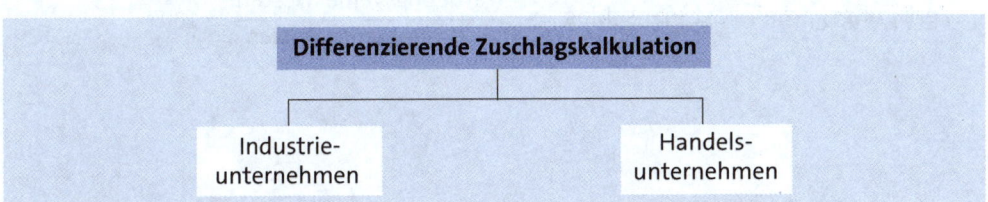

## 1.3.2.1 Industrieunternehmen

In industriellen Unternehmen kann die Kalkulation der Selbstkosten und der kostenrechnerisch daraus resultierenden Verkaufspreise in folgender Weise vorgenommen werden:

▶ Zur **Ermittlung der Selbstkosten** werden die Gemeinkosten – im Vergleich zur summarischen Zuschlagskalkulation – nicht mehr pauschal zugerechnet, sondern es erfolgt die Verwendung von Zuschlagsbasen, die sich in ursächlichem Zusammenhang mit dem Entstehen der Gemeinkosten befinden.

Die Berechnung der Gemeinkosten geschieht auf der Basis der in den einzelnen Bereichen entstandenen Einzelkosten. Für die Verwaltungs- und Vertriebsgemeinkosten werden die Herstellkosten als Basis verwendet. Die differenzierende Zuschlagskalkulation basiert auf folgendem **Schema**:

|   |   |   |
|---|---|---|
|   | Materialeinzelkosten | …. |
| + | Materialgemeinkosten | …. |
| = | Materialkosten | …. |
| + | Fertigungseinzelkosten | …. |
| + | Fertigungsgemeinkosten | …. |
| + | Sondereinzelkosten der Fertigung | …. |
| = | Fertigungskosten | …. |
| = | **Herstellkosten** | …. |
| + | Verwaltungsgemeinkosten | …. |
| + | Vertriebsgemeinkosten | …. |
| + | Sondereinzelkosten des Vertriebs | …. |
| = | **Selbstkosten** | …. |

Das Schema der differenzierenden Zuschlagskalkulation kann noch **erweitert** werden, indem der Fertigungsbereich zusätzlich unterteilt wird, z. B. in Dreherei und Fräserei, und für jeden dieser Teilbereiche ein entsprechender Zuschlagssatz verwendet wird.

Die Ermittlung der prozentualen **Gemeinkostenzuschläge** erfolgt im BAB, wie dort beschrieben, als:

$$\text{\textbf{Material}gemeinkostenzuschlag} = \frac{\text{Materialgemeinkosten}}{\text{Materialeinzelkosten}} \cdot 100$$

$$\text{\textbf{Fertigungs}gemeinkostenzuschlag} = \frac{\text{Fertigungsgemeinkosten}}{\text{Fertigungseinzelkosten}} \cdot 100$$

**Verwaltungs**gemeinkostenzuschlag $= \dfrac{\text{Verwaltungsgemeinkosten}}{\text{Herstellkosten}} \cdot 100$

**Vertriebs**gemeinkostenzuschlag $= \dfrac{\text{Vertriebsgemeinkosten}}{\text{Herstellkosten}} \cdot 100$

Als **Herstellkosten** werden meist die Herstellkosten des Umsatzes gewählt, mitunter aber auch die Herstellkosten der Erzeugung, in denen keine Bestandsveränderungen berücksichtigt sind. Ihre **Ermittlung** wurde ebenfalls bei Behandlung des BAB aufgeführt. Sie geschieht in folgender Weise:

|   | |
|---|---|
|   | Fertigungsmaterial |
| + | Materialgemeinkosten |
| + | Fertigungslöhne |
| + | Fertigungsgemeinkosten |
| = | *Herstellkosten der Erzeugung* |
| + | Minderbestand |
| - | Mehrbestand |
| = | **Herstellkosten des Umsatzes** |

### Beispiel

Der Auftrag der Möbel GmbH, aufgrund dessen für 15.000 € Fertigungsmaterial für 6.000 € Fertigungslöhne, für 500 € Sondereinzelkosten der Fertigung und für 200 € Sondereinzelkosten des Vertriebs aufgewendet wurden, soll kalkuliert werden. Dabei gelten im Übrigen:

| | |
|---|---|
| Materialgemeinkosten | 10 % |
| Fertigungsgemeinkosten | 50 % |
| Verwaltungsgemeinkosten | 20 % |
| Vertriebsgemeinkosten | 10 % |

## D. Kostenträgerrechnung | 1. Kostenträgerstückrechnung

|  | % | € |  |
|---|---|---|---|
| Materialeinzelkosten |  | 15.000,00 |  |
| + Materialgemeinkosten | 10 | 1.500,00 |  |
| = Materialkosten |  |  | 16.500,00 |
| Fertigungseinzelkosten |  | 6.000,00 |  |
| + Fertigungsgemeinkosten | 50 | 3.000,00 |  |
| + Sondereinzelkosten der Fertigung |  | 500,00 |  |
| = Fertigungskosten |  |  | 9.500,00 |
| Herstellkosten |  |  | 26.000,00 |
| + Verwaltungsgemeinkosten | 20 |  | 5.200,00 |
| + Vertriebsgemeinkosten | 10 |  | 2.600,00 |
| + Sondereinzelkosten des Vertriebs |  |  | 200,00 |
| = **Selbstkosten** |  |  | 34.000,00 |

▶ Die **Ermittlung des Verkaufspreises** kann kostenrechnerisch auf der Grundlage der Selbstkosten durch eine Absatzkalkulation der Verkaufsabteilung fortgeführt werden.

Der Verkaufspreis ergibt sich als Brutto-Verkaufspreis:

|  |  |  |
|---|---|---|
| Selbstkosten |  | .... |
| + Gewinnaufschlag | in % der Selbstkosten |  |
| = **Barverkaufspreis** |  | .... |
| + Kundenskonto | in % vom Zielverkaufspreis | .... |
| = **Zielverkaufspreis** |  | .... |
| + Kundenrabatt | in % vom Netto-Verkaufspreis | .... |
| = **Netto-Verkaufspreis** |  | .... |
| + Mehrwertsteuer | in % vom Netto-Verkaufspreis | .... |
| = **Brutto-Verkaufspreis** |  | .... |

### Beispiel

Für den Auftrag der Möbel GmbH, der im vorangehenden Beispiel mit Selbstkosten in Höhe von 34.000,00 € kalkuliert wurde, soll im Folgenden der Brutto-Verkaufspreis ermittelt werden. Dabei sind zugrunde zu legen:

| Gewinnaufschlag | 25 % |
|---|---|
| Kundenskonto | 3 % |
| Kundenrabatt | 5 % |
| Umsatzsteuer | 19 % |

Der Brutto-Verkaufspreis beträgt:

|   |   | % | € |
|---|---|---|---|
|   | **Selbstkosten** |   | 34.000,00 |
| + | Gewinnaufschlag | 25 | 8.500,00 |
| = | **Barverkaufspreis** |   | 42.500,00 |
| + | Kundenskonto | 3 | 1.314,43 |
| = | **Zielverkaufspreis** |   | 43.814,43 |
| + | Kundenrabatt | 5 | 2.306,02 |
| = | **Netto-Verkaufspreis** |   | 46.120,45 |
| + | Mehrwertsteuer | 19 | 8.762,88 |
| = | **Brutto-Verkaufspreis** |   | **54.883,33** |

**Aufgabe 32 > Seite 197**

### 1.3.2.2 Handelsunternehmen

Auch in Handelsunternehmen erfolgt die Kalkulation der Produkte bzw. Waren in Form einer Zuschlagskalkulation. Sie umfasst (*Langenbeck*):

▸ **Bezugskalkulation**

▸ **Absatzkalkulation.**

### 1.3.2.2.1 Bezugskalkulation

Die Bezugskalkulation dient dazu, den Einstandspreis zu ermitteln. Er wird als Bezugspreis bezeichnet. Seine Feststellung ist in folgender Weise möglich:

| Angebotspreis des Lieferanten |
|---|
| - Rabatt |
| - Bonus |
| + Mindermengenzuschlag |
| = **Zieleinkaufspreis** |
| - Skonto |
| + Einkaufskosten |
|     Kommission für Kommissionär |
|     Provision für Makler |
|     Sonstige Einkaufskosten |
| = **Bareinkaufspreis** |
| + Bezugskosten |
|     Verpackung |
|     Fracht |
|     Rollgeld |
|     Transportversicherung |
|     Zoll |
|     Sonstige Bezugskosten |
| = **Einstandspreis/Bezugspreis** |

Der Einstandspreis stellt die Grundlage dafür dar, die Selbstkosten für die Waren ermitteln.

**Beispiel**

Der Angebotspreis des Lieferanten einer Ware beträgt 5 €/Stück. Für Verpackung den per 100 Stück 3 € berechnet. Bei Abnahme von 1.000 Stück wird ein Mengenra von 20 % gewährt. Erfolgt die Zahlung innerhalb von 10 Tagen nach Rechnungslung, können 3 % Skonto abgesetzt werden. Die Ware wird frei Haus geliefert.

Als Einstandspreis ergibt sich bei Abnahme von 1.200 Stück und Zahlung des Renungsbetrages innerhalb von einer Woche nach Rechnungsstellung:

|   | Angebotspreis | 1.200 · 5,00 | = | 6.000,00 € |
|---|---|---|---|---|
| - | 20 % Rabatt | 6.000 · 0,20 | = | 1.200,00 € |
| - | 3 % Skonto | 4.800 · 0,03 | = | 144,00 € |
| + | Verpackung | 12 · 3,00 | = | 36,00 € |
| = | **Einstandspreis insgesamt** | | | **4.692,00 €** |
| = | **Einstandspreis pro Stück** | 4.692,00 : 1.200 | = | **3,91 €** |

Mithilfe der Bezugskalkulation kann nicht nur der Einstandspreis in Bezug auf einzelnen Lieferanten festgestellt werden, sie eignt sich auch **zum Vergleich mehrerer** in unterschiedlicher Weise gestalteter **Angebote** verschiedener Lieferanten, um für den Handelsbetrieb vorteilhafteste Angebot herausfinden zu können.

### 1.3.2.2.2 Absatzkalkulation

Die Absatzkalkulation kann in unterschiedlicher Weise vorgenommen werden. Sie ist als Vorwärtskalkulation, Rückwärtskalkulation und Differenzkalkulation möglich:

| Absatzkalkulation | | |
|---|---|---|
| Vorwärts-kalkulation | Rückwärts-kalkulation | Differenz-kalkulation |

Es gilt:
- Bei der **Vorwärtskalkulation** wird vom Einstandspreis ausgegangen, um zu den Selbstkosten und – im nächsten Schritt – zum Verkaufpreis zu gelangen:
  - Die **Selbstkosten** werden auf der Grundlage des Einstandspreises ermittelt, der um die Handlungskosten ergänzt wird. Das bedeutet, dass sich die Selbstkosten ergeben aus:

```
    Einstandspreis
  + Handlungskosten
  = Selbstkosten
```

Die **Handlungskosten** stellen die Gemeinkosten der Handelsbetriebe dar. Dementsprechend wird auch von **Handlungsgemeinkosten** gesprochen. Sie werden bei der Kalkulation der Waren in einem **Handlungskostenzuschlag** zusammengefasst und prozentual auf den Einstandspreis verrechnet:

$$\text{Handlungskostenzuschlag (\%)} = \frac{\text{Handlungs(gemein)kosten}}{\text{Umsatz zu Einstandspreisen}} \cdot 100$$

**Handlungskosten** sind die betriebsbedingten Aufwendungen, die z. B. anfallen für:

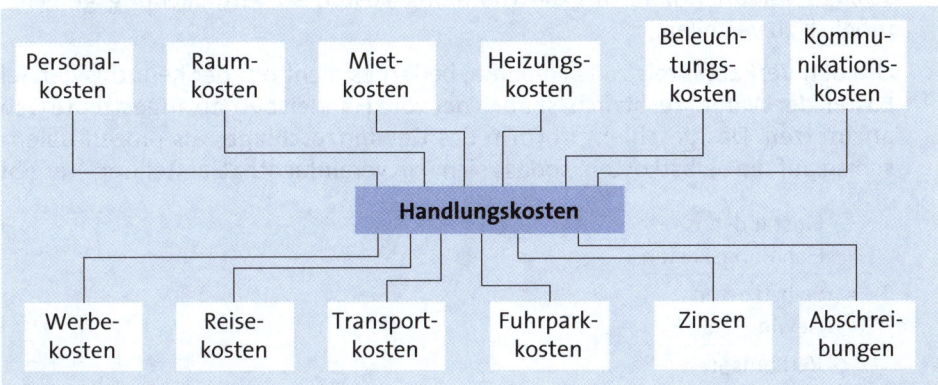

## Beispiel

Ein Handelsbetrieb weist bei einem Umsatz zu Einstandspreisen von 280.000 € folgende Daten auf:

| | |
|---|---:|
| Personalkosten | 35.000 € |
| Raumkosten/Miete | 11.000 € |
| Heizungs-/Beleuchtungskosten | 8.000 € |
| Kommunikationskosten | 7.000 € |
| Werbekosten | 10.000 € |
| Zinsen | 1.000 € |
| Abschreibungen | 6.000 € |
| **Summe** | **78.000 €** |

Bei Handlungskosten von 78.000 € ergibt sich ein Handlungskostenzuschlag von:

$$\frac{78.000}{280.000} \cdot 100 = \mathbf{27{,}86\ \%}$$

Die **Selbstkosten** lassen sich bei gegebenen Einstandspreisen der verschiedenen Waren bzw. Warengruppen A - D von 160 €, 90 €, 220 €, 300 € durch Aufschlag der 27,86 % ermitteln:

| | Ware A | Ware B | Ware C | Ware D |
|---|---:|---:|---:|---:|
| **Einstandspreis** (€/Stück) | 160,00 | 90,00 | 220,00 | 300 |
| **+ Handlungskosten** (€/Stück) | 44,58 | 25,07 | 61,29 | 83,58 |
| **= Selbstkosten** (€/Stück) | **204,58** | **115,07** | **281,29** | **383,58** |

Zur Ermittlung der Selbstkosten kann es sich auch als zweckmäßig erweisen, bei unterschiedlichen Warengruppen eine **Differenzierung der Handlungskostenzuschläge** vorzunehmen, um die Handlungskosten so verursachungsgerecht wie möglich zu verteilen.

- Um den **Verkaufspreis** zu kalkulieren, bedarf es nicht nur der Kenntnis der Selbstkosten der Waren, zusätzlich ist auch der vom Handelsbetrieb angestrebte Gewinn anzusetzen. Das geschieht in Form des **Gewinnzuschlages** als prozentualem Zuschlag auf die Selbstkosten, sodass sich – in vereinfachter Darstellung – ergibt:

|   | |
|---|---|
|   | Einstandspreis |
| + | Handlungskosten |
| = | Selbstkosten |
| + | Gewinn |
| = | **Verkaufspreis** |

Der Gewinnzuschlag ist insbesondere in folgenden **Erfordernissen** des Handelsbetriebes begründet:

- der **Verzinsung** des im Unternehmen eingesetzten **Eigenkapitals**
- der **Abgeltung** des mit dem Eigenkapitaleinsatz verbundenen **Risiko**
- der **Gewährleistung** eines angemessenen **Unternehmerlohnes**.

Dementsprechend hat sich die **Höhe** des Gewinnzuschlages z. B. am Zinssatz der Banken, möglichen Forderungsausfällen und dem Lohn leitender Angestellter in vergleichbaren Unternehmenspositionen zu orientieren.

Der zunächst ermittelte Verkaufspreis stellt den Barverkaufspreis (ohne MwSt) dar. Auf seiner Grundlage lassen sich ermitteln, wie schon bei den Industrieunternehmen behandelt – siehe S. 120:

|   | Selbstkosten |   |
|---|---|---|
| + | Gewinnaufschlag | in % der Selbstkosten |
| = | **Barverkaufspreis** |   |
| + | Kundenskonto | in % vom Zielverkaufspreis |
| = | **Zielverkaufspreis** |   |
| + | Kundenrabatt | in % vom Netto-Verkaufspreis |
| = | **Netto-Verkaufspreis** |   |
| + | Mehrwertsteuer | in % vom Netto-Verkaufspreis |
| = | **Brutto-Verkaufspreis** |   |

Es ist darauf hinzuweisen, dass der – wie zuvor – kalkulatorisch ermittelte Preis **nicht** der Preis sein muss, der vom Handelsbetrieb **tatsächlich zu erzielen** ist. Er ziegt lediglich, welchen Preis der Handelsbetrieb aufgrund seiner betriebsspezifischen Kostensituation erzielen muss bzw. sollte. Unbeschadet dessen kommt ihm große **Bedeutung** zu, um am Markt agieren zu können.

▶ Eine **Rückwärtskalkulation** ist darin begründet, dass Verkaufspreise in der Mehrzahl der Fälle nicht einfach kalkulatorisch ermittelt und festgelegt werden können, sondern einer marktgerechten Gestaltung bedürfen, um einen Verkaufserfolg zu bewirken. Dies bedeutet, dass der am Markt **erzielbare Verkaufspreis** in den Mittelpunkt der Betrachtung rückt und aus ihm abzuleiten ist, **wie niedrig** der **Einstandspreis** sein muss, um die Handlungskosten decken und einen angemessenen Gewinn erzielen zu können.

Die Rückwärtskalkulation dient also dazu, den für den Handelsbetrieb vertretbaren Einstandspreis zu ermitteln. Somit unterscheiden sich Vorwärtskalkulation und Rückwärtskalkulation in ihrem Ablauf in folgender Weise:

|  | Vorwärtskalkulation | Rückwärtskalkulation |
|---|---|---|
| **Einstandspreis**<br>+ Handlungskosten | ↓ | ↑ |
| = Selbstkosten<br>+ Gewinnzuschlag | | |
| = Barverkaufspreis<br>+ Kundenskonto | | |
| = Zielverkaufspreis<br>+ Kundenrabatt | | |
| = Netto-Verkaufspreis<br>+ Mehrwertsteuer | | |
| = **Brutto-Verkaufspreis** | | |

Inwieweit es dem Handelsunternehmen gelingt, den Einstandspreis abzusenken, hängt wesentlich von seiner sowie der Markt- bzw. Machtposition des Anbieters ab.

▶ Die **Differenzkalkulation** ist eine weitere Variante der Kalkulation, bei welcher sowohl der Verkaufspreis als Marktpreis feststeht, d. h. nicht steigerungsfähig ist, als auch der Einkaufspreis, der nicht verringert werden kann. Es wird also „**von oben**" kalkuliert und „**von unten**", um festzustellen, in welcher Höhe ein **Gewinn** unter den gegebenen Bedingungen noch erzielbar ist.

## 1.4 Maschinenstundensatzrechnung

Die Zuschlagskalkulation kann bei fortschreitender **Mechanisierung** und **Automation der Fertigung** keine hinreichend genaue Kostenzurechnung mehr gewährleisten. Schließlich wird der im Rahmen der Kostenstellenrechnung errechnete Fertigungsgemeinkosten-Zuschlagssatz in der Zuschlagskalkulation für alle Kostenträger, welche die Leistung der Kostenstelle in Anspruch nehmen, herangezogen.

Eine derartige Abrechnung führt zu einer unzutreffenden Belastung der Erzeugnisse, wenn diese die Anlagen der Kostenstelle nicht gleichmäßig beanspruchen und die eingesetzten Maschinen unterschiedlich hohe Kosten verursachen. In diesem Falle wird es notwendig, die Maschinenstundensatzrechnung einzusetzen. Sie stellt eine Erweiterung der Zuschlagskalkulation dar, von der sie lediglich im Hinblick auf die Ermittlung der **Fertigungskosten** abweicht.

Um eine Maschinenstundensatzrechnung durchführen zu können, ist es zunächst erforderlich, die Gemeinkosten nach ihrer **Maschinenabhängigkeit** aufzuspalten in:

| Maschinenabhängige Gemeinkosten | Maschinenunabhängige Gemeinkosten = Restgemeinkosten |
|---|---|
| ► Energiekosten | ► Hilfslöhne |
| ► Instandhaltungskosten | ► Gehälter |
| ► Werkzeugkosten | ► Sozialkosten |
| ► Kalkulatorische Abschreibungen | ► Heizungskosten |
| ► kalkulatorische Zinsen | ► Hilfsstoffe |
| ► Raumkosten | ► Umlagen von Hilfskosten |

Die **maschinenabhängigen Gemeinkosten** werden im BAB differenziert ermittelt, während die verbleibenden Restgemeinkosten den Einzelkosten als Gesamtblock zugeschlagen werden:

| Kostenarten | Zahlen der Buchhaltung | Materialbereich | Fertigungsbereich | | | Restfertigungsgemeinkosten | Verwaltungsbereich | Vertriebsbereich |
|---|---|---|---|---|---|---|---|---|
| | | | Maschinenabhängige Kosten | | | | | |
| | | | A | B | C | | | |
| Zuschlagsgrundlagen | | Fertigungsmaterial | Maschinenstunden | Maschinenstunden | Maschinenstunden | Fertigungslöhne | Herstellkosten des Umsatzes | Herstellkosten des Umsatzes |
| | | | | | | | | |

Bei der Maschinenstundensatzkalkulation wird in drei **Schritten** vorgegangen:

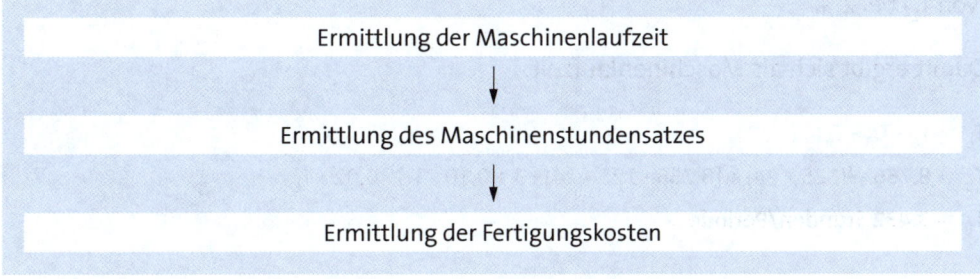

## 1.4.1 Ermittlung der Maschinenlaufzeit

Um zu einem **Stundensatz** zu gelangen, ist es zunächst erforderlich, die jährliche Laufzeit der einzelnen Maschinen zu ermitteln. Nach der *VDI*-Richtlinie 3258 wird die Maschinenlaufzeit errechnet:

$$T_L = T_G - T_{ST} - T_{IH}$$

$T_L$ = Maschinenlaufzeit (Std./Periode)
$T_H$ = Gesamte Maschinenzeit (Std./Periode)
$T_{ST}$ = Stillstandszeit (Std./Periode)
$T_{IH}$ = Instandhaltungszeit (Std./Periode)

Dabei gilt:

- Die **Maschinenlaufzeit** ist jene Zeit, welche die jeweilige Maschine tatsächlich im Verlaufe des Jahres läuft.
- Die **gesamte Maschinenzeit** ist die Zeit, welche die Maschine in einem Jahr laufen könnte, wenn sie ständig in Betrieb wäre, also langfristig:
  
  365,25 · 24 Std. = 8.766 Std./Jahr.
- Die **Stillstandszeit** umfasst arbeitsfreie Tage, nicht gearbeitete Anteile von Arbeitstagen und betriebsbedingte Stillstandszeiten als Prozentsatz.
- Die **Instandhaltungszeit** wird – wie die betriebsbedingten Stillstandszeiten – als Prozentsatz von der Maschinenlaufzeit abgesetzt.

### Beispiel

Es wird im 2-Schicht-Betrieb gearbeitet. Die Zahl der arbeitsfreien Tage beträgt 125. Die betriebsbedingte Stillstandszeit (von $T_L$) liegt bei 10 %, die Instandhaltungszeit (von $T_L$) bei 2 %.

Damit ergibt sich als Maschinenlaufzeit:

$T_L = T_G - T_{ST} - T_{IH}$
$T_L = 8.766 - \{(125 \cdot 24) + [8.766 - 125 \cdot 24] : 3 + 0{,}10 \cdot T_L\} - 0{,}02 \cdot T_L$
$T_L = $ **3.432 Stunden/Periode**

## 1.4.2 Ermittlung des Maschinenstundensatzes

Nachdem die Maschinenlaufzeit bekannt ist, kann der Maschinenstundensatz ermittelt werden, der vor allem bestehen kann aus:

- **Abschreibungen je Maschinenstunde**

$$\text{Abschreibungen} = \frac{\text{Basiswert}}{\text{Nutzungsdauer} \cdot T_L}$$

- **Zinsen je Maschinenstunde**

$$\text{Zinsen} = \frac{0{,}5 \cdot \text{Basiswert} \cdot \text{Zinssatz}}{100 \cdot T_L}$$

- **Instandhaltungskosten je Maschinenstunde**

$$\text{Instandhaltungskosten} = \frac{\text{Gesamte Instandhaltungskosten}}{\text{Nutzungsdauer} \cdot T_L}$$

- **Raumkosten je Maschinenstunde**

$$\text{Raumkosten} = \frac{\text{Raumbedarf} \cdot \text{qm-Satz}}{T_L}$$

- **Energiekosten je Maschinenstunde**

$$\text{Energiekosten} = \text{Energiebedarf pro Std.} \cdot \text{Kosten je Energieeinheit}$$

Der Maschinenstundensatz ergibt sich durch die Addition der einzelnen zuvor festgestellten Stundensätze:

|   | | |
|---|---|---|
|   | Abschreibungen | ..... €/Std. |
| + | Zinsen | ..... €/Std. |
| + | Instandhaltungskosten | ..... €/Std. |
| + | Raumkosten | ..... €/Std. |
| + | Energiekosten | ..... €/Std. |
| + | ggf. weitere Kostenarten | ..... €/Std. |
| = | **Maschinenstundensatz** | **..... €/Std.** |

### 1.4.3 Ermittlung der Fertigungskosten

Die Fertigungskosten sind mithilfe der errechneten Maschinenstundensätze auf einfache Weise ermittelbar.

**Beispiel**

Ein Auftrag verursacht im Fertigungsbereich 650 € Fertigungslohn. Er wird auf den Maschinen A - D gefertigt, wobei Maschinenstundensätze und Bearbeitungszeiten von

- A: 4,36 € 4 Std.
- B: 2,98 € 5 Std.
- C: 5,10 € 7 Std.
- D: 4,12 € 3 Std.

ermittelt wurden. Die maschinenunabhängigen Gemeinkosten als Restgemeinkosten betragen 30 %.

| | |
|---|---|
| Fertigungslohn | 650,00 € |
| Restgemeinkosten (30 %) | 195,00 € |
| Maschinenkosten | |
| A : 4,36 • 4 | 17,44 € |
| B : 2,98 • 5 | 14,90 € |
| C : 5,10 • 7 | 35,70 € |
| D : 4,12 • 3 | 12,36 € |
| **Fertigungskosten** | **925,40 €** |

Die **Herstellkosten** und die **Selbstkosten** werden im Übrigen mithilfe der (differenzierenden) Zuschlagskalkulation ermittelt.

### Aufgabe 33 > Seite 198

### 1.5 Kuppelkalkulation

Kuppelprodukte sind Erzeugnisse, die aufgrund von technischen Gegebenheiten **zwangsläufig gemeinsam** anfallen, z. B. Koks, Gas, Teer und Benzol in den Kokereien. Die Herstellung eines Erzeugnisses setzt damit die Herstellung eines oder mehrerer anderer Erzeugnisse voraus.

Aus der gegenseitigen Abhängigkeit der einzelnen Erzeugnisse heraus ist die Bestimmung der Herstellkosten für jedes der Erzeugnisse schwierig, da die Kosten nur dem gesamten Fertigungsbereich bzw. Fertigungsprogramm zugerechnet werden können. Deshalb orientiert sich die Ermittlung der Kosten pro Erzeugnis am **Prinzip der Kostentragfähigkeit** und nicht mehr – wie zuvor dargestellt – am Kostenverursachungsprinzip.

**Formen** der Kuppelkalkulation sind:
- **Restwertrechnung**
- **Verteilungsrechnung.**

## 1.5.1 Restwertrechnung

Die Restwertrechnung wird bei der Kalkulation von Kuppelprodukten dann angewendet, wenn ein **Haupterzeugnis** und **ein oder mehrere Nebenerzeugnisse** hergestellt werden. Sie wird auch als Subtraktionsmethode der Restkostenmethode bezeichnet und ist umso geeigneter, je geringer der Wert des bzw. der Nebenerzeugnisse ist.

Bei der Restwertmethode wird davon ausgegangen, dass die **Erlöse**, die sich aus der Nebenproduktion ergeben, von den Gesamtkosten der Kuppelproduktion abgezogen werden. Eventuell notwendige **Weiterverarbeitungskosten** des oder der Nebenerzeugnisse werden von ihren Erlösen subtrahiert und mindern somit die Erlöse.

Der **Restbetrag** aus den Kosten der Produktion und den – gegebenenfalls bereinigten – Erlösen der Nebenerzeugnisse wird durch die Anzahl der erstellten Haupterzeugnisse dividiert, um die Kosten für die Herstellung einer Einheit des Hauptproduktes zu erhalten:

$$k_H = \frac{K_H - \sum x_{Ni} \cdot (P_{Ni} - k_{ANi})}{x_H}$$

$k_H$ = Herstellkosten pro Haupterzeugnis-Einheit

$K_H$ = Gesamtkosten des Kuppelprozesses

$P_{Ni}$ = Preis pro Einheit der Nebenerzeugnisart i

$k_{ANi}$ = Weiterverarbeitungskosten pro Einheit der Nebenerzeugnisart i

$x_{Ni}$ = Menge der Nebenerzeugnisart i

$x_H$ = Menge des Haupterzeugnisses

**Beispiel**

Die Firma Chemie AG produziert drei Kuppelerzeugnisse:

A: 6.000 kg zum Verkaufspreis von 50 € pro kg
B:    500 kg zum Verkaufspreis von 10 € pro kg
C:    400 kg zum Verkaufspreis von  5 € pro kg

Die Gesamtkosten des Kuppelprozesses belaufen sich auf 200.000 €. Das Erzeugnis B muss noch weiterverarbeitet werden, was Kosten in Höhe von 2 € pro kg verursacht.

Die Herstellkosten pro kg des Hauptproduktes betragen:

$$k_H = \frac{K_H - \sum x_{Ni} \cdot (P_{Ni} - k_{ANi})}{x_H}$$

$$k_H = \frac{K_H - [x_{NB} \cdot (P_{NB} - k_{ANB}) + x_{NC} \cdot P_{NC}]}{x_H}$$

$$k_H = \frac{200.000 - [500 \cdot (10 - 2) + 400 \cdot 5]}{6.000} = 32,33 \text{ €/kg}$$

## 1.5.2 Verteilungsrechnung

Die Verteilungsrechnung findet dann Anwendung, wenn aus einem verbundenen Produktionsprozess **mehrere Haupterzeugnisse** hervorgehen. Die Gesamtkosten der Kuppelproduktion werden mithilfe von Äquivalenzziffern auf die einzelnen Erzeugnisse verteilt. Dabei können unterschiedliche Maßstäbe für die Verteilung der Gesamtkosten zugrunde gelegt werden. Es gibt:

▶ Die **Marktpreismethode,** bei der von den Marktpreisen der einzelnen Erzeugnisse auf die Kosten dieser Erzeugnisse geschlossen wird. Die praktische Durchführung erfolgt, indem die Marktpreise der einzelnen verbundenen Erzeugnisse durch Äquivalenzziffern in ihre Relation zueinander gebracht werden. Diese Relation ist auch bei der Kostenverteilung anzuwenden.

Wenn also drei verbundene Produkte A, B und C hinsichtlich der Verkaufspreise ein Verhältnis von 100 € : 50 € : 25 € = 1,00 : 0,50 : 0,25 aufweisen, dann gilt für die Kostenverteilung ebenfalls diese Relation.

**Beispiel**

Aus einer Kuppelproduktion ergeben sich drei Erzeugnisse, deren Marktpreise betragen:

A: 150 €/Einheit        B: 180 €/Einheit        C: 140 €/Einheit

Die Gesamtkosten der Kuppelproduktion liegen bei 47.700 €, wobei folgende Einheiten hergestellt wurden:

A: 300 Einheiten        B: 400 Einheiten        C: 300 Einheiten

Die Stückkosten werden – wie bei der Äquivalenzziffernkalkulation beschrieben – in folgender Weise ermittelt:

$$k_A = \frac{47.700}{300 \cdot 1,0 + 400 \cdot 1,2 + 300 \cdot 0,933} \cdot 1,0 = \textbf{45 €/Stück}$$

$$k_B = \frac{47.700}{1.060} \cdot 1,2 = \textbf{54 €/Stück}$$

$$k_C = \frac{47.700}{1.060} \cdot 0,933 = \textbf{41,99 €/Stück}$$

Die Marktpreismethode ist für die Kalkulation von Kuppelerzeugnissen jedoch nicht geeignet, weil mit den Preisschwankungen am Markt auch die Kostenrelationen ständig schwanken müssen. **Verrechnungspreise**, die über längere Zeit festgelegt werden, mildern das vorliegende Problem nur unerheblich.

▶ Bei der **Schlüsselmethode** erfolgt eine Verteilung der Gesamtkosten aufgrund technischer Maßstäbe, z. B. nach Wärmeeinheiten, die von den Kuppelprodukten erreicht werden. Ihre Aussagefähigkeit ist gering, weil die Maßstäbe weder kostenorientiert noch wirklich nutzenorientiert sind.

**Aufgabe 34 > Seite 198**

## 2. Kostenträgerzeitrechnung

Die Kostenträgerzeitrechnung erfasst die Kosten und Erlöse des Unternehmens, die während eines bestimmten Zeitraumes angefallen sind. Damit wird es möglich, den leistungsbezogenen **Erfolg** des Unternehmens – als Gewinn oder Verlust – zu ermitteln.

Die in einer Abrechnungsperiode angefallenen Selbstkosten werden in der Kostenträgerzeitrechnung auf die Erzeugnisgruppen eines Unternehmens aufgeteilt. Werden den Selbstkosten die Umsatzerlöse je Erzeugnisgruppe gegenübergestellt, liegt eine **Kostenträgerzeitrechnung** und **Ergebnisrechnung** vor.

**Aufgaben** der Kostenträgerzeit- und Ergebnisrechnung sind:

▶ Ermittlung der Selbstkosten einer Abrechnungsperiode
▶ Ermittlung des Anteils verschiedener Erzeugnisgruppen an den Gesamtkosten
▶ Ermittlung des Anteils der Erzeugnisgruppen an dem Gesamtergebnis
▶ Abstimmung mit der Buchhaltung
▶ Kontrolle der Wirtschaftlichkeit der verschiedenen Erzeugnisgruppen
▶ Erstellung der kurzfristigen Erfolgsrechnung.

Als **Betriebsergebnisrechnung** wird die Kostenträgerzeitrechnung jährlich im Rahmen der Feststellung des Jahresabschlusses durchgeführt. Um die notwendigen Steuerungsmaßnahmen im Unternehmen ergreifen zu können, erweist sich das Betriebsergebnis aber als **nicht geeignet**:

▶ Das **Betriebsergebnis** steht **zu spät** zur Verfügung, weil der Erfolg eines Jahres erst nach dessen Ende bekannt ist.
▶ Das **Betriebsergebnis** gliedert die Gesamtkosten **nach produktionsfaktorbezogenen Kosten** und nicht nach Kosten, die von den einzelnen Erzeugnissen oder Erzeugnisgruppen verursacht worden sind.

Aus diesen Gründen bietet es sich für das Unternehmen an, **kurzfristige Erfolgsrechnungen** als Kostenträgerzeitrechnungen zu nutzen, die kurzzeitiger als die jährliche Betriebsergebnisrechnung erfolgen – z. B. vielfach zumindest monatlich – und die

Auswertung des Erfolges nach verschiedenen Kriterien ermöglichen, z. B. Absatzwegen, Kundengruppen, Absatzgebieten.

Nach ihrer Kostengliederung sind zwei **Arten** der Kostenträgerzeitrechnung zu unterscheiden:

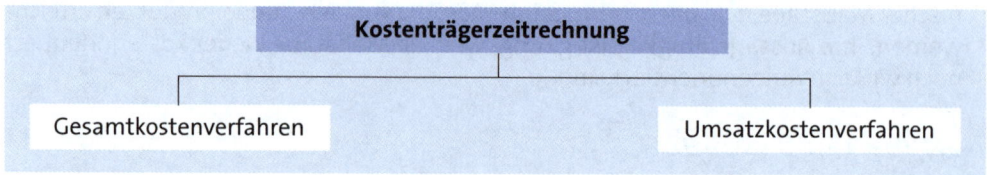

Beide Verfahren führen zu gleichen Ergebnissen.

## 2.1 Gesamtkostenverfahren

Das Gesamtkostenverfahren ist das üblicherweise verwendete Verfahren, um den Periodenerfolg des Unternehmens, der jährlich festzustellen ist, zu ermitteln. Dabei werden die **gesamten Kosten** der Rechnungsperiode – nach Kostenarten gegliedert – den **gesamten betrieblichen Erträgen** gegenübergestellt. Eine Kostenstellenrechnung und Kostenträgerrechnung durchzuführen, ist beim Gesamtkostenverfahren nicht zwingend notwendig.

Die ausschließliche Gegenüberstellung der gesamten Kosten und gesamten betrieblichen Erträge ist dann unproblematisch, wenn alle produzierten Leistungen einer Rechnungsperiode verkauft und keine zu aktivierenden innerbetrieblichen Leistungen erstellt werden.

Meist werden aber nicht alle in einer Rechnungsperiode gefertigten Erzeugnisse in der gleichen Rechnungsperiode verkauft. In diesen Fällen erweist es sich als notwendig, entsprechende **Bestandsveränderungen** an unfertigen und fertigen Erzeugnissen zu berücksichtigen, damit das Betriebsergebnis nicht verfälscht wird. Aufwändig ist dabei die Bewertung der Bestände, denn sie muss zu Herstellkosten erfolgen, was eine Kalkulation voraussetzt.

Bei Verwendung des Gesamtkostenverfahrens ergibt sich das Betriebsergebnis in Anlehnung an § 275 Abs. 2 HGB:

|     | |
| --- | --- |
|     | Umsatzerlöse (bereinigt um Erlösschmälerungen) |
| +/- | Bestandsveränderungen an unfertigen und fertigen Erzeugnissen |
| +   | Andere aktivierte Eigenleistungen |
| =   | Gesamtleistung |
| -   | Betriebliche Aufwendungen |
| =   | **Betriebsergebnis** |

Das Betriebsergebnis kann buchhalterisch und mathematisch festgestellt werden – siehe ausführlich *Olfert*. Seine statistisch-tabellarische Ermittlung als leistungsbezogener Erfolg ist mithilfe des **Kostenträgerblattes** möglich, das grundsätzlich folgendes Aussehen hat:

|   |   |   |   |
|---|---|---|---|
|   | Fertigungsmaterial | .... |   |
| + | Materialgemeinkosten | .... |   |
| = | Materialkosten |   | .... |
|   | Fertigungslöhne | .... |   |
| + | Fertigungsgemeinkosten | .... |   |
| + | Sondereinzelkosten der Fertigung | .... |   |
| = | Fertigungskosten |   | .... |
| = | Herstellkosten der Erzeugung |   | .... |
| + | Minderbestand unfertige/fertige Erzeugnisse |   | .... |
| - | Mehrbestand unfertige/fertige Erzeugnisse |   | .... |
| = | **Herstellkosten des Umsatzes** |   | .... |
| + | Verwaltungsgemeinkosten |   |   |
| + | Vertriebsgemeinkosten |   |   |
| + | Sondereinzelkosten des Vertriebs |   |   |
| = | **Selbstkosten des Umsatzes** |   | .... |
|   | Netto-Verkaufserlöse |   | .... |
|   | Selbstkosten des Umsatzes |   |   |
| = | **Betriebsergebnis** |   | .... |

Dem Aufbau des Kostenträgerblattes liegt das Schema der Zuschlagskalkulation zugrunde. Die **Einzelkosten** werden den Materialentnahmescheinen und Lohnscheinen entnommen. Die **Sondereinzelkosten** werden meist über Eingangsrechnungen in der Buchhaltung kontiert. Die Verrechnung der **Gemeinkosten** erfolgt mithilfe von Normalzuschlagssätzen, Sollzuschlagssätzen oder Planzuschlagssätzen.

Das Betriebsergebnis kann beim Gesamtkostenverfahren aber auch in Weiterführung des Betriebsabrechnungsbogens statistisch-tabellarisch mithilfe des **Betriebsabrechnungsbogen II** ermittelt werden, dessen Aufbau in folgender Weise möglich ist:

|   | | (Entstandene) Istkosten | | (Verrechnete) Normalkosten | | Kostendeckung |
|---|---|---|---|---|---|---|
|   |   | € | % | € | % |   |
|   | Fertigungsmaterial | .... | | .... | | |
| + | Materialgemeinkosten | .... | | .... | | .... |
| = | Materialkosten | | .... | | .... | |
|   | Fertigungslöhne | .... | | .... | | |
| + | Fertigungsgemeinkosten | .... | | .... | | .... |
| + | Sondereinzelkosten der Fertigung | .... | | .... | | |
| = | Fertigungskosten | | .... | | .... | |
| = | Herstellkosten der Erzeugung | .... | | .... | | |
| + | Minderbestand unfertiger/ fertiger Erzeugnisse | .... | | .... | | |
| - | Mehrbestand unfertiger/ fertiger Erzeugnisse | .... | | .... | | |
| = | **Herstellkosten des Umsatzes** | .... | | .... | | |
| + | Verwaltungsgemeinkosten | .... | | .... | | .... |
| + | Vertriebsgemeinkosten | .... | | .... | | .... |
| + | Sondereinzelkosten des Vertriebs | .... | | .... | | |
| = | **Selbstkosten des Umsatzes** | .... | | .... | | |
|   | Netto-Verkaufserlöse | .... | | .... | | |
| - | Selbstkosten des Umsatzes | .... | | .... | | |
| = | **Umsatzergebnis** | .... | | .... | | |
| + | Überdeckung | .... | | .... | | .... |
| - | Unterdeckung | .... | | .... | | .... |
| = | **Betriebsergebnis** | .... | | .... | | |

Die im Betriebsabrechnungsbogen II zu verrechnenden **Normalkosten** können nicht nur insgesamt ausgewiesen werden, sondern sie lassen sich bedarfsweise auch aufteilen auf:

- Fertigerzeugnisse
- unfertige Erzeugnisse
- aktivierte Eigenleistungen.

Das Gesamtkostenverfahren hat den **Vorteil**, dass es ein einfaches Verfahren ist, das sich leicht in die Buchführung einfügen lässt. Als ein **Nachteil** dieses Verfahrens gilt, dass es für Mehrprodukt-Unternehmen nicht geeignet ist, da es keine Analyse des Erfolges der Erzeugnisse oder Erzeugnisgruppe ermöglicht.

## Aufgabe 35 > Seite 199

## 2.2 Umsatzkostenverfahren

Beim Umsatzkostenverfahren werden die Kosten den Erlösen der abgesetzten Erzeugnisse gegenübergestellt. Die Gegenüberstellung sollte – als **Artikelerfolgsrechnung** – nach Erzeugnissen oder Erzeugnisgruppen erfolgen. Für seine Anwendbarkeit gilt die Existenz einer qualifizierten Kostenrechnung als **Vorraussetzung**.

Der betriebliche Erfolg ergibt sich aus der Differenz der Kosten und Erlöse. Dabei müssen **Bestandsveränderungen** – im Gegensatz zu dem Gesamtkostenverfahren – nicht berücksichtigt werden, weil das Umsatzkostenverfahren von vornherein nur die abgesetzten Erzeugnisse berücksichtigt.

Bei Nutzung des Umsatzkostenverfahrens ergibt sich das **Betriebsergebnis** in Anlehnung an § 275 Abs. 3 HGB:

|   |   |
|---|---|
|   | Umsatzerlöse (bereinigt um Erlösschmälerungen) |
| - | Herstellungskosten der zur Erzielung der Umsatzerlöse erbrachten Leistungen |
| = | Bruttoergebnis vom Umsatz |
| - | Vertriebskosten |
| - | Allgemeine Verwaltungskosten |
| - | Sonstige betriebliche Aufwendungen |
| = | **Betriebsergebnis** |

Die **gesamten Kosten** der einzelnen Erzeugnisse oder Erzeugnisgruppen werden als Selbstkosten der Kostenträgerstückrechnung entnommen, dem **gesamten Erlösen** liegen die Ausgangsrechnungen zugrunde.

Das Betriebsergebnis kann **buchhalterisch** und **mathematisch** ermittelt werden – siehe ausführlich *Olfert*. Seine statistisch-tabellarische Ermittlung ist mithilfe des **Kostenträgerblattes** möglich, das wie folgt aussehen kann:

| Erzeugnis/Erzeugnisgruppe |   | 1 | 2 | 3 | Gesamt |
|---|---|---|---|---|---|
| Verkaufspreis | €/Stück | .... | .... | .... | .... |
| Selbstkosten | €/Stück | .... | .... | .... | .... |
| Gewinn (netto) | €/Stück | .... | .... | .... | .... |
| Absatzmenge | Stück/Periode | .... | .... | .... | .... |
| Umsatzerlöse | €/Periode | .... | .... | .... | .... |
| Selbstkosten | €/Periode | .... | .... | .... | .... |
| **Betriebsergebnis** | €/Periode | .... | .... | .... | .... |

oder

## D. Kostenträgerrechnung | 2. Kostenträgerzeitrechnung

|   |   | Erzeugnis (-gruppe) A | Erzeugnis (-gruppe) B | Erzeugnis (-gruppe) C | Gesamt |
|---|---|---|---|---|---|
|   | Herstellkosten der abgesetzten Erzeugnisse | .... | .... | .... | .... |
| + | Verwaltungsgemeinkosten | .... | .... | .... | .... |
| + | Vertriebsgemeinkosten | .... | .... | .... | .... |
| + | Sondereinzelkosten des Vertriebs | .... | .... | .... | .... |
| = | **Selbstkosten der abgesetzten Erzeugnisse** | .... | .... | .... | .... |
|   | Bruttoerlöse | .... | .... | .... | .... |
| - | Erlösschmälerungen | .... | .... | .... | .... |
| = | **Nettoerlöse** | .... | .... | .... | .... |
| - | Selbstkosten der abgesetzten Erzeugnisse | .... | .... | .... | .... |
| = | **Betriebsergebnis** | .... | .... | .... | .... |

Um unmittelbar erkennen zu können, welche Anteile die einzelnen Erzeugnisse am leistungsbezogenen Erfolg haben, kann es sich anbieten, die **Rangfolge** der Netto-Gewinne pro Stück der einzelnen Erzeugnisse in einer Zeile auszuweisen. Das wird sich vor allem bei Unternehmen anbieten, die zahlreiche Arten von Erzeugnissen herstellen.

### Aufgabe 36 > Seite 199

Ein **Vorteil** des Umsatzkostenverfahrens ist, dass die Erfolge der einzelnen Erzeugnisse oder Erzeugnisgruppen leicht feststellbar sind, weil die Kosten und Erlöse in gleicher Weise gegliedert werden. Allerdings erfordert es eine qualifizierte Kostenstellen- und Kostenträgerrechnung, was sich als **Nachteil** erweisen kann.

### Aufgabe 37 > Seite 199

# E. Plankostenrechnung

Die Kapitel B., C. und D. haben sich mit der **Istkostenrechnung auf Vollkostenbasis** als einer traditionellen Form der Kostenrechnung beschäftigt, die weithin die Grundlage der Kostenrechnung ist. Dieses Kostenrechnungssystem weist aber erhebliche **Nachteile** auf, zu denen z. B. zählen:

- keine wirksame Kostenkontrolle
- keine aussagefähige Kostenanalyse
- veränderliche Istpreise der Verzehrmengen
- schwierige innerbetriebliche Leistungsverrechnung
- veränderliche Kalkulationssätze in jeder Rechnungsperiode.

Diese der Istkostenrechnung auf Vollkostenbasis innewohnenden Schwächen sollen mithilfe der Plankostenrechnung sowie der in Kapitel F. noch zu behandelnden Deckungsbeitragsrechnung vermieden bzw. vermindert werden.

Die Plankostenrechnung ist ein Kostenrechnungsystem, bei dem die Einzelkosten nach Produktarten (Kostenträgern) und die Gemeinkosten nach Kostenstellen differenziert in ihrem Mengengerüst *und* Preisgerüst für eine Planungsperiode festgelegt werden. Sie kann in Erscheinung treten als:

| | |
|---|---|
| **Plankostenrechnung** | **Vollkostenrechnung**<br>▶ starre Plankostenrechnung<br>▶ flexible Plankostenrechnung |
| | **Teilkostenrechnung**<br>▶ Grenzplankostenrechnung |

Damit ergibt sich durch die Plankostenrechnung der Übergang von der Vollkostenrechnung zu der als Deckungsbeitragsrechnung in Kapitel F. behandelten **Teilkostenrechnung**.

Die Plankostenrechnung basiert auf **Plankosten** als Einzel- und Gemeinkosten, die nicht vergangenheitsbezogen sind, sondern sich bezüglich der Preise und Mengen im Wesentlichen auf die Zukunft beziehen, i. d. R. die kommende Rechnungsperiode. Ihr Wesen ist darin zu sehen, dass die geplanten Kosten, die sich aus Planpreis und Planmenge zusammensetzen, mit den tatsächlich angefallenen Kosten verglichen werden.

Auf diese Weise wird eine **Soll-Ist-Analyse** ermöglicht, mit deren Hilfe gegebene **Abweichungen** bei der starren Plankostenrechnung global ermittelt werden können bzw. bei der flexiblen Plankostenrechnung in differenzierter Weise erfolgt als:

- Preisabweichung
- Beschäftigungsabweichung
- Verbrauchsabweichung.

Es ist darauf hinzuweisen, dass sich die **Istkosten** der Istkostenrechnung und der Plankostenrechnung **unterscheiden**:

| Istkosten der **Istkostenrechnung** | = Istmenge • **Ist**preis |
|---|---|

| Istkosten der **Plankostenrechnung** | = Istmenge • **Plan**preis |
|---|---|

Die wesentlichen **Aufgaben** der Plankostenrechnung sind:
- Die betriebliche **Kontrolle** der Kosten, die mithilfe folgender Vergleichsverfahren möglich ist:
  - **Zeitvergleich** (verschiedene Perioden innerhalb des Unternehmens)
  - **zwischenbetrieblicher Vergleich** (gleiche Perioden, ggf. im Zeitablauf)
  - **Soll-Ist-Vergleich** (Gegenüberstellung von Istkosten und geplanten Kosten).
- Die betriebliche **Steuerung** der Kosten, um sicherzustellen, dass kostenbezogene Ziele des Unternehmens erreicht werden.

# 1. Starre Plankostenrechnung

Bei der starren Plankostenrechnung werden die Kostenvorgaben auf die zukünftige Entwicklung abgestellt. Sie kennt als Vollkostenrechnung **keine Aufteilung** in fixe und variable Kosten und es werden alle Kosten, also sowohl die Einzelkosten als auch die Gemeinkosten, als geplante Kosten auf die Kostenträger verrechnet.

Um die starre Plankostenrechnung durchzuführen, gilt es, in sieben **Schritten** vorzugehen:

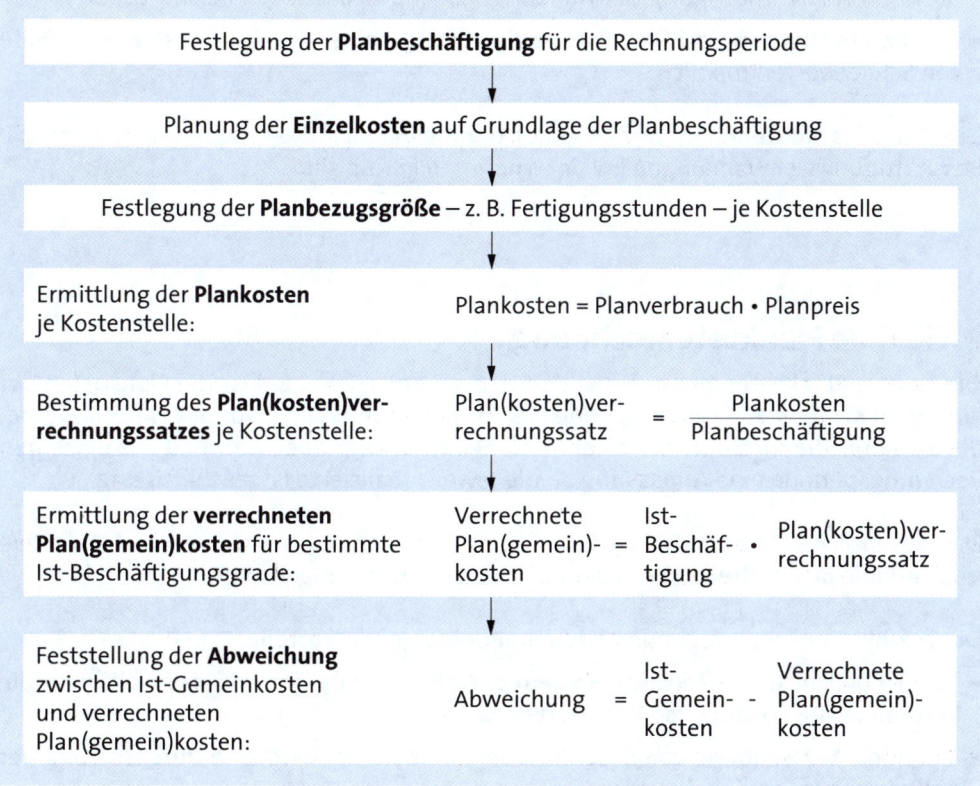

Der Plankosten(verrechnungs)satz dient zur Verteilung innerbetrieblicher Leistungen und wird in der Kostenträgerrechnung verwendet.

### Beispiel

Die Planbeschäftigung als Planbezugsgröße beträgt bei der Kostenstelle A 10.000 Stunden, die Plankosten 60.000 €. Die Istbeschäftigung umfasst 8.000 Stunden bei tatsächlich anfallenden Kosten in Höhe von 40.000 €.

| | | | |
|---|---|---|---|
| Plankostensatz | = | 60.000 : 10.000 | = 6 €/Std. |
| Verrechnete Plankosten | = | 8.000 · 6 | = 48.000 € |
| **Abweichung** | = | 40.000 - 48.000 | = **- 8.000 €** |

Die starre Plankostenrechnung hat folgende **Vorteile**:
- Die laufende **Abrechnung** ist relativ **einfach**.
- Es ist **keine Kostenauflösung** erforderlich.

**Nachteile** der starren Plankostenrechnung sind:

▶ Eine **exakte Kostenkontrolle** ist nicht **möglich**, da die Abweichungen einzelner Kostenarten bei Beschäftigungsschwankungen nicht im Einzelnen bekannt sind.

▶ Der **Beschäftigungsgrad** bleibt **unberücksichtigt**, eine Anpassung ist nur mithilfe von Schätzwerten möglich.

Die starre Plankostenrechnung kann nur dann sinnvoll eingesetzt werden, wenn die Beschäftigungsschwankungen im Unternehmen gering sind.

**Aufgabe 38 > Seite 200**

## 2. Flexible Plankostenrechnung

Die flexible Plankostenrechnung ist dadurch gekennzeichnet, dass die Plankosten der einzelnen Kostenstellen zwar für eine bestimmte Planbeschäftigung vorgegeben sind, die als Jahresdurchschnitt erwartet wird. Bei ihr erfolgt aber während der einzelnen Rechnungsperiode eine Anpassung an die jeweils realisierte Istbeschäftigung.

Die wesentliche **Voraussetzung** dafür ist die Aufspaltung der Gemeinkosten in fixe und variable Bestandteile, die in der Kostenstellenrechnung erfolgt.

Die flexible Plankostenrechnung hat vor allem folgende **Vorteile**:

▶ Sie ermöglicht eine **wirksame Kostenkontrolle**, weil bei jeder Istbeschäftigung die Verbrauchsabweichung isoliert werden kann.

▶ Durch die Verwendung von Beschäftigungsmaßstäben wird eine **Verbesserung der Kalkulationsgenauigkeit** erreicht.

Als **Nachteil** ist die Behandlung der fixen Kosten anzusehen, die zusammen mit den proportionalen Kosten die gleichen Bezugsbasen haben. Dies birgt die Gefahr von Fehlinformationen für kurzfristige Entscheidungen, die auf die Kosten ausgerichtet sind.

Die flexible Plankostenrechnung kann als das am besten geeignete Verfahren auf Vollkostenbasis angesehen werden. Es umfasst:

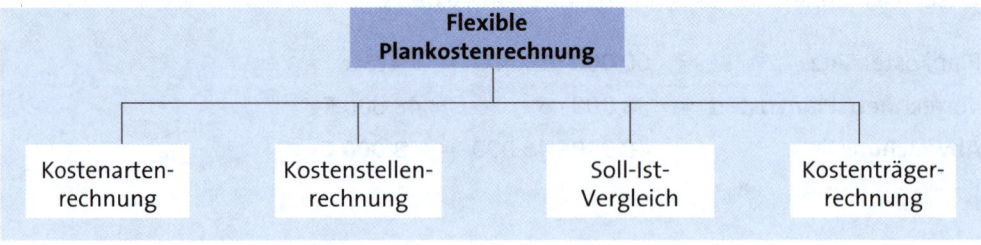

## 2.1 Kostenartenrechnung

Im Zuge der Kostenartenrechnung erfolgt die Planung der Kostenarten, die im Rahmen des Leistungsprozesses anfallen. Insbesondere geht es dabei um:

▶ Die **Planung der Materialkosten**, die für Werkstoffe oder Teile anfallen, welche in die Produktion gehen, als:
  - Materialeinzelkosten (mit Ansatz von Plan- oder Verrechnungspreisen)
  - Gemeinkostenmaterial (z. B. als Hilfs- und Betriebsstoffe)
  - Materialgemeinkosten für Beschaffung und Lagerung (siehe 2.2).

▶ Die **Planung der Personalkosten** als Fertigungslöhne, Hilfslöhne, Zusatzlöhne, Gehälter und Sozialkosten, für deren Höhe bedeutsam sind:
  - Arbeitszeiten
  - Lohngruppen
  - Lohnfaktoren
  - Lohnarten.

▶ Die **Planung der Maschinenkosten**, die von den Maschinenlaufzeiten abhängig sind. Sie beinhalten:
  - kalkulatorische Abschreibungen
  - Raumkosten
  - Energiekosten
  - Instandhaltungskosten
  - Maschinenabhängige Betriebsstoffe.

▶ Die **Planung der Werkzeugkosten**, die für die formgebende Umwandlung von Materialien anfallen und sich beziehen können auf:
  - neue Werkzeuge
  - veränderte Werkzeuge.

## 2.2 Kostenstellenrechnung

In der Kostenstellenrechnung erfolgt die Planung der **Gemeinkosten**, wie sie oben dargestellt wurde, und der **Einzellohnkosten** pro Kostenstelle. Beide Kostengruppen werden über die Kostenstellen verrechnet.

Die **Kontrolle** jeder Kostenstelle dient dazu, Kostenabweichungen unmittelbar am Entstehungsort feststellen zu können. Sie umfasst nicht nur die Gemeinkosten, es werden auch sämtliche Einzelkosten für jede Kostenstelle kontrolliert.

Im Rahmen der Kostenstellenrechnung erfolgen:

- Die **Gliederung der Kostenstellen**, die in geeigneter Weise erfolgen und den im Kapitel C. beschriebenen Grundsätzen gerecht werden muss.
- Die **Bildung von Bezugsgrößen**, die für jede einzelne Kostenstelle mit großer Sorgfalt festzulegen sind, z. B. als:
  - **Fertigungslohn,** der allerdings nicht beschäftigungsbedingten Schwankungen unterliegt, was seine Eignung einschränkt.
  - **Fertigungszeit,** die i. d. R. als geeignete Bezugsgröße anzusehen ist, insbesondere bei Unternehmen mit differenzierter Produktion.
  - **Erzeugniseinheit,** die geeignet erscheint, wenn eine einheitliche Produktion vorherrscht.
- Die **Planung von Bezugsgrößen**, die auch als Beschäftigungsplanung bezeichnet wird. Als **Verfahren** bieten sich dafür an:
  - Die **Kapazitätsplanung,** bei der von der realisierbaren Kapazität innerhalb der einzelnen Kostenstellen ausgegangen wird, ohne dass eine Abstimmung mit anderen Kostenstellen erfolgt.
  - Die **Engpassplanung,** der man sich aus der Überlegung heraus bedient, dass bei der Dimensionierung der Kapazität einer Kostenstelle notwendigerweise auch eine Übereinstimmung mit anderen Kostenstellen erforderlich ist. Die Höhe der Planbeschäftigung richtet sich also nach dem Minimumsektor, d. h. orientiert sich an möglichen Engpässen.
- Die **Berücksichtigung von Beschäftigungsänderungen**, denn diese beeinflussen die Kostenstruktur, weil die fixen Kosten bei allen Beschäftigungsgraden konstant sind, die proportionalen Kosten sich jedoch verändern. Sie kann erfolgen mithilfe zweier **Verfahren**:

# E. Plankostenrechnung | 2. Flexible Plankostenrechnung

| | |
|---|---|
| **Stufenmethode** | Bei ihr werden mehrere **Kostenübersichten** erstellt, die verschiedene Beschäftigungsgrade beinhalten. Daraus können die für jeden Beschäftigungsgrad zu verrechnenden Sollkosten festgestellt werden. |
| **Variatormethode** | Der Variator drückt das **Verhältnis** der **fixen** und **variablen Kosten** einer Kostenart unter Annahme einer linearen Kostenfunktion aus. Er gibt an, um wie viel Prozent sich die vorzugebenden Kosten bei einer 10 %igen Änderung des Beschäftigungsgrades verändern. |

$$\text{Proportionale Kosten} = \frac{\text{Variator}}{10} \cdot \text{Plankosten}$$

oder

$$\text{Variator} = \frac{\text{Proportionale Kosten}}{\text{Plankosten}} \cdot 10$$

Bei einem Variator von 8 bedeutet dies im Falle einer 10 %igen Beschäftigungsänderung, dass 80 % der Gesamtkosten variabel und 20 % fix sind.

Wenn die Istbeschäftigung von der Planbeschäftigung um 20 % abweicht, müssten die Sollkosten des Planbeschäftigungsgrades um 8 · 2 = 16 % variiert werden, damit sich die Sollkosten des Istbeschäftigungsgrades ergeben.

Im Hinblick auf den Variator gilt:

▶ Bei einem **Variator von 0** gibt es nur fixe Kostenanteile:

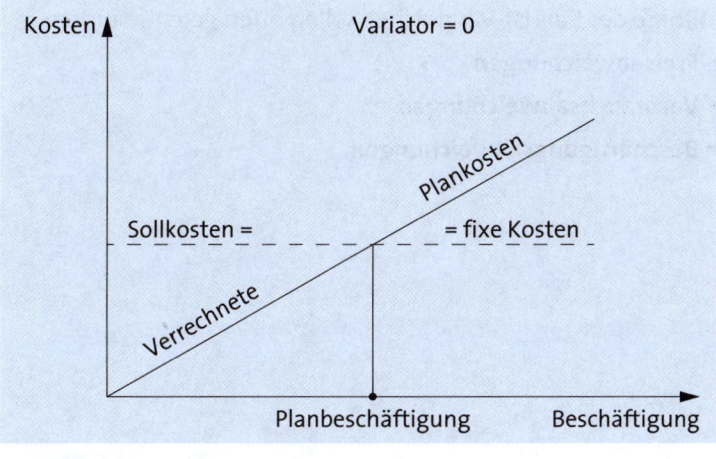

# E. Plankostenrechnung | 2. Flexible Plankostenrechnung

▶ Ein **Variator von 10** weist ausschließlich proportionale Kostenanteile auf:

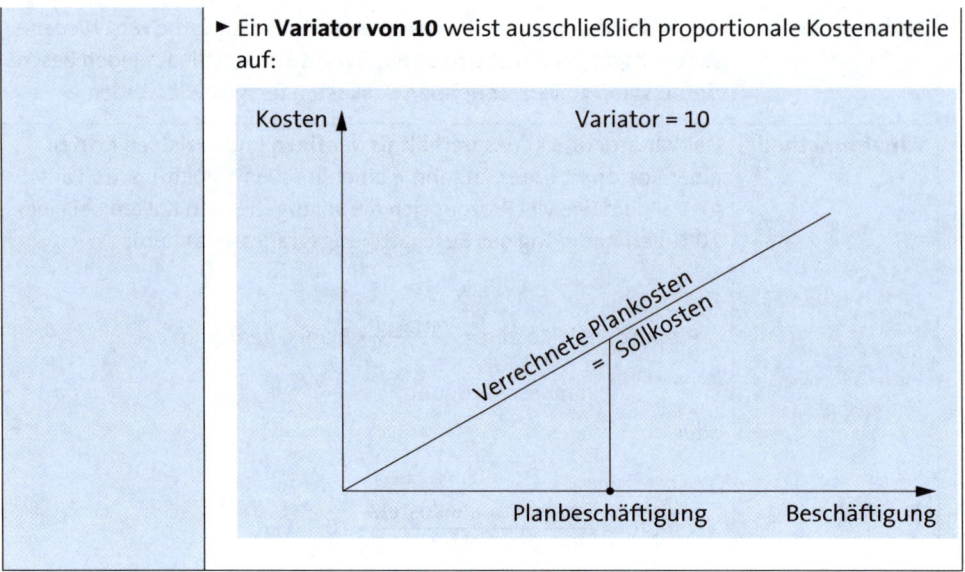

▶ Die **Erstellung eines Gemeinkostenplanes** sowohl für die Gemeinkosten als auch ergänzend für die Einzellohnkosten auf der Basis von Planverbrauchsmengen, Planpreisen und Planbeschäftigungen für die einzelnen Kostenstellen. Dabei wird i. d. R. für jede Kostenart der entsprechende **Variator** angegeben.

## 2.3 Soll-Ist-Vergleich

Der Soll-Ist-Vergleich als Gegenüberstellung geplanter und tatsächlich entstandener Kosten ist Hauptzweck der Plankostenrechnung. **Ziel** dieser Kostenkontrolle ist die Überwachung der Kostenentwicklung und – damit verbunden – die Beurteilung der Entscheidungsträger in den einzelnen Kostenstellen.

Mithilfe des Soll-Ist-Vergleiches sollen offen gelegt werden:

▶ **Preisabweichungen**

▶ **Verbrauchsabweichungen**

▶ **Beschäftigungsabweichungen.**

Um dies zu erreichen, müssen zunächst als **vorbereitende Schritte** erfolgen:

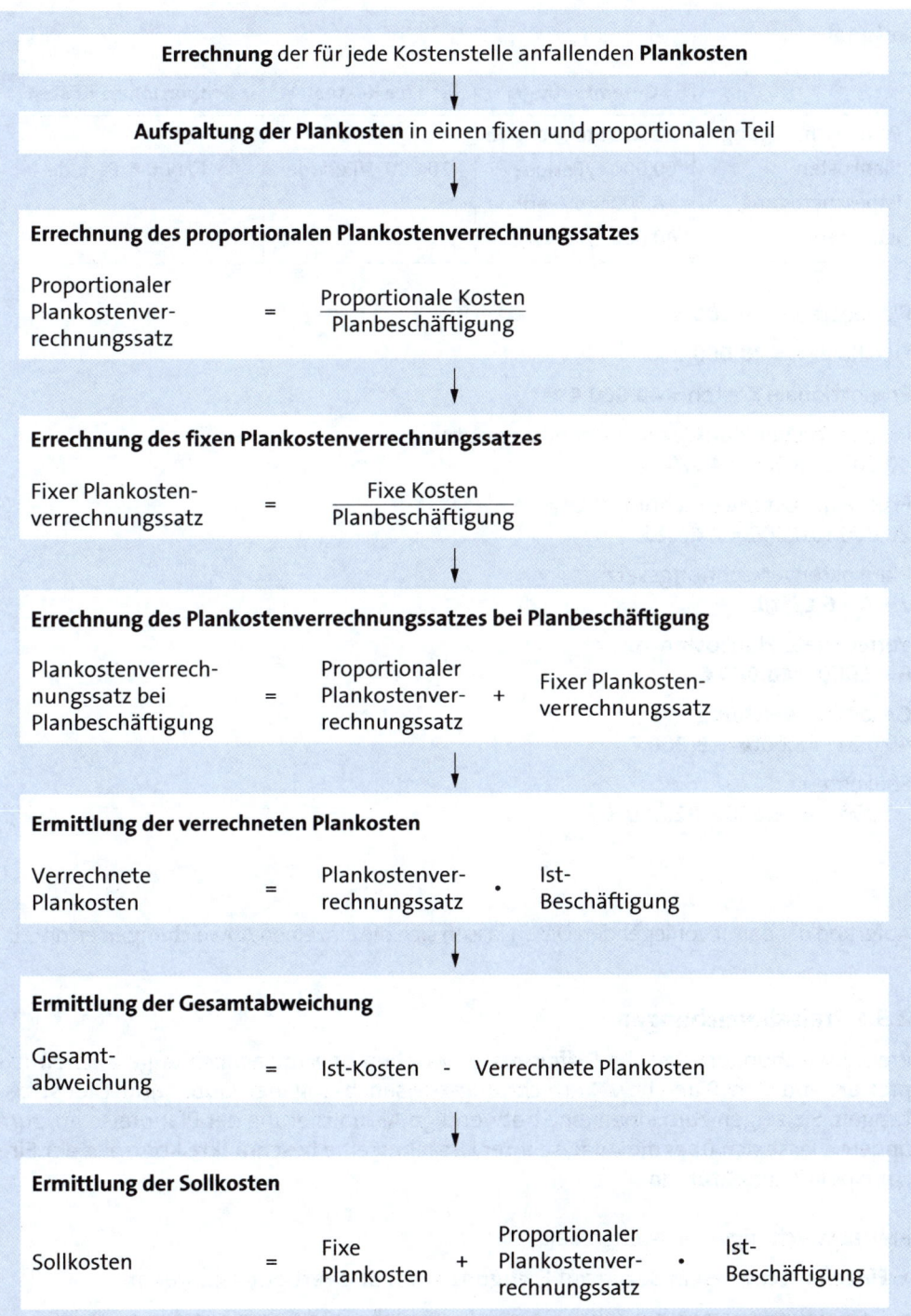

Sollkosten sind die zum Planpreis bewertete Planmenge bei Istbeschäftigung.

**Beispiel**

|  | Gesamtbeträge | Fixe Kosten | Proportionale Kosten |
|---|---|---|---|
| Planbeschäftigung | 10.000 Std./Periode | - | - |
| Plankosten | 60.000 €/Periode | 20.000 €/Periode | 40.000 €/Periode |
| Istbeschäftigung | 8.000 Std./Periode | - | - |
| Istkosten | 40.000 €/Periode | - | - |

Plankosten = **60.000 €**

Fixe Kosten = **20.000 €**

Proportionale Kosten = **40.000 €**

Proportionaler Plankostenverrechnungssatz
40.000 : 10.000 = **4 €/Std.**

Fixer Plankostenverrechnungssatz
20.000 : 10.000 = **2 €/Std.**

Plankostenverrechnungssatz
2 + 4 = **6 €/Std.**

Verrechnete Plankosten
6 · 8.000 = **48.000 €**

Gesamtabweichung
40.000 - 48.000 = **- 8.000 €**

Sollkosten
20.000 + 4 · 8.000 = **52.000 €**

Aufgrund der damit vorliegenden Daten lassen sich die einzelnen **Abweichungen** ermitteln.

## 2.3.1 Preisabweichungen

Preisabweichungen sind die **Differenzen** zwischen den tatsächlich angefallenen Istpreisen und den Plan- bzw. Verrechnungspreisen bezogener Güter und Dienstleistungen. Sie zeigen zum einen eine notwendige Aktualisierung der Planpreise an, zum anderen lässt sich über die Analyse ihrer Ursachen eine beschränkte Kontrolle der Einkaufspolitik durchführen.

Preisabweichungen entstehen bei:

▶ **Einzelkostenarten** in Bezug auf Fertigungslohn und Fertigungsmaterial
▶ **Gemeinkostenarten** bezüglich Gemeinkostenlohn und Gemeinkostenmaterial.

Rechnerisch ergeben sich die Preisabweichungen:

|   |   |
|---|---|
|   | Istmenge • **Plan**preis |
| - | Istmenge • **Ist**preis |
| = | **Preisabweichung** |

oder

|   |   |
|---|---|
|   | Istkosten der **Plan**kostenrechnung |
| - | Istkosten der **Ist**kostenrechnung |
| = | **Verbrauchsabweichung** |

Die **Verrechnung der Preisabweichungen** kann entweder in der Kostenträgerrechnung oder direkt über das Betriebsergebniskonto erfolgen.

### Beispiel

Die tatsächlich verbrauchte Menge des Kostengutes A beträgt 500 Stunden. Als Planpreis wurden 12 €/Std. angesetzt. Tatsächlich beträgt der Preis jedoch 14 €/Std.

| 500 • 12 | = | 6.000 € |
|---|---|---|
| - 500 • 14 | = | 7.000 € |
| **Preisabweichung** | = | **- 1.000 €** |

## 2.3.2 Verbrauchsabweichungen

Zu Verbrauchsabweichungen kommt es, wenn geplante und tatsächlich verbrauchte Mengen an Kostengütern unterschiedlich hoch sind. Es handelt sich demnach um die **Differenz** zwischen den um die Preisabweichungen reduzierten Istkosten und Sollkosten.

Die Verbrauchsabweichung wird ermittelt:

|   |   |
|---|---|
|   | **Ist**menge • Planpreis bei Istbeschäftigungsgrad |
| - | **Plan**menge • Planpreis bei Istbeschäftigungsgrad |
| = | **Verbrauchsabweichung** |

oder

|   |   |
|---|---|
|   | Istkosten (der Plankostenrechnung) |
| - | Sollkosten |
| = | **Verbrauchsabweichung** |

**Beispiel**

|  | Gesamtbeträge | Fixe Kosten | Proportionale Kosten |
|---|---|---|---|
| Planbeschäftigung | 10.000 Std./Periode | - | - |
| Plankosten | 60.000 €/Periode | 20.000 €/Periode | 40.000 €/Periode |
| Istbeschäftigung | 8.000 Std./Periode | - | - |
| Istkosten | 40.000 €/Periode | - | - |

|   |   |   |
|---|---|---|
| 40.000 | = | 40.000 € |
| - (20.000 + 4 · 8.000) | = | 52.000 € |
| **Verbrauchsabweichung** | = | **- 12.000 €** |

## 2.3.3 Beschäftigungsabweichungen

Beschäftigungsabweichungen sind die **Differenz** zwischen Sollkosten und verrechneten Plankosten. Sie zeigen, wie viele Fixkosten bei vom Planbeschäftigungsgrad abweichender Beschäftigung zu viel bzw. zu wenig kalkuliert worden ist. Die Ermittlung von Beschäftigungsabweichungen erfolgt für jede Kostenstelle insgesamt oder bei heterogener Kostenstruktur je Bezugsgröße.

Ihre Berechnung erfolgt:

|   |   |
|---|---|
|   | Planmenge • Planpreis bei **Ist**beschäftigung |
| - | Planmenge • Planpreis bei **Plan**beschäftigung |
| = | **Beschäftigungsabweichung** |

oder

|   |   |
|---|---|
|   | Sollkosten |
| - | Verrechnete Plankosten |
| = | **Beschäftigungsabweichung** |

Bei **Unterbeschäftigung** werden zu wenig fixe Kosten verrechnet, bei über der Planbeschäftigung liegender Beschäftigung werden zu viele fixe Kosten verrechnet, d. h. der Plankostenverrechnungssatz ist bei **Überbeschäftigung** zu hoch und schließt mehr fixe Kosten ein als notwendig. Deshalb entsteht zum Ausgleich dieser überhöhten fixen Kosten eine negative Beschäftigungsabweichung.

**Beispiel**

|  | Gesamtbeträge | Fixe Kosten | Proportionale Kosten |
|---|---|---|---|
| Planbeschäftigung | 10.000 Std./Periode | - | - |
| Plankosten | 60.000 €/Periode | 20.000 €/Periode | 40.000 €/Periode |
| Istbeschäftigung | 8.000 Std./Periode | - | - |
| Istkosten | 40.000 €/Periode | - | - |

| 20.000 + 4 · 8.000 | = | 52.000 € |
| -6 · 8.000 | = | 48.000 € |
| **Beschäftigungsabweichung =** | | **+ 4.000 €** |

Grafisch lassen sich die **Verbrauchsabweichung** und **Beschäftigungsabweichung** folgendermaßen darstellen:

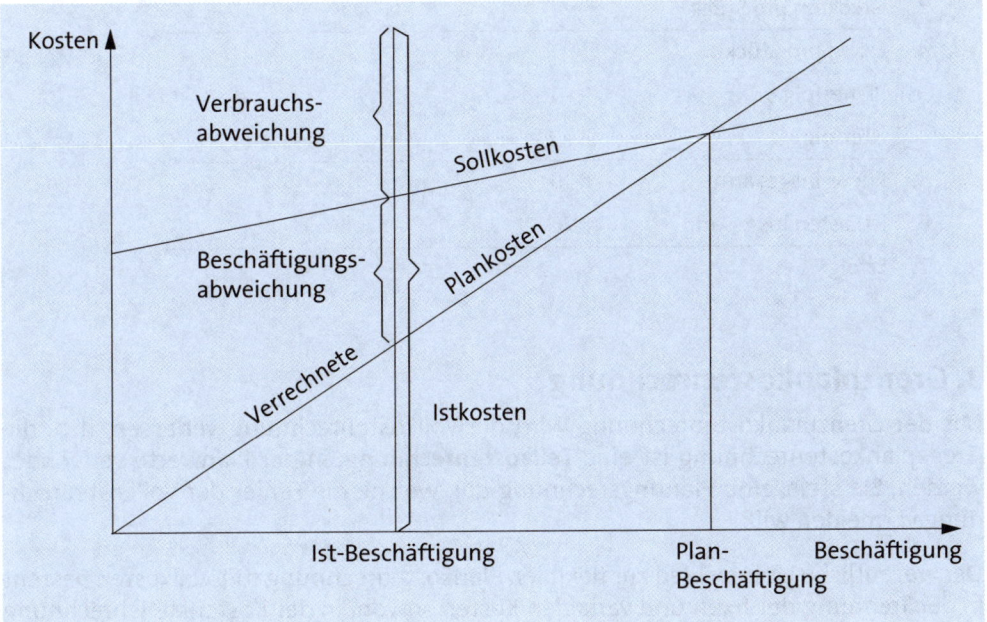

**Aufgabe 39 > Seite 200**

## 2.4 Kostenträgerrechnung

Die Kostenträgerrechnung kann stückbezogen und zeitbezogen sein:

- Die **Kostenträgerstückrechnung** innerhalb der Plankostenrechnung wird prinzipiell in der gleichen Weise durchgeführt wie die bereits dargestellte Stückrechnung bei der Istkostenrechnung – siehe S. 109 f. **Abweichungen** lassen sich entweder den Kostenträgern oder dem Betriebsergebniskonto zurechnen.

- Die **Kostenträgerzeitrechnung** wird i. d. R. monatlich oder vierteljährlich erstellt, um den Erfolg festzustellen und eine Kostenkontrolle vorzunehmen. Sie ermöglicht eine Kostenkontrolle. Die Kostenträgerzeitrechnung kann wie folgt aufgebaut sein:

| | | | | |
|---|---|---|---|---|
| I. | Abgesetzte Menge | | ... | |
| II. | Preis pro Stück | | ... | |
| 1. | Plankosten pro Stück | | | ... |
| 2. | Abweichungen | | | |
| | Einzelmaterial-Preis | | ... | |
| | Einzelmaterial-Verbrauch | | ... | |
| | Gemeinkostenmaterial-Preis | | ... | |
| | Beschäftigungsabweichung | | ... | |
| | Verbrauchsabweichung | | ... | + ... |
| 3. | Istkosten pro Stück | | | = ... |
| 4. | Erfolg pro Stück | | | |
| | Planerfolg | (II - 1.) | ... | |
| | Isterfolg | (II - 3.) | ... | |
| 5. | Erlöse insgesamt | (I · II) | | ... |
| 6. | Istkosten insgesamt | (I · 3.) | | - ... |
| 7. | **Erfolg** | | | = ... |

## 3. Grenzplankostenrechnung

Mit der Grenzplankostenrechnung wird die Vollkostenrechnung verlassen, d. h. die Grenzplankostenrechnung ist eine **Teilkostenrechnung**, in der Planwerte verwendet werden. Sie stellt eine Planungsrechnung dar, welche die Fehler der Vollkostenrechnung vermeiden will.

Der wesentliche Unterschied zur flexiblen Plankostenrechnung mit Vollkosten besteht in der Trennung der fixen und variablen Kosten sowohl in der Kostenstellenrechnung als auch in der Kostenträgerrechnung und somit in der **Eliminierung der fixen Kosten** aus dem Soll-Ist-Vergleich.

Es gibt somit **keine Beschäftigungsabweichungen** mehr, weil die variablen Sollkosten und die verrechneten Plankosten (ohne Fixkosten) zusammenfallen. Dadurch entfällt das Problem der Bestimmung einer Planbeschäftigung.

Mithilfe der Grenzplankostenrechnung lassen sich bewirken:
- Kostenkontrolle
- Erfolgsplanung
- Erfolgsermittlung
- Erfolgskontrolle.

Ihrem **Inhalt** nach umfasst die Grenzplankostenrechnung:

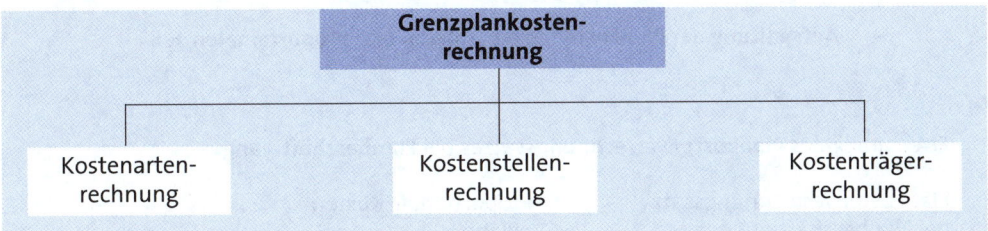

## 3.1 Kostenartenrechnung

In der Kostenartenrechnung erfolgt die Planung der verschiedenen Kosten, insbesondere als Materialkosten, Personalkosten, Maschinenkosten und Werkzeugkosten, wie sie für die flexiblen Plankostenrechnung dargestellt wurde.

Wichtig ist, dass eine **Kostenauflösung** in fixe und proportionale Teile durchgeführt werden muss, die in der Kostenartenrechnung erfolgen kann oder aber erst in der Kostenstellenrechnung.

## 3.2 Kostenstellenrechnung

Die Planung der Gemeinkosten pro Kostenstelle geschieht bereits in der Kostenartenrechnung. Sie muss sich bei der Grenzplankostenrechnung **nicht** auf einen **bestimmten Beschäftigungsgrad** beziehen, weil (spätestens) in der Kostenstellenrechnung eine Aufschlüsselung in fixe und proportionale Kosten erfolgt.

Die beiden wesentlichen **Elemente** der Kostenstellenrechnung sind:
- **Soll-Ist-Vergleich**
- **Fixkosten-Analyse.**

### 3.2.1 Soll-Ist-Vergleich

Der Soll-Ist-Vergleich innerhalb der Grenzplankostenrechnung wird ähnlich wie bei der flexiblen Plankostenrechnung durchgeführt, jedoch **ohne** Einbeziehung der **fixen Kosten**, die in das Betriebsergebnis übernommen werden. Bei ihm gibt es – wie bereits festgestellt – **keine Beschäftigungsabweichung**, da die verrechneten Plankosten den Sollkosten entsprechen.

Um die Verbrauchsabweichung ermitteln zu können, sind folgende **vorbereitende Schritte** notwendig:

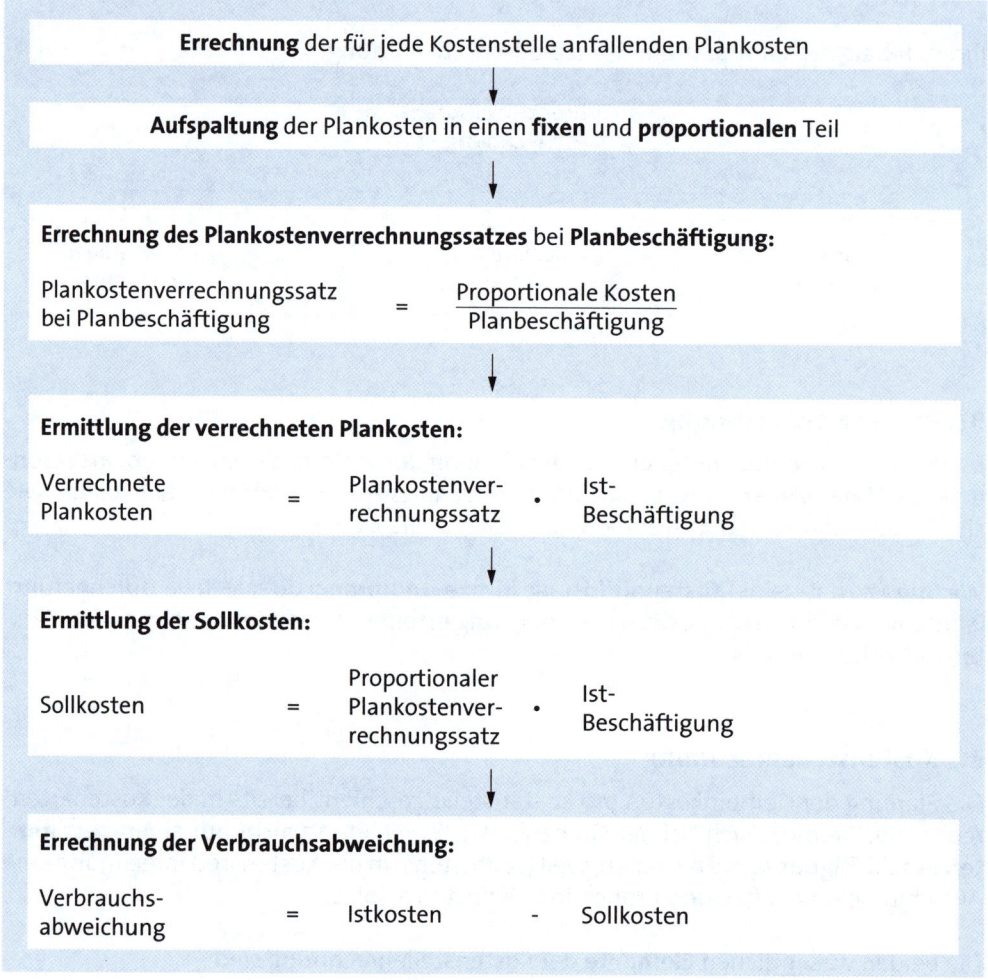

## Beispiel

|  | Gesamtbeträge | Fixe Kosten | Proportionale Kosten |
|---|---|---|---|
| Planbeschäftigung | 10.000 Std. | - | - |
| Plankosten | 60.000 € | 20.000 € | 40.000 € |
| Istbeschäftigung | 8.000 Std. | - | - |
| Istkosten | 40.000 € | 20.000 € | 20.000 € |

Plankostenverrechnungssatz = $\frac{40.000}{10.000}$ = 4 €/kg

Sollkosten = 4 · 8.000 = 32.000 €

**Verbrauchsabweichung** = 20.000 - 32.000 = **-12.000 €**

### 3.2.2 Fixkosten-Analyse

Zusätzlich zu dem Soll-Ist-Vergleich wird oft eine Unterteilung der fixen Kosten der einzelnen Kostenstellen in Nutzkosten und Leerkosten durchgeführt:

- **Nutzkosten** oder **Arbeitskosten** sind jene Fixkosten, die im Rahmen der aktiven Betriebstätigkeit anfallen.
- **Leerkosten** sind Fixkosten, die entstehen, obgleich keine Produktion erfolgt.

Die Berechnung von Nutzkosten und Leerkosten wurde bereits im Kapital A. erläutert – siehe S. 40.

## Beispiel

|  | Gesamtbeträge | Fixe Kosten | Proportionale Kosten |
|---|---|---|---|
| Planbeschäftigung | 10.000 Std. | - | - |
| Plankosten | 60.000 € | 20.000 € | 40.000 € |
| Istbeschäftigung | 8.000 Std. | - | - |
| Istkosten | 40.000 € | 20.000 € | 20.000 € |

Nutzkosten = $\frac{8.000}{10.000}$ · 20.000 = **16.000 €**

Leerkosten = 20.000 - 16.000 = **4.000 €**

## 3.3 Kostenträgerrechnung

Die Kostenträgerrechnung erfolgt als:

- **Kostenträgerzeitrechnung**, die sich dadurch auszeichnet, dass die fixen Kosten – wie auch die kostenstellenbedingten Abweichungen – nicht den einzelnen Kostenträgern zugerechnet werden, sondern das Betriebsergebniskonto als Block belasten. In diesem Falle werden nur die variablen Kosten den einzelnen Kostenträgern zugerechnet.

- **Kostenträgerstückrechnung** im Sinne der Plankalkulation, die auf der Grundlage der Grenzkosten erfolgt. Die Kalkulationssätze werden danach nur bezüglich der proportionalen Plankosten ermittelt.

Die **fixen Kosten** werden in der Kalkulation bei der reinen Grenzplankostenrechnung **nicht berücksichtigt**. Sie gelangen bei der Grenzplankostenrechnung direkt auf das Betriebsergebniskonto.

**Aufgabe 40 > Seite 201**

# F. Deckungsbeitragsrechnung

Die Deckungsbeitragsrechnung ist ein Kostenrechnungssystem auf Teilkostenbasis, das aufgrund der **Mängel** entwickelt wurde, die mit den **Kostenrechnungssystemen auf Vollkostenbasis** verbunden sind:

- **Verrechnung aller Kosten** nach ihrer Erfassung auf die Kostenträger, wobei lediglich eine Unterscheidung von Einzelkosten und Gemeinkosten erfolgt, nicht jedoch eine Trennung der Kosten in fixe und variable Kosten.
- **Proportionalisierung der fixen Kosten** aufgrund der fehlenden Aufteilung der Kosten in fixe und variable Bestandteile, da die fixen Kosten ebenfalls proportional auf die Kostenträger umgelegt werden.
- Das bedeutet, dass umso **mehr fixe Kosten** auf die Kostenträger verteil werden, je höher die Einzelkosten als Bezugsgröße zur Verteilung der Gemeinkosten im Betriebsabrechnungsbogen sind.
- Die Vorgehensweise **widerspricht** dem **Verursachungsprinzip**, was dazu führt, dass die Stückkosten der einzelnen Kostenträger nicht der tatsächlichen Kostensituation im Unternehmen entsprechen.
- Die Folge können **Fehlentscheidungen** des Unternehmens sein, z. B. im Hinblick auf die Bestimmung von Preisuntergrenzen oder auf die Entscheidung, ob eigen zu fertigen oder fremd zu beziehen ist.

Bei den Kostenrechnungssystemen auf Teilkostenbasis erfolgt **keine Zurechnung** sowohl fixer als auch variabler Kostenbestandteile auf die Kostenträger. Sie vermeiden damit wesentliche Nachteile der Vollkostenrechnungssysteme. Allgemein werden den Kostenrechnungssystemen auf Teilkostenbasis folgende **Aufgaben** zugeschrieben:

- Verbesserung der Erfolgsplanung
- Verbesserung der Erfolgsanalyse
- Verbesserung der absatzpolitischen Entscheidungen
- Verbesserung der Faktorkombination
- Verbesserung der Kostenkontrolle.

Es gibt mehrere **Systeme der Teilkostenrechnung**, die von unterschiedlich definierten Teilkosten ausgehen. Insbesondere sind zu nennen:

- Die **einstufige Deckungsbeitragsrechnung**, die in diesem Kapitel in Grundzügen beschrieben wird. Bei ihr ergibt sich der Deckungsbeitrag:

> Deckungsbeitrag = Erlöse - Variable Kosten

## F. Deckungsbeitragsrechnung

Sie arbeitet mit einem einzigen Fixkostenblock, der als Block in das Betriebsergebnis übernommen wird. Die variablen Kosten werden auf die Kostenträger verrechnet. Die einstufige Deckungsbeitragsrechnung wird auch **Direct Costing** genannt und im Folgenden näher beschrieben.

▶ Die **mehrstufige Deckungsbeitragsrechnung**, die nicht lediglich mit einem einzigen Fixkostenblock arbeitet wie die einstufige Deckungsbeitragsrechnung, sondern mit mehreren – in der betrieblichen Praxis vielfach zwischen zwei und fünf – Fixkostenblöcken, denen die fixen Kosten direkt, d. h. ohne Schlüsselung, zugerechnet werden können. Sie kann im Falle einer umfassenden Differenzierung z. B. folgende fünf **Fixkostenblöcke** umfassen:

| | |
|---|---|
| Erzeugnisfixkosten | Sie lassen sich nicht einer Erzeugniseinheit zurechnen, sondern nur der Gesamtheit aller Produkte einer Erzeugnisart innerhalb einer Periode, z. B. als Kosten für Spezialwerkzeuge, die nur dafür anfallen. |
| Erzeugnisgruppenfixkosten | Sie sind lediglich einer Gruppe von Erzeugnissen zuzuordnen, z. B. als Forschungs- und Entwicklungskosten für mehrere zusammenhängende Produkte gemeinschaftlich. |
| Kostenstellenfixkosten | Sie entstehen in einer bestimmten Kostenstelle und sind weder erzeugnis- noch erzeugnisgruppenorientiert, z. B. das Gehalt eines Meisters. |
| Bereichsfixkosten | Sie können einem Kostenbereich als einer Gruppe von Kostenstellen zugeordnet werden, z. B. als fixe Kosten des gesamten Verwaltungsbereiches. |
| Unternehmensfixkosten | Dabei handelt es sich um Kosten, die anderen zuvor genannten Stufen nicht zurechenbar sind, z. B. als durch die Unternehmensleitung verursachte Kosten. Sie werden auch als **Fixkostenrest** bezeichnet. |

Auf die Leistungseinheiten werden ausschließlich die **direkten Erzeugniskosten** verrechnet. Darunter sind jene Kosten zu verstehen, die unmittelbar durch die Herstellung einer Erzeugniseinheit verursacht werden, d. h. die variablen Fertigungskosten.

Der **Deckungsbeitrag** ergibt sich grundsätzlich:

> Deckungsbeitrag = Erlöse - Variable Kosten - Verschiedene fixe Kosten

Da es bei der mehrstufigen Deckungsbeitragsrechnung – wie gezeigt – mehr Fixkostenblöcke gibt, resultieren daraus in der Kostenträgerrechnung mehrere **unterschiedliche Deckungsbeiträge**. Für die oben aufgeführte Fünfteilung der Fixkostenblöcke kann z. B. gelten:

## F. Deckungsbeitragsrechnung

|   | (Markt)Preis/Stück |
|---|---|
| − | Variable Kosten |
| = | **Deckungsbeitrag I** |
| − | Erzeugnisfixkosten (in % von DB I) |
| = | **Deckungsbeitrag II** |
| − | Erzeugnisgruppenfixkosten (in % von DB II) |
| = | **Deckungsbeitrag III** |
| − | Kostenstellenfixkosten (in % von DB III) |
| = | **Deckungsbeitrag IV** |
| − | Bereichsfixkosten (in % von DB IV) |
| = | **Deckungsbeitrag V** |
| − | Unternehmensfixkosten (in % von DB V) |
| = | **Nettoergbnis** |

Die mehrstufige Deckungsbeitragsrechnung wird auch als **Fixkostendeckungsrechnung** bezeichnet. Sie soll nicht näher ausgeführt werden, siehe ausführlich *Olfert*.

▶ Die **Deckungsbeitragsrechnung mit relativen Einzelkosten**, die eine Produktionsverbundenheit gewährleisten will, indem sie echte Gemeinkosten nicht aufschlüsselt und die fragwürdige Proportionalisierung der fixen Kosten, wie bei anderen Verfahren, vermeidet.

Grundlage dieser Deckungsbeitragsrechnung ist eine **Bezugsgrößenhierarchie** für die Seite der Leistungserstellung und der Leistungsverwertung. Auf der Basis dieser Bezugsgrößenhierarchie ist es möglich, alle Kosten als Einzelkosten zu erfassen, wodurch eine Vielzahl von Aussagemöglichkeiten erreicht werden soll.

Der **Deckungsbeitrag** wird errechnet:

> Deckungsbeitrag = Erlöse − Relative Einzelkosten

Die Deckungsbeitragsrechnung mit relativen Einzelkosten wird grundlegend von *Olfert* dargestellt.

▶ Die **Grenzplankostenrechnung**, die ebenfalls eine Teilkostenrechnung ist, im Gegensatz zu den vorgenannten Systemen jedoch auf der Grundlage von **Plankosten**. Sie wurde – im Rahmen der Plankostenrechnung – bereits im Kapitel E. erörtert.

Nach diesem Überblick soll die Deckungsbeitragsrechnung als einstufiges Verfahren behandelt werden:

| **(Einstufige) Deckungsbeitragsrechnung** | Inhalt |
|---|---|
|  | Anwendung |

# 1. Inhalt

Die einstufige Deckungsbeitragsrechnung wird – wie die beschriebenen Kostenrechnungssysteme auf Vollkostenbasis – als geschlossenes System durchgeführt und umfasst wie diese:

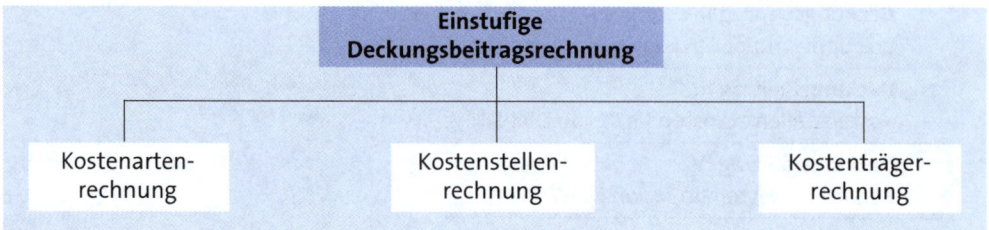

Grundlegende **Merkmale** der einstufigen Deckungsbeitragsrechnung sind:

- Die **Kostenauflösung**, denn die fixen Kosten werden in der gesamten Kostenrechnung von den variablen Kosten, die aus Vereinfachungsgründen als proportional angesehen werden, getrennt gerechnet. **Verfahren** der Kostenauflösung wurden in Kapitel A. beschrieben, siehe S. 45 f.

  Durch die Kostenauflösung ist eine Unterscheidung in **Kosten der Erzeugnisse** als variable Kosten und **Kosten der Rechnungsperiode** bzw. **Kosten der Betriebsbereitschaft** als fixe Kosten möglich.

- Die **Kostenverrechnung auf die Erzeugnisse**, denn auf die Erzeugnisse werden nur die Einzelkosten als variable Kosten und die variablen Teile der Gemeinkosten verrechnet.

- Die **retrograde Erfolgsermittlung**, bei der zunächst der Brutto-Deckungsbeitrag errechnet wird, indem von den Erzeugniserlösen die variablen Kosten abgezogen werden. Der **Erfolg** ergibt sich dann durch Subtraktion der fixen Kosten vom Brutto-Deckungsbeitrag.

## 1.1 Kostenartenrechnung

Die Kostenartenrechnung der einstufigen Deckungsbeitragsrechnung unterscheidet sich nicht wesentlich von den Kostenartenrechnungen anderer Kostenrechnungssysteme.

Die **Kostenaufspaltung** kann bereits in der Kostenartenrechnung oder aber erst in der Kostenstellenrechnung erfolgen. Sie ist nicht immer einfach, denn außer den eindeutig fixen und unzweifelhaft variablen Kosten gibt es **semivariable Kosten** als Mischkosten, die sowohl fixe als auch variable Kostenbestandteile beinhalten.

## 1.2 Kostenstellenrechnung

Die Kostenstellenrechnung der einstufigen Deckungsbeitragsrechnung weist im Vergleich zu anderen Kostenrechnungssystemen ebenfalls nur geringe Unterschiede auf. Abweichungen ergeben sich daraus, dass **nur die variablen Kosten** auf die betrieblichen Leistungen **verrechnet** werden.

Nach Möglichkeit sollten die Kostenstellen so gebildet werden, dass sie sich auf eine Produktart oder zumindest auf bestimmte Erzeugnisgruppen beziehen. Für die Verrechnung der **Gemeinkosten** in der Kostenstellenrechnung gilt:

▶ Hier muss das schwierige Problem der Verrechnung der **variablen Teile** der Gemeinkosten auf die Kostenträger gelöst werden. Dazu sind geeignete Maßgrößen erforderlich, die möglichst der Kostenverursachung entsprechen sollten.

▶ Die **fixen Teile** der Gemeinkosten werden innerhalb der Kostenstellenrechnung nur denjenigen Kostenstellen zugeordnet, die sie verursacht haben. Da sie in die Kostenträgerrechnung nicht übernommen werden, erübrigt sich sowohl die Umlage fixer Gemeinkosten vorgelagerter auf nachgelagerte Kostenstellen als auch die Bestimmung von Maßgrößen.

**Beispiel**

Sofern die Kostenauflösung bereits in der Kostenartenrechnung erfolgt ist, weist der BAB folgende Grundstruktur auf:

| Kostenarten \ Kostenstellen | Kosten der Betriebsbuchhaltung | Kostenstellen | | | | | | | | Erzeugnisgruppen | | |
|---|---|---|---|---|---|---|---|---|---|---|---|---|
| | | A | B | C | D | E | F | G | H | I | II | III |
| Variable Einzelkosten | | | | | | | | | | | | |
| Variable Gemeinkosten | | | | | | | | | | | | |
| Fixe Kosten | | | | | | | | | | | | |

## 1.3 Kostenträgerrechnung

Die Kostenträgerrechnung weist gegenüber den übrigen Kostenrechnungssystemen grundlegende **Unterschiede** auf, sowohl bei der Kostenträgerzeitrechnung als auch bei der Kostenträgerstückrechnung:

▶ Die Zurechnung der Gemeinkosten in der **Kostenträgerzeitrechnung** erfolgt nach dem Prinzip der Kostenverursachung. Es werden nur diejenigen Kosten dem jeweiligen Erzeugnis zugerechnet, die es verursacht oder die durch seine Produktion zusätzlich entstehen. Diese Kosten sind die variablen Kosten.

## F. Deckungsbeitragsrechnung | 1. Inhalt

Neben der Kostenseite sind innerhalb der Kostenträgerzeitrechnung auch die Erlöse zu betrachten. Allgemein ergibt sich das **Nettoergebnis** als Betriebserfolg aus der Grundgleichung:

$$\text{Nettoergebnis} = x \cdot (P - k_v) - K_f$$

P = Verkaufspreis der Erzeugnisse (€/Stück)

$k_v$ = Variable Stückkosten (€/Stück)

$K_f$ = Gesamte fixe Kosten (€/Periode)

x = Produzierte Menge einer Produktart (Stück/Periode)

Die **Betriebsergebnisrechnung** als Jahreserfolgsrechnung oder als kurzfristige Erfolgsrechnung kann grundsätzlich wie folgt aufgebaut sein:

|  | Summe | Erzeugnisgruppe | | |
|---|---|---|---|---|
|  |  | 1 | 2 | 3 |
| **Bruttoerlöse** |  |  |  |  |
| - Erlöskorrekturen |  |  |  |  |
| = Nettoergebnis |  |  |  |  |

|  |  |  |  |  |
|---|---|---|---|---|
| Variable Einzelkosten der Fertigung |  |  |  |  |
| + Variable Gemeinkosten der Fertigung |  |  |  |  |
| - Bestandsmehrungen |  |  |  |  |
| + Bestandsminderungen |  |  |  |  |
| = **Variable Kosten der umgesetzten Leistung** |  |  |  |  |
| + Variable Einzelkosten des Vertriebs |  |  |  |  |
| = **Variable Kosten** |  |  |  |  |

|  |
|---|
| **Nettoerlöse** |
| - Variable Kosten |
| = **Brutto-Deckungsbeitrag** |
| - Fixe Kosten der Periode |
| = **Nettoergebnis** |

▶ Bei der **Kostenträgerstückrechnung** ergibt sich das Problem, dass in der Kostenträgerzeitrechnung lediglich die variablen Kosten auf die Erzeugnisse verrechnet werden, aber auch eine Deckung der fixen Kosten angestrebt werden muss, wenn Gewinn erzielt werden soll. Die **Brutto-Deckungsbeiträge** sind auf die verschiedenen Erzeugnisse nicht genau zurechenbar, was die Kalkulation von Stückgewinnen beträchtlich erschwert.

Die **Kalkulation** erfolgt bei der einstufigen Deckungsbeitragsrechnung mithilfe von Brutto-Deckungszuschlägen. Das können sein:

- **Absolute Brutto-Deckungszuschläge,** bei denen sich der Angebotspreis wie folgt ergibt:

$$P = \frac{K_v + DB}{x}$$

P = Angebotspreis (€/Stück)

$K_v$ = Variable Kosten der Periode bzw. umgesetzten Leistung (€/Periode)

DB = Deckungsbeitrag der Periode bzw. umgesetzten Leistung (€/Periode)

x = Absatzmenge oder Produktionsmenge (Stück/Periode)

**Beispiel**

Die variablen Kosten des Produktes A sind pro Periode 172.000 € und der Brutto-Deckungsbeitrag pro Periode 28.000 €. Die gefertigte und abgesetzte Stückzahl beträgt 100.

$$P = \frac{172.000 + 28.000}{100} = \mathbf{2.000\ €/Stück}$$

- **Relative Brutto-Deckungszuschläge,** bei denen die Kalkulation derart erfolgt, dass die variablen Gemeinkosten als prozentualer Zuschlag auf die variablen Einzelkosten verrechnet werden – siehe dazu ausführlich *Olfert*.

**Aufgabe 41 > Seite 201**

## 2. Anwendung

Die einstufige Deckungsbeitragsrechnung lässt sich für eine Reihe von betrieblichen **Entscheidungssituationen** gut einsetzen. Das sind vor allem:

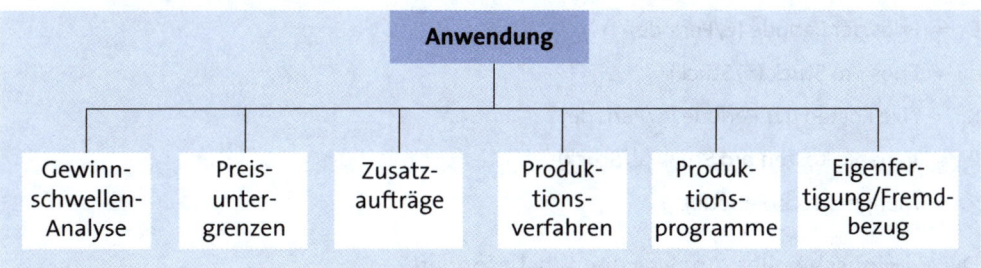

## 2.1 Gewinnschwellen-Analyse

Die Aufteilung der Gesamtkosten in fixe und variable Kosten ermöglicht eine gewinnorientierte Betrachtung des Unternehmens. Dazu dient die Gewinnschwellen-Analyse, die auch als **Break-even-Analyse** bezeichnet wird. Mit ihrer Hilfe lassen sich die Beziehungen darstellen zwischen:

- Umsatz
- Kosten
- Gewinn
- Beschäftigung.

Bei linearem Gesamtkostenverlauf, gleichbleibenden fixen Kosten und konstanten Preisen ergibt sich die **Gewinnschwelle** bzw. der **Break-even-Point** grafisch:

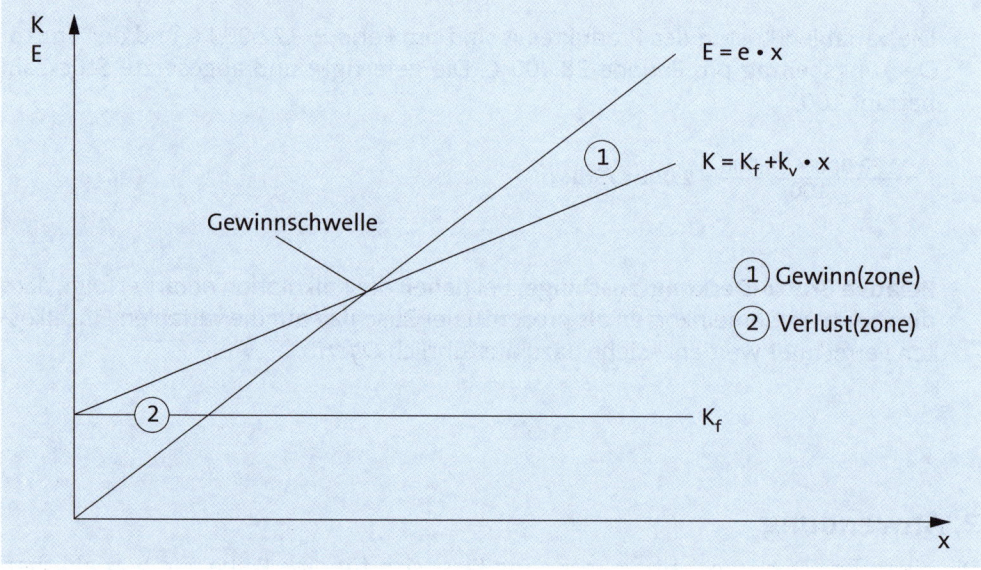

- K = Gesamte Kosten der Periode (€/Periode)
- E = Erlös der Periode (€/Periode)
- e = Erlös pro Stück (€/Stück)
- $K_f$ = Fixe Kosten der Periode (€/Periode)
- $k_v$ = Variable Kosten pro Stück (€/Stück)
- x = Menge (Stück/Periode)

Die Gewinnschwellen-Analyse dient insbesondere:

- Der **Ermittlung der Gewinnschwelle**, bei der die gesamten Kosten gleich den Erlösen sind. Sie liegt im Schnittpunkt der E-Kurve mit der K-Kurve, wie aus der Grafik zu ersehen ist. Grundsätzlich müssen zum Zwecke der Berechnung unterschieden werden:

- **Ein-Produkt-Unternehmen,** bei denen die Gewinnschwelle relativ einfach zu ermitteln ist. Sie stellt den Betrag dar, bei welchem der Gesamt-Deckungsbeitrag gerade ausreicht, die fixen Kosten der Periode zu decken:

$$DB = K_f$$

$$db \cdot x = K_f$$

$$x = \frac{K_f}{db}$$

db = Deckungsbeitrag pro Stück (€/Stück)
DB = Deckungsbeitrag der Periode (€/Periode)
x = Gewinnschwelle, kritische Menge, Break-even-Point (Stück/Periode)

**Beispiel**

Ein Unternehmen stellt eine Produktart her. Die variablen Kosten pro Stück betragen 52,50 €, die fixen Kosten pro Quartal 312.000 €. Die Produkte werden für 114,90 €/Stück verkauft.

Deckungsbeitrag pro Stück:   $db = e - k_v$
  $db = 114{,}90 - 52{,}50 =$ **62,40 €/Stück**

Deckungsbeitrag (als Quartal):   $DB = K_f$
  $DB =$ **312.000 €/Quartal**

Gewinnschwelle:   $x = \frac{K_f}{db}$
  $x = \frac{312.000}{62{,}40} =$ **5.000 Stück/Quartal**

- Schwieriger ist es, die Gewinnschwelle bei **Mehr-Produkt-Unternehmen** festzustellen. Sie ist erreicht, wenn die gesamten Erlöse der einzelnen Produktarten insgesamt gerade die gesamten Kosten decken, die für diese Produktarten entstehen.

  Bei Mehr-Produkt-Unternehmen liegt das **Problem** für die Errechnung der Gewinnschwelle darin, dass eine Vielzahl von Kombinationen im Hinblick auf die Absatzmengen der einzelnen Produkte möglich ist, die zur Deckung der gesamten Kosten führen kann – siehe ausführlich *Olfert*.

## Aufgabe 42 > Seite 201

▶ Auch die **Planung des Gewinnes** ist mithilfe der Gewinnschwellen-Analyse möglich. Sie hilft dem Unternehmen zum einen festzustellen, wo es sich gewinnbezogen befindet. Zum anderen ist es ihm möglich, einen erwarteten (Mindest-) Gewinn pro Periode anzusetzen.

Wie bei der Ermittlung der Gewinnschwelle gilt:

- Beim **Ein-Produkt-Unternehmen** ergibt sich die notwendigerweise abzusetzende Produktmenge rechnerisch in folgender Weise:

$$x = \frac{K_f + G}{db}$$

| | | |
|---|---|---|
| x | = | Menge (Stück/Periode) |
| $K_f$ | = | Fixe Kosten der Periode (€/Periode) |
| G | = | Gewinn (€/Periode) |
| db | = | Deckungsbeitrag pro Stück (€/Stück) |

**Beispiel**

Ein Unternehmen stellt eine Produktart her. Die variablen Kosten pro Stück betragen 52,50 €, die fixen Kosten pro Quartal 312.000 €. Die Produkte werden für 114,90 €/Stück verkauft. Es wird ein Gewinn pro Quartal in Höhe von 62.400 € geplant.

Die notwendigerweise im Quartal abzusetzende Produktmenge umfasst:

$$x = \frac{K_f + G}{db}$$

$$x = \frac{312.000 + 62.400}{62,40} = \textbf{6.000 Stück/Quartal}$$

- Beim **Mehr-Produkt-Unternehmen** ist differenzierter vorzugehen – siehe ausführlicher *Olfert*.

**Aufgabe 43 > Seite 202**

## 2.2 Preisuntergrenzen

Die Preisuntergrenze gibt den **Angebotspreis als Netto-Verkaufspreis** an, den ein Unternehmen mindestens fordern muss, um überleben zu können. Sie soll erläutert werden als:

▶ **kostenorientierte Preisuntergrenze**

▶ **erfolgsorientierte Preisuntergrenze.**

Darüber hinaus wird vielfach auch noch die **liquiditätsorientierte Preisuntergrenze** unterschieden – siehe ausführlich *Olfert*.

## 2.2.1 Kostenorientierte Preisuntergrenze

Die kostenorientierte Preisuntergrenze kann im Rahmen der einstufigen Deckungsbeitragsrechnung für ein **Ein-Produkt-Unternehmen** ermittelt werden. Sie soll dabei aber lediglich als Information dienen, die das Management bei seiner Entscheidung unterstützen soll.

Die wie hier errechnete kostenrechnerische Preisuntergrenze kann durch markt- und liquiditätspolitische Erfordernisse überlagert werden. Nach der **Fristigkeit** der jeweiligen Entscheidung lassen sich nennen:

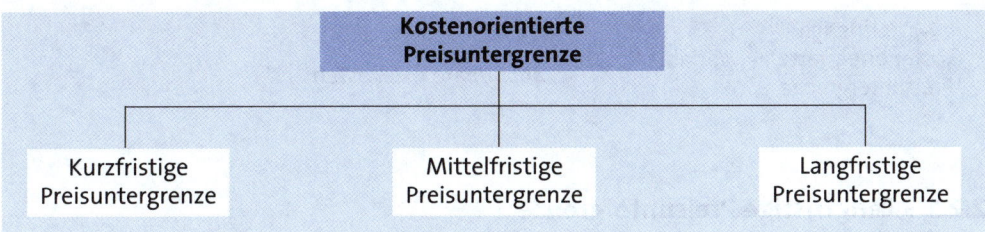

### 2.2.1.1 Kurzfristige Preisuntergrenze

Die kurzfristige Preisuntergrenze liegt kostenrechnerisch bei den durch das Produkt verursachten **variablen Kosten** pro Stück eines Erzeugnisses:

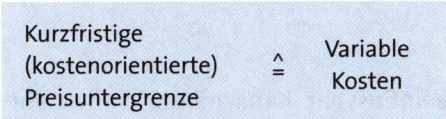

Da die fixen Kosten nicht kurzfristig als abbaubar anzusehen sind und damit in jedem Fall entstehen, wäre es gleichgültig, ob produziert und mit einem Preis verkauft wird, der den variablen Kosten entspricht oder ob nicht produziert wird. Jeder Preis, der diese Grenze überschreitet, trägt dazu bei, die in jedem Falle entstehenden Fixkosten abzudecken.

**Beispiel**

Es wird eine Produktart gefertigt. Für die letzten 12 Monate ergaben sich folgende Daten:

- Fertigungs-/Absatzmenge: 6.000 Stück/Monat
- Preis: 220 €/Stück
- Variable Kosten: 720.000 €/Monat
- Fixe Kosten: 180.000 €/Monat

In diesem Monat zeigt sich ein Absatzrückgang um 1.000 Stück, der voraussichtlich die nächsten zwei bis drei Monate wegen vorübergehender Liquiditätsprobleme eines Großabnehmers anhalten dürfte. Die Geschäftsleitung will wissen, wo der niedrigst vertretbare Preis für diesen Übergangszeitraum liegt.

**F. Deckungsbeitragsrechnung** | 2. Anwendung

Die kurzfristige kostenorientierte Preisuntergrenze liegt in Höhe der variablen Kosten pro Stück, das sind 720.000 : 6.000 = **120 €/Stück**.

### 2.2.1.2 Mittelfristige Preisuntergrenze

Die mittelfristige Preisuntergrenze liegt kostenrechnerisch in Höhe der **variablen Kosten** und jener fixen Kosten, die **mittelfristig beeinflussbar** sind.

> Mittelfristige (kostenorientierte) Preisuntergrenze $\hat{=}$ Variable Kosten + Mittelfristig abbaubare fixe Kosten

### 2.2.1.3 Langfristige Preisuntergrenze

Die langfristige Preisuntergrenze umfasst kostenrechnerisch nicht nur die **variablen Kosten** der Produktart, sondern es sind auch die **fixen Kosten** über die Umsatzerlöse zu decken:

> Langfristige (erfolgsorientierte) Preisuntergrenze $\hat{=}$ Variable Kosten + Fixe Kosten

Schließlich sind die fixen Kosten langfristig beeinflussbar, Kapazitäten können auf- und abgebaut sowie rationeller gestaltet werden. Je länger die Planungsperiode ist, umso mehr Fixkosten lassen sich einer Erzeugniseinheit zurechnen. Somit steigt die Preisuntergrenze mit wachsendem Zeithorizont der Planung, denn über lange Frist sind alle Kosten variabel.

#### Beispiel

Entgegen der Annahme im vorangegangenen Beispiel ist davon auszugehen, dass der Absatzrückgang in den nächsten Jahren absatzmäßig nicht aufgefangen werden kann. Die langfristige kostenbestimmte Preisuntergrenze beträgt:

$k_v$ = 720.000 : 6.000 bzw. 600.000 : 5.000 = 120 €/Stück
$k_f$ = 180.000 : 5.000 = 36 €/Stück
**Preisuntergrenze** 156 €/Stück

**Aufgabe 44 > Seite 202**

## 2.2.2 Erfolgsorientierte Preisuntergrenze

Die Preisuntergrenze bei **Mehr-Produkt-Unternehmen** ist erfolgsorientiert festzustellen. Dabei genügt es nicht mehr – wie bei der kostenorientierten Preisuntergrenze – eine Produktart allein und isoliert zu betrachten, sondern es müssen die **Auswirkungen** berücksichtigt werden, die Veränderungen bei einer Produktart auf die übrigen Produktarten und damit auf den gesamten Erfolg des Unternehmens haben. Zu unterscheiden sind:

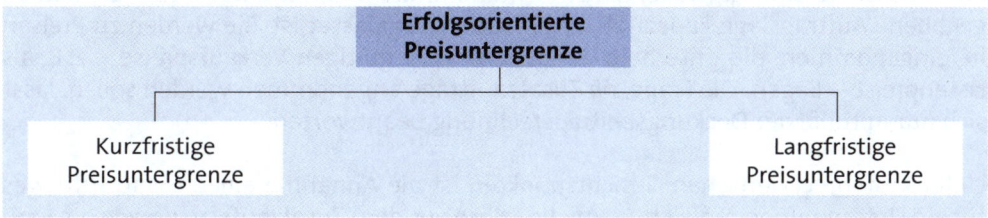

### 2.2.2.1 Kurzfristige Preisuntergrenze

Die kurzfristige erfolgsorientierte Preisuntergrenze liegt für Unternehmen **ohne Engpässe**, d. h. nicht ausgelastete Unternehmen, in Höhe der variablen Kosten:

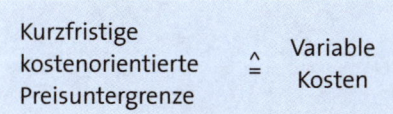

Bei der Ermittlung der kurzfristigen erfolgsorientierten Preisuntergrenze für Unternehmen **mit Engpässen** kommen zu den variablen Kosten noch Opportunitätskosten hinzu – siehe *Olfert*.

### 2.2.2.2 Langfristige Preisuntergrenze

Die langfristige erfolgsorientierte Preisuntergrenze umfasst – wie bei der kostenorientierten Preisuntergrenze – sowohl die **variablen** als auch die **fixen Kosten**:

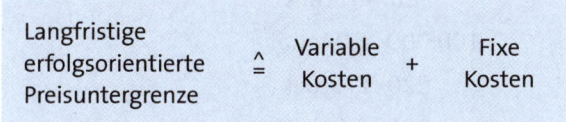

Bei dieser langfristigen Preisuntergrenze kann die Produktion fortgesetzt werden, ohne dass auf Ersatzinvestitionen verzichtet bzw. Personal abgebaut werden muss.

## 2.3 Zusatzaufträge

Während bei der Festlegung der Preisuntergrenzen davon ausgegangen wurde, dass die vom Unternehmen angebotenen Produkte den Abnehmern zu einem im Wesentlichen gleichen Preis angeboten werden, sind Zusatzaufträge dadurch gekennzeichnet, dass sie für bestimmte Abnehmer zu **unterschiedlich hohen Preisen** kalkuliert werden.

Zusatzaufträge sind Aufträge, die ein Unternehmen annimmt, das durch die aktuell gegebene Auftragslage kapazitätsmäßig **nicht ausgelastet** ist. Sie werden zu Preisen hereingenommen, die unterhalb der gegenwärtig gültigen Verkaufspreise – z. B. als Listenpreise – liegen. Die Frage, *ob* Zusatzaufträge angenommen werden sollen, lässt sich nur mithilfe der Deckungsbeitragsrechnung beantworten.

Unter kostenrechnerischen Gesichtspunkten ist die Annahme eines Zusatzauftrages für ein Unternehmen möglich, wenn die **Erlöse** aus dem Zusatzauftrag gerade die **variablen Kosten** des Zusatzauftrages **decken**, denn die fixen Kosten sind bereits durch die Erlöse aus der bisher laufenden Fertigung gedeckt, sodass der Zusatzauftrag lediglich noch variable Kosten bewirkt.

Übersteigen die Erlöse aus dem Zusatzauftrag die variablen Kosten des Zusatzauftrages, ist die **Annahme des Zusatzauftrages** kostenrechnerisch grundsätzlich stets **vorteilhaft**. Das bedeutet:

$$\text{Deckungsbeitrag des Zusatzauftrages} > 0$$

In diesem Zusammenhang ist darauf hinzuweisen, dass mit der Hereinnahme des Zusatzauftrages **darüber hinaus anfallende Kosten**, z. B. als einmalig anfallende Kosten für kundenbedingte Anpassungsmaßnahmen, bei der Berechnung der Vorteilhaftigkeit des Zusatzauftrages entsprechend zu berücksichtigen sind.

### Beispiel

Ein Unternehmen fertigt zwei Produkte. Für den laufenden Monat gelten folgende Daten:

- Variable Kosten: 80 €/Stück
- Fixe Kosten: 100.000 €/Monat
- Erlös: 220 €/Stück
- Fertigungs-/Absatzmenge: 800 Stück/Monat
- Fertigungskapazität: 1.400 Stück/Monat

Es besteht die Möglichkeit, 200 weitere Produkte zum Preis von 180 €/Stück abzusetzen.

**Erfolg *ohne* Zusatzauftrag**

| | | |
|---|---|---|
| Erlös | | |
| 800 • 220 | = | 176.000 |
| - Variable Kosten | | |
| 800 • 80 | = | 64.000 |
| = **Deckungsbeitrag** | | **112.000** |
| - Fixkosten | | 100.000 |
| = **Gewinn** | | **12.000** |

**Erfolg *mit* Zusatzauftrag**

| | | |
|---|---|---|
| Erlös | | |
| 800 • 220 + 200 • 180 | = | 212.000 |
| - Variable Kosten | | |
| 1.000 • 80 | = | 80.000 |
| = **Deckungsbeitrag** | | **132.000** |
| - Fixkosten | | 100.000 |
| = **Gewinn** | | **32.000** |

Die Berechnung zeigt, dass es vorteilhaft ist, den Zusatzauftrag anzunehmen.

**Aufgabe 45 > Seite 202**

## 2.4 Optimale Produktionsverfahren

Ein Unternehmen sollte bestrebt sein, seine Produkte **kostenminimal** zu **fertigen**. Um dies zu erreichen, muss es nach dem bzw. den optimalen Produktionsverfahren suchen. Dies geschieht grundsätzlich dadurch, dass die bei alternativen Produktionsanlagen anfallenden Kosten miteinander verglichen werden, wobei die Optimierung von Produktionsverfahren erfolgen kann als:

▶ **kurzfristige Optimierung**
▶ **langfristige Optimierung**.

### 2.4.1 Kurzfristige Optimierung

Um das Produktionsverfahren kostenminimal zu gestalten, bleibt kurzfristig häufig nur die Möglichkeit, bei mangelnder Auslastung der Produktionsanlagen diejenigen Produktionsanlagen stärker zu belegen, welche die geringeren Kosten verursachen.

## F. Deckungsbeitragsrechnung | 2. Anwendung

Beim Vergleich vorhandener Produktionsanlagen ist zunächst zu beachten, ob das Auswahlproblem ohne die Berücksichtigung von Engpässen zu lösen ist. Liegt **kein Engpass** vor, sind diejenigen Produktionsanlagen zu nutzen, welche die geringsten variablen Kosten pro Stück verursachen bzw. den **höchsten Deckungsbeitrag** bewirken.

### Beispiel

Ein Unternehmen fertigt ein Erzeugnis auf zwei Maschinen, einer neueren Maschine A und einer älteren Maschine B.

|   |   | Maschine A | Maschine B |
|---|---|---|---|
| Kapazität | Stück/Monat | 10.000 | 8.000 |
| Fertigungs-/Absatzmenge | Stück/Monat | 10.000 | 8.000 |
| Variable Kosten | €/Stück | 2,50 | 3,50 |
| Fixe Kosten | €/Monat | 8.000 | 12.000 |
| Verkaufspreis | €/Stück | 5,50 | 5,50 |

Es ist mit einem Rückgang der Nachfrage um 2.000 Stück/Monat zu rechnen.

Daraus ergibt sich:

|   |   | Maschine A | Maschine B |
|---|---|---|---|
|   Erlöse | €/Stück | 5,50 | 5,50 |
| - Variable Kosten | €/Stück | 2,50 | 3,00 |
| = **Deckungsbeitrag** | €/Stück | **3,00** | **2,50** |

Danach ist Maschine A weiter voll zu belegen, während die 2.000 Stück/Monat bei Maschine B zurückgenommen werden. Auf diese Weise liegt der Gesamt-Deckungsbeitrag – und somit bei Berücksichtigung aller fixen Kosten auch der Periodenerfolg – um 1.000 € höher, als wenn Maschine B ausgelastet würde:

| Alternative I: | Maschine A unverändert | 3,00 · 10.000 | = | 30.000 |
|---|---|---|---|---|
|   | Maschine B vermindert | 2,50 · 6.000 | = | 15.000 |
|   | **Deckungsbeitrag** |   |   | **45.000** |
| Alternative II: | Maschine A vermindert | 3,00 · 8.000 | = | 24.000 |
|   | Maschine B unverändert | 2,50 · 8.000 | = | 20.000 |
|   | **Deckungsbeitrag** |   |   | **44.000** |

Die kurzfristige Optimierung der Produktionsverfahren ist auch bei Vorliegen **eines** oder **mehrerer Engpässe** durchführbar – siehe ausführlich *Olfert*.

### Aufgabe 46 > Seite 203

## 2.4.2 Langfristige Optimierung

Um das Produktionsverfahren kostenminimal zu gestalten, sind bei langfristiger Betrachtung die alternativen Produktionsanlagen zu untersuchen, die für eine Beschaffung in Betracht kommen. Die Vorteilhaftigkeit der einzelnen Produktionsverfahren kann anhand verschiedener Entscheidungskriterien ermittelt werden.

Als **kostenrechnerische Ansätze** bieten sich an:

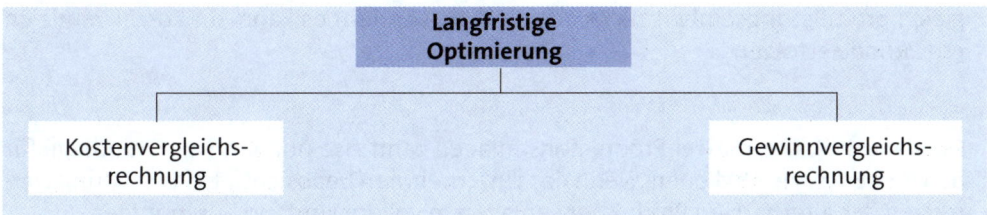

Da beide Verfahren statisch sind und betriebliche Interdependenzen nicht berücksichtigen, wird ihre Aussagekraft häufig kritisiert und empfohlen, dynamische **investitionsrechnerisch** orientierte Verfahren einzusetzen wie die Kapitalwertmethode und die Annuitätenmethode – siehe ausführlich *Olfert*.

### 2.4.2.1 Kostenvergleichsrechnung

Die Kostenvergleichsrechnung kann eingesetzt werden, um das optimale Produktionsverfahren zu ermitteln. Danach ist die Produktionsanlage zu wählen, die geringere bzw. geringste Kosten verursacht.

Die **Erlöse**, die durch die Produktionsanlagen verursacht werden, bleiben bei der Kostenvergleichsrechnung **unberücksichtigt**. Das bedeutet, dass gleich hohe Erlöse der zu vergleichenden Investitionsobjekte zu unterstellen sind, um eine Vergleichbarkeit zu gewährleisten.

Als **Kostenvergleiche** sind zu unterscheiden:

- Der **Kostenvergleich pro Periode**, der bei voraussichtlich gleich hohen Leistungen der alternativen Produktionsanlagen nach folgendem Schema erfolgen kann:

|  |  | Produktionsanlage I | Produktionsanlage II |
|---|---|---|---|
| Leistung | Stück/Jahr | … | … |
| Fixe Kosten | €/Jahr | … | … |
| Variable Kosten | €/Jahr | … | … |
| Gesamte Kosten | €/Jahr | … | … |
| **Kostendifferenz I - II** |  | … | |

▶ Der **Kostenvergleich pro Leistungseinheit**, der erforderlich ist, wenn die voraussichtlich genutzte mengenmäßige **Leistung** – nicht die Kapazität – der alternativen Produktionsanlagen **unterschiedlich hoch** ist.

**Beispiel**

Wenn eine Produktionsanlage I eine Kapazität von 20.000 Stück/Jahr, eine Produktionsanlage II dagegen eine Kapazität von 22.000 Stück/Jahr aufweist, aber feststeht, dass in beiden Fällen lediglich 18.000 Stück/Jahr genutzt werden, ist ein Kostenvergleich pro Leistungseinheit nicht erforderlich, sondern es kann ein Kostenvergleich pro Periode erfolgen.

Die Kapazität alternativer Produktionsanlagen kann also nur dann als Grundlage für den Kostenvergleich dienen, wenn das Unternehmen beabsichtigt, das Leistungsvermögen der alternativen Produktionsanlagen in vollem Umfang auszunutzen.

|  |  | Produktionsanlage I | Produktionsanlage II |
|---|---|---|---|
| Leistung | Stück/Jahr | ... | ... |
| Fixe Kosten | €/Jahr | ... | ... |
|  | €/Stück[1] | ... | ... |
| Variable Kosten | €/Jahr | ... | ... |
|  | €/Stück[1] | ... | ... |
| Gesamte Kosten | €/Jahr | ... | ... |
|  | €/Stück[1] | ... | ... |
| **Kostendifferenz I - II** | **€/Jahr** | ... |  |

Um eine Investitionsentscheidung vornehmen zu können, **genügt** der Kostenvergleich pro Periode oder pro Leistungseinheit **häufig nicht**. Das wird besonders dann der Fall sein, wenn die Auslastung der Produktionsanlage nicht als (weitgehend) sicheres Datum anzusehen ist und umso größere Bedeutung haben, je unterschiedlicher fixe und variable Kosten der Produktionsanlage sind bzw. sich entwickeln.

So kann es sein, dass Produktionsanlage I hohe fixe Kosten, aber relativ geringe variable Kosten verursacht, z. B. bei halbautomatischer Fertigung, oder niedrige fixe Kosten relativ hohen variablen Kosten gegenüberstehen, z. B. bei nichtautomatisierter Fertigung.

In den genannten Fällen wird es notwendig sein, die **kritische Auslastung** zu ermitteln, die dadurch gekennzeichnet ist, dass die Kosten der alternativen Produktionsanlagen gleich hoch sind.

---

[1] Kosten pro Stück = Kosten pro Jahr : Leistung pro Jahr

**Beispiel**

Es soll die kritische Auslastung der Produktionsanlage I und II ermittelt werden:

|  |  | Produktionsanlage I | Produktionsanlage II |
|---|---|---|---|
| Fixe Kosten | €/Jahr | 47.000 | 30.000 |
| Variable Kosten | €/Jahr | 295.000 | 326.000 |
| Gesamte Kosten | €/Jahr | 342.000 | 356.000 |
| Kostendifferenz I - II | €/Jahr | - 14.000 | |

Um die Kostengleichungen zu erstellen, sind die variablen Kosten von €/Jahr auf €/Stück umzurechnen:

$K_{fI} + K_{vI} \cdot x = K_{fII} + k_{vII} \cdot x$
$47.000 + 14{,}75\,x = 30.000 + 16{,}30\,x$
$$x = \mathbf{10.968\ \text{Stück/Jahr}}$$

**Grafisch** lässt sich die kritische Auslastung wie folgt darstellen:

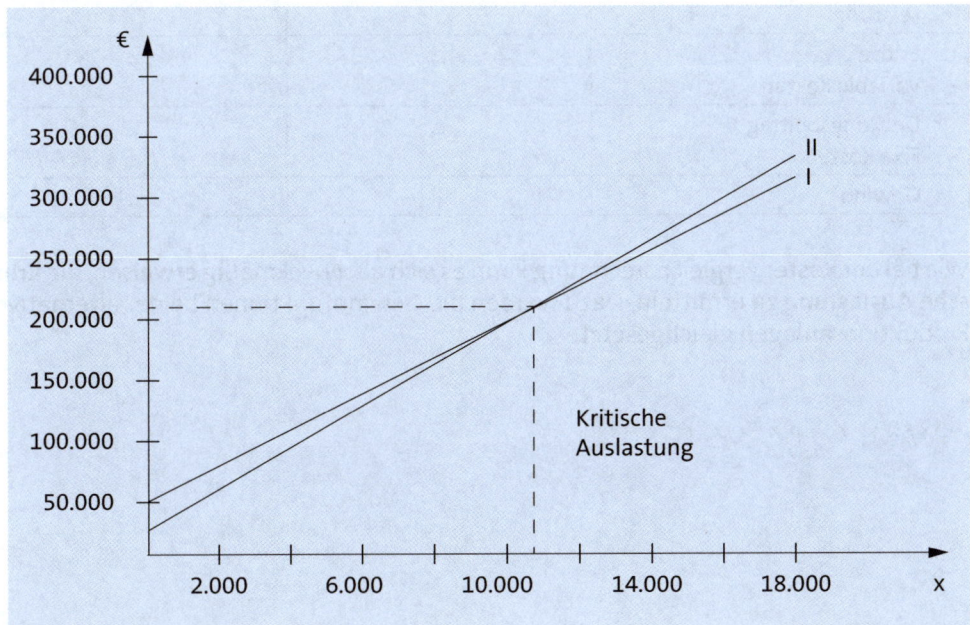

Die Produktionsanlage I ist nur solange das kostengünstigere Verfahren, als die Auslastung der Produktionsanlage über 10.968 Stück/Jahr liegt. Ansonsten ist die Produktionsanlage II vorzuziehen.

## 2.4.2.2 Gewinnvergleichsrechnung

Die Gewinnvergleichsrechnung stellt eine Erweiterung der Kostenvergleichsrechnung durch **Einbeziehung der Erlöse** dar, die – im Gegensatz zu der Annahme bei der Kostenvergleichsrechnung – für die einzelnen Produktionsanlagen unterschiedlich hoch sein können. Als **Gründe** sind zu nennen:

▶ Unterschiede in der qualitativen Leistungsfähigkeit der Produktionsanlagen
▶ Unterschiede in der quantitativen Leistungsfähigkeit der Produktionsanlagen.

Durch die Berücksichtigung der durch die Produktionsanlagen erwirtschafteten Erlöse lässt sich die Vorteilhaftigkeit der Investitionen **besser beurteilen** als bei der Kostenvergleichsrechnung. Denn eine noch so kostengünstige Produktionsanlage muss nicht notwendigerweise auch einen Gewinn erwirtschaften.

Wie bei der Kostenvergleichsrechnung kann die Ermittlung der Vorteilhaftigkeit der alternativen Produktionsverfahren pro Periode oder pro Leistungseinheit erfolgen. Die **Grundstruktur** der tabellarisch durchgeführten Gewinnvergleichsrechnung hat folgendes Aussehen:

|   |   | Produktionsanlage I | Produktionsanlage II |
|---|---|---|---|
|   | Leistung | ... | ... |
|   | Erlöse | ... | ... |
| - | Variable Kosten | ... | ... |
|   | Deckungsbeitrag | ... | ... |
| - | Fixe Kosten | ... | ... |
|   | **Gewinn** | ... | ... |

Wie bei der Kostenvergleichsrechnung kann es sich als zweckmäßig erweisen, die **kritische Auslastung** zu ermitteln. Dazu werden die Gewinnfunktionen beider alternativer Produktionsanlagen gleichgesetzt:

$$p_I x - k_{vI} x - K_{fI} = p_{II} x - k_{vII} x - K_{fII}$$

## Beispiel

Zwei Produktionsanlagen weisen die in der nachfolgenden Tabelle aufgeführten Daten auf:

|  |  | Produktionsanlage I | Produktionsanlage II |
|---|---|---|---|
| Kapazität | Stück/Jahr | 20.000 | 20.000 |
| Erlöse | €/Stück | 18,00 | 18,00 |
| Fixe Kosten | €/Jahr | 32.500 | 29.000 |
| Variable Kosten | €/Jahr | 14,00 | 14,25 |

$$18x - 14x - 32.500 = 18x - 14{,}25x - 29.000$$
$$x = \mathbf{14.000\ Stück/Jahr}$$

**Grafisch** lässt sich die kritische Menge wie folgt darstellen:

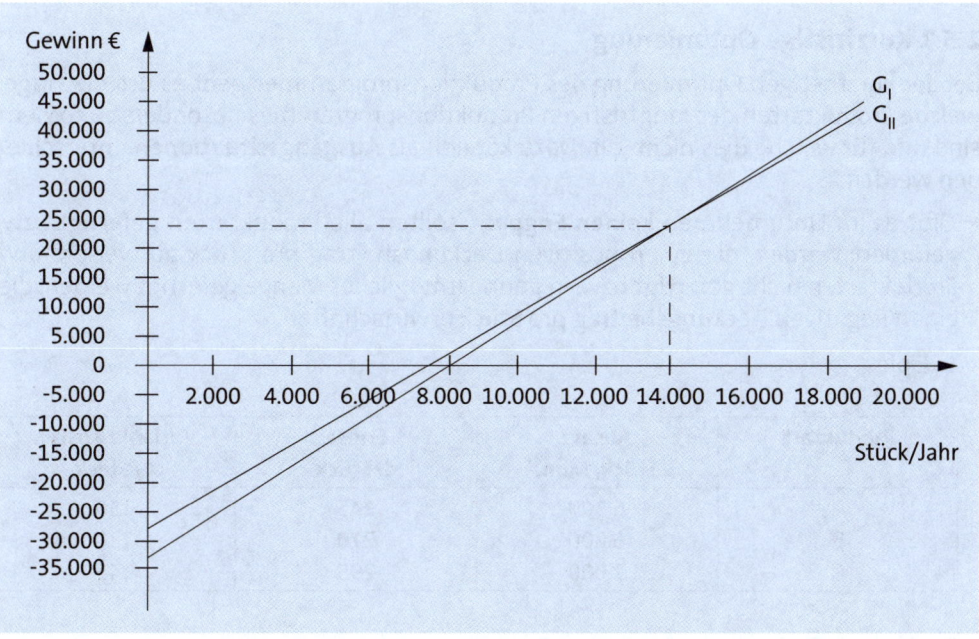

Wie zu erkennen ist, weist die Produktionsanlage I bei einer Auslastung von mehr als 14.000 Stück/Jahr einen höheren Gewinn auf als die Produktionsanlage II, die bei einer Auslastung von weniger als 14.000 Stück/Jahr die Vorteilhaftere ist.

**Aufgabe 47 > Seite 203**

## 2.5 Optimale Produktionsprogramme

Die meisten Unternehmen sind **Mehr-Produkt-Unternehmen**. Damit stehen sie vor der Frage, wie sie ihre Leistungsprogramme gestalten sollen und zwar im Hinblick auf die Arten und die Mengen der anzubietenden Leistungen.

Ein optimales **Produktionsprogramm** in der Industrie – wie auch ein optimales **Sortiment** im Handel – zeichnet sich dadurch aus, dass es einen möglichst hohen Deckungsbeitrag oder Gewinn erzielt. Seine kostenrechnerische Bestimmung kann erfolgen als:

- **kurzfristige Optimierung**
- **langfristige Optimierung**.

Die Optimierung des Produktionsprogrammes sollte sich nicht nur an den **Produktionsgegebenheiten** orientieren, z. B. indem Kapazitätsengpässe beseitigt werden, um alle Produktarten in hoher Stückzahl fertigen zu können. Vielmehr muss auch eine Ausrichtung an den **Absatzmöglichkeiten** erfolgen.

### 2.5.1 Kurzfristige Optimierung

Bei der kurzfristigen Optimierung des Produktionsprogrammes geht es um die Frage, welche Produktarten des langfristigen Produktionsprogrammes besonders zu fördern sind und für welche dies nicht gilt. Dazu können als **Ausgangssituationen** unterschieden werden:

- Gibt es im Unternehmen **keinen Engpass**, sollten alle Produktarten gefertigt bzw. gefördert werden, die einen positiven Deckungsbeitrag pro Stück aufweisen, und Produktarten nicht gefertigt bzw. in geringstmöglicher Menge gefertigt werden, die einen negativen Deckungsbeitrag pro Stück erwirtschaften.

**Beispiel**

| Produktart | Absatz Stück/Mon. | Erlöse €/Stück | Variable Kosten €/Stück |
|---|---|---|---|
| A | 6.500 | 145 | 150 |
| B | 6.000 | 270 | 130 |
| C | 7.000 | 295 | 145 |

**Deckungsbeiträge:**

A: 145 - 150 = **- 5 €/Stück**

B: 270 - 130 = **140 €/Stück**

C: 295 - 145 = **150 €/Stück**

Das optimale Produktionsprogramm ohne Engpasssituation umfasst somit:
- keine Produktion von A
- höchstmögliche Menge von B
- höchstmögliche Menge von C.

---

- Die Optimierung des Produktionsprogrammes kann auch bei **einem oder mehreren Engpässen** erfolgen – siehe ausführlich *Olfert*.

## Aufgabe 48 > Seite 204

### 2.5.2 Langfristige Optimierung

Die langfristige Optimierung des Produktionsprogrammes schließt die Möglichkeit ein, die **Produktionsausstattung** zu verändern, zu erhöhen oder zu vermindern. Damit verändert sich die Entscheidungssituation im Vergleich zur kurzfristigen Optimierung.

Bei der langfristigen Optimierung des Produktionsprogrammes sind als **Entscheidungskriterium** deshalb nicht nur die **variablen Kosten** zu betrachten, sondern auch die **fixen Kosten**.

Kostenrechnerisch können die **Kostenvergleichsrechnung** und **Gewinnvergleichsrechnung** eingesetzt werden, die allerdings mit Mängeln behaftet sind. Dennoch sind sie in der betrieblichen Praxis nach wie vor beliebt, insbesondere weil sie relativ leicht zu handhaben sind.

Besser geeignet sind dynamische Verfahren der **Investitionsrechnung**, z. B. die Kapitalwertmethode oder die Annuitätenmethode – siehe ausführlich *Olfert*.

### 2.6 Eigenfertigung/Fremdbezug

Das Problem der Eigenfertigung oder des Fremdbezuges bezieht sich zunächst auf den Produktionsbereich eines Unternehmens. Hier ergibt sich vielfach die **Frage**, ob es **günstiger** ist, Produkte – beispielsweise Zulieferteile oder Fertigerzeugnisse – selbst herzustellen oder von anderen Unternehmen zu beziehen.

Günstiger bedeutet dabei nicht nur kostengünstiger, sondern umfasst auch qualitative **Entscheidungskriterien** wie die Abhängigkeit von Lieferanten, die Zuverlässigkeit von Lieferanten und personalbezogene Aspekte.

Die Frage nach Eigenfertigung oder Fremdbezug betrifft aber nicht nur den Produktionsbereich eines Unternehmens, sondern **alle Unternehmensbereiche**, in denen entschieden werden muss, ob bestimmte Leistungen selbst erbracht oder von anderen Unternehmen beschafft werden sollen, z. B. Beschaffung, Vertrieb, Finanzen, Verwaltung.

# F. Deckungsbeitragsrechnung | 2. Anwendung

Wie bei der Wahl des optimalen Produktionsverfahrens stellt sich auch hier die Frage des **Betrachtungszeitraumes**, der sein kann:

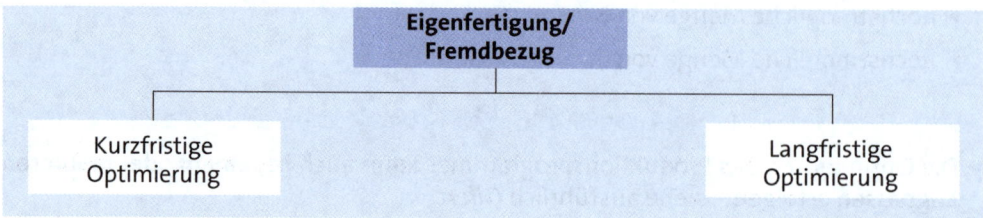

## 2.6.1 Kurzfristige Optimierung

Die Frage, ob Eigenfertigung oder Fremdbezug kostengünstiger ist, kann kurzfristig meist nur unter Einbeziehung der vorhandenen Produktionsausstattung beantwortet werden. Dabei gibt es unterschiedliche **Entscheidungssituationen**:

▶ Sind **keine Engpässe** im Unternehmen vorhanden, sollte eigengefertigt werden, wenn der Lieferantenpreis pro Stück über den variablen Kosten pro Stück liegt bzw. fremdbezogen werden, wenn der Lieferantenpreis pro Stück geringer ist als die variablen Kosten pro Stück. Die fixen Kosten werden nicht berücksichtigt, da sie kurzfristig unabhängig davon anfallen, ob eigengefertigt oder fremdbezogen wird.

**Beispiel**

Ein Unternehmen kann eine Erzeugnisart auf Maschine A fertigen oder von einem Lieferanten beziehen.

|  |  | Maschine A | Lieferant |
|---|---|---|---|
| Kapazität | Stück/Monat | 12.000 |  |
| Fertigungs-/Absatzmenge | Stück/Monat | 10.000 ||
| Variable Kosten | €/Stück | 14,50 | — |
| Fixe Kosten | €/Stück | 7,20 | — |
| Beschaffungspreis | €/Stück | — | 12,30 |
| Verkaufspreis | €/Stück | 32,50 ||

Unter kostenrechnerischen Gesichtspunkten ist zu empfehlen, die Erzeugnisart fremd zu beschaffen, da der Beschaffungspreis um 2,20 €/Stück unter den variablen Kosten liegt.

**Aufgabe 49 > Seite 204**

▶ Die Optimierung bezüglich der Eigenfertigung bzw. des Fremdbezuges kann auch bei Vorliegen **eines** oder **mehrerer Engpässe** erfolgen – siehe näher *Olfert*. Beide Berechnungen sind mathematisch unterschiedlich aufwändig.

## 2.6.2 Langfristige Optimierung

Um die Frage, eigen zu fertigen oder fremd zu beziehen, langfristig zu beantworten, kann davon ausgegangen werden, dass die **Produktionsausstattung veränderbar** ist. Damit kann z. B. der Einsatz einer neuen, günstiger arbeitenden Produktionsanlage erwogen und die Entscheidungssituation damit verändert werden.

Der kostenrechnerische Vergleich von Eigenfertigung und Fremdbezug muss jetzt nicht nur die **variablen Kosten** der Eigenfertigung berücksichtigen, sondern auch die **fixen Kosten**, die mit der neuen Investition entstehen, einbeziehen und den **Beschaffungskosten** des Fremdbezuges gegenüberstellen.

Wie bei der Wahl des optimalen Produktionsverfahrens bereits erläutert, bieten sich zur Beurteilung der Vorteilhaftigkeit einer neuen Produktionsausstattung kostenrechnerisch die **Kostenvergleichsrechnung** und die **Gewinnvergleichsrechnung** an, die allerdings mit Mängeln behaftet sind.

Besser geeignet sind dynamische Verfahren der **Investitionsrechnung** wie z. B. die Kapitalwertmethode oder die Annuitätenmethode – siehe ausführlich *Olfert*.

**Aufgabe 50 > Seite 205**

# ÜBUNGSTEIL (AUFGABEN UND FÄLLE)

## Aufgabe 1:

1. Nennen Sie betriebswirtschaftliche Gründe für die Notwendigkeit eines betrieblichen Rechnungswesens!
2. Es wird festgestellt, dass ein Geschäftsvorfall, der stattgefunden hatte, nicht aufgezeichnet wurde. Welcher Tatbestand liegt vor?
3. Stellen Sie dar, welche Regelungen die §§ 146, 147 AO im Hinblick auf die Organisation der Buchführung enthalten!

**Lösung s. Seite 206**

## Aufgabe 2:

1. Grenzen Sie die Finanzbuchhaltung von der Betriebsbuchhaltung ab!
2. Die betriebliche Planung erfolgt grundsätzlich sukzessiv, d. h. es wird Einzelplan um Einzelplan nacheinander aufgestellt. In welcher Reihenfolge sind die nachstehenden Pläne zweckmäßigerweise zu erstellen?

   - Produktionsplan
   - Personalplan
   - Beschaffungsplan
   - Finanzplan
   - Investitionsplan
   - Lagerpläne.
   - Absatzplan

   Nutzen Sie zu diesem Zwecke die folgende Darstellung:

   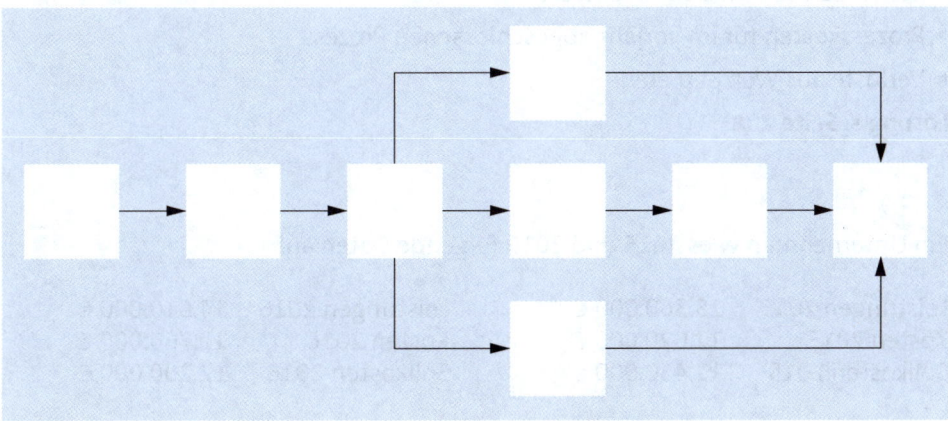

3. Wo können Probleme bei zwischenbetrieblichen Vergleichen von Unternehmen derselben Branche liegen?

**Lösung s. Seite 206**

## ÜBUNGSTEIL (AUFGABEN UND FÄLLE)

### Aufgabe 3:

Die Maschinenbau GmbH schließt am 01.04.2016 einen Kaufvertrag über eine Fertigungsstraße im Wert von 1.000.000 € ab, die am 29.06.2016 geliefert wird. Es wird vereinbart:

- 1. Rate        200.000 € am 15.07.2016
- 2. Rate        400.000 € am 15.09.2016
- Restzahlung   400.000 € am 15.11.2016

Zeigen Sie, wie hoch am 01.04., 15.07., 15.09. und 15.11. die Auszahlungen und Ausgaben bei der Maschinenbau GmbH und die Einzahlungen und Einnahmen bei ihrem Lieferanten sind!

**Lösung s. Seite 207**

### Aufgabe 4:

Um welche Arten von Aufwendungen bzw. Erträgen handelt es sich in folgenden Fällen:

- aktivierte Eigenleistungen
- Insolvenzbedingte Forderungsverluste
- Verkauf von Schrott
- Gewinne aus Wertpapieren
- Verkauf eines Pkw über Buchwert
- Prozesskosten für im Vorjahr abgeschlossenen Prozess
- Verluste aus Wertpapieren.

**Lösung s. Seite 208**

### Aufgabe 5:

Ein Unternehmen wies 2015 und 2016 folgende Daten auf:

| | | | |
|---|---|---|---|
| Leistungen 2015 | 15.360.000 € | Leistungen 2016 | 14.610.000 € |
| Kosten 2015 | 12.620.000 € | Kosten 2016 | 12.760.000 € |
| Sollkosten 2015 | 12.450.000 € | Sollkosten 2016 | 12.200.000 € |

1. Ermitteln Sie die verschiedenen Wirtschaftlichkeiten und interpretieren Sie die Ergebnisse!
2. Worauf ist bei der Ermittlung der Wirtschaftlichkeit mithilfe der Soll- und Istkosten zu achten?

**Lösung s. Seite 208**

## Aufgabe 6:

In einem Unternehmen waren folgende Daten gegeben:

|  | 2015 | 2016 |
|---|---|---|
| Erzeugte Menge | 25.340 | 24.200 |
| Materialeinsatz in kg | 50.400 | 51.280 |
| Arbeitsstunden | 10.000 | 9.400 |
| Maschinenstunden | 3.600 | 3.570 |

Ermitteln Sie die verschiedenen Produktivitäten und interpretieren Sie die Ergebnisse!

**Lösung s. Seite 209**

## Aufgabe 7:

Die Maschinen GmbH hat ein gezeichnetes Kapital von 100.000 € und Fremdkapital in Höhe von 60.000 €, das mit 6 % verzinst wird. Das Fremdkapital dient zu 75 % betriebsnotwendigen Zwecken. Der Gewinn der Maschinen GmbH beträgt für die Rechnungsperiode 8.000 € bei einem Umsatz von 330.000 €.

Ermitteln Sie die verschiedenen errechenbaren Rentabilitäten!

**Lösung s. Seite 209**

## Aufgabe 8:

1. Zu welchen Arten von Einzelkosten zählen:
   - Prämienlöhne
   - Verkaufsprovisionen
   - Furniere in der Möbelindustrie?
2. Wobei handelt es sich um echte bzw. unechte Gemeinkosten:
   - Hilfslöhne
   - Gehälter
   - Geringwertige Materialien
   - Hilfsstoffe
   - Strom?

**Lösung s. Seite 209**

## ÜBUNGSTEIL (AUFGABEN UND FÄLLE)

### Aufgabe 9:

1. Die Werkzeug GmbH hat eine jährliche Fertigungskapazität von 200.000 Maschinenstunden. 2015 wurden 150.000, im Jahr 2016 wurden 188.000 Maschinenstunden in Anspruch genommen.

    a) Wie hoch war in beiden Jahren der Beschäftigungsgrad?

    b) Erläutern Sie den Aussagegehalt des Beschäftigungsgrades!

2. Bei einem Einprodukt-Unternehmen betrugen im Jahr 2016:

    ▶ Fixe Kosten:         300.000 €
    ▶ Variable Kosten:     700.000 €
    ▶ Leistungsmenge:      10.000 Stück

    Ermitteln Sie die Gesamtkosten und Stückkosten!

**Lösung s. Seite 210**

### Aufgabe 10:

1. Ermitteln Sie aus den folgenden Daten die Durchschnitts- und Grenzkosten:

| Ausbringungsmenge | Gesamte Fixkosten |
|---|---|
| 100 | 6.000 € |
| 200 | 6.000 € |
| 300 | 6.000 € |

2. Eine Werkzeugmaschine verursacht 20.000 € als Kosten pro Jahr. Ihre Kapazität liegt bei 6.000 Stunden pro Jahr. In 2016 wurde sie 4.400 Stunden genutzt. Ermitteln Sie die Nutz- und Leerkosten!

3. Eine nur zu 60 % ausgelastete Kostenstelle hat fixe Kosten von 72.000 €. Ermitteln Sie rechnerisch und grafisch die Nutz- und Leerkosten!

**Lösung s. Seite 210**

### Aufgabe 11:

In einem Unternehmen fallen 5.000 € an fixen Kosten und 60 € an variablen Kosten pro gefertigtes Stück an. Der Verkaufserlös beträgt 110 € pro Stück. Die Kapazitätsgrenze liegt bei 2.000 Stück.

Ermitteln Sie:

1. Nutzenschwelle
2. Gewinnmaximum.

**Lösung s. Seite 211**

# ÜBUNGSTEIL (AUFGABEN UND FÄLLE)

## Aufgabe 12:

Bei einer Vergrößerung der Leistungsmenge eines Unternehmens von 1.000 Einheiten auf 1.400 Einheiten steigen die Kosten von 40.000 € auf 50.000 €.

1. Ermitteln Sie die fixen und variablen Kosten mithilfe der buchtechnisch-statistischen Methode!
2. Welche fixen und variablen Kosten ergeben sich bei Verwendung der mathematischen Methode?

**Lösung s. Seite 211**

## Aufgabe 13:

Erläutern Sie, was unter folgenden Begriffen zu verstehen ist:

- Rechnungswesen
- Buchhaltung
- Grundsätze ordnungsmäßiger Buchführung
- Kontenrahmen
- Finanz-/Betriebsbuchhaltung
- Ein-/Zweikreissystem
- Kurzfristige Erfolgsrechnung
- Statistik
- Auszahlungen/Einzahlungen
- Ausgaben/Einnahmen
- Aufwendungen/Erträge
- Zweckaufwendungen
- neutrale Aufwendungen
- betriebliche Erträge
- neutrale Erträge
- Kosten
- Grund-/Zusatzkosten
- Leistungen
- Kennzahl
- Gewinn
- Wirtschaftlichkeit
- Produktivität
- Rentabilität
- Kapazität
- Beschäftigungsgrad
- Gesamtkosten
- Durchschnittskosten
- Grenzkosten
- fixe/variable Kosten
- Leer-/Nutzkosten
- Reagibilitätsgrad
- Nutzenschwelle
- Gewinnmaximum
- Mischkosten
- buchtechnisch-statistische Methode
- mathematische Methode
- grafische Methode
- primäre/sekundäre Kosten
- Istkosten
- Normalkosten
- Plankosten
- Kostenrechnung
- Kostenartenrechnung
- Kostenträgerrechnung
- Istkostenrechnung
- Normalkostenrechnung
- Plankostenrechnung

## ÜBUNGSTEIL (AUFGABEN UND FÄLLE)

- Einzel-/Gemeinkosten
- Fertigungsmaterialkosten
- Fertigungslohnkosten
- Sondereinzelkosten
- Beschäftigung

- Vollkostenrechnung
- Teilkostenrechnung
- Prozesskostenrechnung
- Zielkostenrechnung.

**Lösung s. MiniLex Seite 231 ff.**

### Aufgabe 14:

In einem Industrieunternehmen wurden im Fertigteilelager im Monat Mai folgende Lagerbewegungen einer Lagerkartei erfasst:

| | | |
|---|---|---|
| Anfangsbestand | 01.05. | 2.000 Stück |
| Zugang | 06.05. | 1.000 Stück |
| Abgang | 07.05. | 1.200 Stück |
| Zugang | 12.05. | 1.000 Stück |
| Abgang | 15.05. | 1.500 Stück |
| Abgang | 20.05. | 1.250 Stück |
| Zugang | 24.05. | 2.000 Stück |
| Abgang | 26.05. | 1.100 Stück |
| Endbestand | 31.05. | 700 Stück |

In dieser Zeit wurden folgende Erzeugnisse hergestellt:

| Erzeugnis | Anzahl | Benötigte Stückzahl des Fertigteils je Erzeugnisstück |
|---|---|---|
| A | 600 | 3 |
| B | 800 | 2 |
| C | 400 | 4 |

Ermitteln Sie den mengenmäßigen Verbrauch nach der

1. Skontrationsmethode
2. Inventurmethode
3. retrograden Methode.

**Lösung s. Seite 212**

## Aufgabe 15:

1. Die Maschinenbau GmbH benötigt Zulieferteile für ihre Fertigung von Fräsmaschinen. Sie holt drei Angebote ein:

   Die Kleinschmidt OHG bietet die Zulieferteile zum Stückpreis von 25 € an. Bei Bezug von weniger als 400 Teilen erhebt sie einen Mindermengenzuschlag von 5 %. Bei Bezug von mindestens 1.000 Teilen gewährt sie einen Mengenrabatt von 10 %. Die Teile würden frei Haus geliefert. Bei Zahlung innerhalb von 14 Tagen nach Rechnungsstellung ist ein Skontoabzug von 2 % möglich.

   Die Petersen GmbH bietet die Zulieferteile zu einem Stückpreis von 23 € an. Zahlbar ist netto Kasse binnen 30 Tagen. Für Verpackung werden pro Stück 0,06 € berechnet. Die Lieferung erfolgt frei Haus.

   Die Adolf Schmidt KG bietet die Teile zum Preis von 30 € an. Bei Abnahme von mindestens 1.000 Stück wird ein Rabatt von 25 % gewährt. Wird innerhalb von 10 Tagen nach Rechnungstellung gezahlt, ist ein Skontoabzug von 4 % zulässig. Bei Bestellung über 500 Stück werden Verpackungskosten nicht berechnet, ansonsten erfolgt eine Kostenbeteiligung von 3 € pro 100 Stück. Die Lieferung erfolgt frei Haus.

   a) Ermitteln Sie – unter Ausnutzung möglicher Skonto – die Anschaffungswerte pro Stück, wenn die Metallbau GmbH folgende alternativen Beschaffungsmengen betrachtet:

   300 Stück, 800 Stück, 1.300 Stück

   b) Zeigen Sie, wo die alternativen Mengen am günstigsten bezogen werden können!

2. In der Kostenrechnungsabteilung in der Chemie GmbH sind zum Zwecke der Nachkalkulation die Materialkosten für die Sonnenschutzcreme „Tropisun" zu berechnen. Während der vergangenen Abrechnungsperiode wurden folgende Werte für Anfangsbestand sowie Zu- und Abgänge in der Materialrechnung erfasst.

| Bestandsveränderungen | | Menge in ml | Preis/ml |
|---|---|---|---|
| Anfangsbestand am | 01.04. | 0 | |
| Zugang | 07.04. | 700 | 2 € |
| Zugang | 12.04. | 300 | 6 € |
| Zugang | 21.04. | 1.200 | 4 € |
| Abgang | 25.04. | 1.900 | |

Bewerten Sie den Materialverbrauch gemäß der folgenden Verfahren:

a) Lifo-Methode

b) Fifo-Methode

c) Hifo-Methode

d) Lofo-Methode.

**Lösung s. Seite 213**

# ÜBUNGSTEIL (AUFGABEN UND FÄLLE)

## Aufgabe 16:

1. Die Bearbeitung eines Werkstückes erfordert 20 Minuten, der tarifliche Grundlohn wird mit 12,20 € angesetzt und ein Akkordzuschlag von 20 % gewährt. Ermitteln Sie:

    a) den Grundlohn

    b) den Minutenfaktor

    c) den Stundenlohn bei 4 in einer Stunde bearbeiteten Werkstücken.

2. Warum ist die Bedeutung der Akkordentlohnung in den vergangenen Jahren erheblich zurückgegangen?

**Lösung s. Seite 214**

## Aufgabe 17:

In der Metallbau GmbH wird 8 Stunden pro Tag gearbeitet. Die Vorgabezeit pro Werkstück beträgt 1 Stunde. Der Stundenlohn – als Grundlohn – liegt bei 12,00 €. Es wird eine Prämie gewährt, die 50 % des ersparten Zeitlohnes umfasst.

1. Wie hoch ist der tägliche Bruttolohn des Arbeiters, wenn er fertigt:

| Tag | Leistung |
|---|---|
| 1 | 8 Stück |
| 2 | 10 Stück |
| 3 | 11 Stück |
| 4 | 13 Stück |
| 5 | 10 Stück |

2. Wie hoch sind die Lohnkosten pro Stück an jedem der Tage?

**Lösung s. Seite 214**

## Aufgabe 18:

1. Eine Maschine, die für 180.000 € gekauft wurde, wird voraussichtlich nach Ablauf der Nutzungsdauer von 5 Jahren 200.000 € kosten. Mit einem erheblichen Restwert wird nicht gerechnet.

    a) Wie hoch ist der jährliche Abschreibungsbetrag bei der linearen Abschreibung?

    b) Wie hoch ist der jährliche Abschreibungsbetrag, wenn am Ende des 5. Jahres doch noch ein Schrottwert von 20.000 € erzielt werden kann?

2. Unter welcher Voraussetzung ist eine gleichmäßige Verteilung der Kosten bei der linearen Abschreibung gegeben?

**Lösung s. Seite 215**

## Aufgabe 19:

1. Eine Maschine hat einen Anschaffungswert von 200.000 €. Die Nutzungsdauer wird auf 10 Jahre, ein Liquidationserlös auf 21.475 € geschätzt.

    a) Ermitteln Sie die jährlichen Abschreibungsbeträge bei geometrisch-degressiver Abschreibung!

    b) Wie hoch sind die jährlichen Abschreibungsbeträge bei arithmetisch-degressiver Abschreibung?

2. Inwieweit gelten steuerliche Vorschriften für die kalkulatorischen geometrischen Abschreibungen?

**Lösung s. Seite 215**

## Aufgabe 20:

Eine Maschine mit Anschaffungskosten in Höhe von 180.000 € soll über 4 Jahre leistungsbezogen abgeschrieben werden. Der Resterlös nach der vierten Periode soll 20.000 € betragen. Es wird mit einer Gesamtkapazität von 320.000 Stück gerechnet, die sich wie folgt auf die einzelnen Perioden verteilt:

| Periode | Stück |
|---|---|
| 1 | 100.000 |
| 2 | 60.000 |
| 3 | 90.000 |
| 4 | 70.000 |

Ermitteln Sie die jährlichen Abschreibungsbeträge!

**Lösung s. Seite 216**

## Aufgabe 21:

1. Folgende Daten liegen vor:

    | | |
    |---|---|
    | Wiederbeschaffungswert des Anlagevermögens | 800.000 € |
    | Bisherige kalkulatorische Abschreibungen | 200.000 € |
    | Stillgelegte Fabrikanlage | 50.000 € |
    | Durchschnittliches Umlaufvermögen | 300.000 € |

    a) Ermitteln Sie das betriebsnotwendige Kapital!

    b) Wie hoch sind die kalkulatorischen Zinsen, wenn der Zinssatz 8 % beträgt?

2. Inwieweit zählen Lieferantenkredite zum Abzugskapital?

3. Warum müssen Kundenanzahlungen als Abzugskapital bei der Ermittlung des betriebsnotwendigen Kapitals vom betriebsnotwendigen Vermögen abgesetzt werden?

**Lösung s. Seite 216**

## Aufgabe 22:

1. Im Anlagebereich eines Unternehmens sind in den vergangenen 4 Jahren folgende Wagnisverluste eingetreten:

| Jahr | Eingetretene Verluste (€) | Wiederbeschaffungswert der Anlagen (€) |
|---|---|---|
| 1 | 10.400 | 700.000 |
| 2 | 9.300 | 950.000 |
| 3 | 10.000 | 900.000 |
| 4 | 10.500 | 1.070.000 |
| Summe | 40.200 | 3.620.000 |

Wie hoch ist das Anlagewagnis im 5. Jahr, wenn der Wiederbeschaffungswert der Anlagen 1.500.000 € beträgt?

2. Zu welchen Wagnissen zählen:

   a) Vertragsstrafen         e) Vorratsentwertung

   b) Ersatzlieferungen       f) Konstruktionsfehler

   c) Ausfälle                g) Forderungsausfälle

   d) Schwund                 h) Ausschuss.

**Lösung s. Seite 217**

## Aufgabe 23:

Peter Müller hat ein kleines Einzelhandelsgeschäft, in dem er – mit stundenweiser Unterstützung seiner Ehefrau – allein arbeitet. Er beabsichtigt, kalkulatorischen Unternehmerlohn anzusetzen.

Zu diesem Zweck befragt er einen Bekannten nach seinem Gehalt, das er als Geschäftsführer von drei Supermarkt-Filialen bezieht. Dieses Gehalt setzt er als kalkulatorischen Unternehmerlohn an.

Wie ist diese Vorgehensweise zu beurteilen?

**Lösung s. Seite 217**

## ÜBUNGSTEIL (AUFGABEN UND FÄLLE)

### Aufgabe 24:
Erläutern Sie, was unter folgenden Begriffen zu verstehen ist:

- Kostenrechnung
- Materialkosten
- Skontrationsmethode
- Inventurmethode
- retrograde Methode
- Anschaffungswert
- Wiederbeschaffungswert
- Tageswert
- Personalkosten
- Lohn
- Zeitlohn
- Akkordlohn
- Prämienlohn

- Gehalt
- Sozialkosten
- Dienstleistungskosten
- öffentliche Abgaben
- kalkulatorische Kosten
- kalkulatorische Abschreibungen
- lineare Abschreibungen
- degressive Abschreibungen
- leistungsbezogene Abschreibungen
- kalkulatorische Zinsen
- kalkulatorische Wagnisse
- kalkulatorischer Unternehmerlohn
- kalkulatorische Miete.

**Lösung s. MiniLex Seite 231 ff.**

### Aufgabe 25:
Welche der nachstehenden Kostenstellen sind in welchen Kostenbereichen zu finden?

| | |
|---|---|
| Materialannahme | Kundendienst |
| Personalwesen | Einkauf |
| Hausdruckerei | Hausverwaltung |
| Dreherei | Konstruktion |
| Kantine | Arbeitsvorbereitung |
| Wasserversorgung | Meisterbüro |
| Sanitätsstation | Werbeabteilung |
| Geschäftsführung | Verpackungslager |
| Marktforschung | |

**Lösung s. Seite 217**

# ÜBUNGSTEIL (AUFGABEN UND FÄLLE)

## Aufgabe 26:

1. Erläutern Sie die Ziele und den Aufbau eines Betriebsabrechnungsbogens!
2. Vervollständigen Sie den folgenden Betriebsabrechnungsbogen und errechnen Sie die Ist-Zuschlagssätze sowie Über- und Unterdeckungen in den einzelnen Kostenbereichen!

| Kostenstellen / Kostenarten | Zahlen der Buchhaltung | Allgemeine Kostenstellen 1 | Allgemeine Kostenstellen 2 | Materialbereich | Fertigungsbereich Hilfsstelle 1 | Fertigungsbereich Hilfsstelle 2 | Fertigungsbereich Hauptstelle A | Fertigungsbereich Hauptstelle B | Summe A + B | Verwaltungsbereich | Vertriebsbereich |
|---|---|---|---|---|---|---|---|---|---|---|---|
| Hilfs-, Betriebsstoffe | 10.000 | 600 | 600 | 2.800 | 400 | 600 | 2.500 | 1.500 | 4.000 | 500 | 500 |
| Energie | 25.000 | 600 | 1.400 | 3.000 | 2.500 | 2.500 | 7.000 | 6.000 | 13.000 | 1.000 | 1.000 |
| Hilfslöhne | 32.000 | 1.500 | 1.500 | 5.000 | 4.000 | 3.000 | 7.000 | 6.000 | 13.000 | 3.000 | 1.000 |
| Steuern | 25.000 | 1 | 2 | 6 | 2 | 1 | 4 | 5 | | 1 | 3 |
| Miete | 16.000 | 1 | 1 | 5 | 1 | 2 | 4 | 3 | | 2 | 1 |
| Bürokosten | 14.000 | 1.000 | 1.000 | 1.000 | 1.000 | 1.000 | 1.000 | 1.000 | 2.000 | 5.000 | 2.000 |
| Abschreibungen | 25.000 | 500 | 1.500 | 5.000 | 2.500 | 1.500 | 7.000 | 5.000 | 12.000 | 1.000 | 1.000 |
| Normal-Gemeinkosten-Zuschläge | | | | 29 % | | | 110 % | 126 % | | 5 % | 3 % |

Fertigungsstoffe                                100.000 €
Fertigungslöhne in A                             45.000 €
Fertigungslöhne in B                             35.000 €

Verteilung der Allgemeinen Kostenstelle 1:      1 : 2 : 1 : 3 : 3 : 1 : 1
Verteilung der Allgemeinen Kostenstelle 2:      2 : 3 : 1 : 4 : 3 : 2 : 1
Verteilung der Fertigungshilfsstelle 1:         3 : 2
Verteilung der Fertigungshilfsstelle 2:         2 : 3
Keine Bestandsveränderungen

**Lösung s. Seite 218**

## Aufgabe 27:

1. Erläutern Sie, warum innerbetriebliche Leistungsverrechnungen vorgenommen werden!
2. Im Materialbereich sind 80.000 € an Einzelkosten und 25.000 € an Gemeinkosten angefallen. Davon wurden 8.000 € an Einzelkosten und 5.000 € an Gemeinkosten für den Vertriebsbereich erbracht.

   Der Fertigungsbereich weist Einzelkosten von 135.000 € und Gemeinkosten von 95.000 € auf, wovon 15.000 € Einzelkosten und 10.000 € Gemeinkosten für den Vertriebsbereich entstanden sind.

   Im Vertriebsbereich fielen 45.000 € und im Verwaltungsbereich 40.000 € an.

Führen Sie eine innerbetriebliche Leistungsverrechnung durch mithilfe:

a) des Kostenartenverfahrens

b) des Kostenstellenausgleichsverfahrens

c) des Kostenträgerverfahrens.

**Lösung s. Seite 219**

## Aufgabe 28:

Die primären Gemeinkosten zweier Kostenstellen betrugen 2016:

Kostenstelle A    10.000 €
Kostenstelle B    20.000 €

Kostenstelle A erbrachte 50.000 Leistungseinheiten, wovon 8.000 Leistungseinheiten an Kostenstelle B gegeben wurden. Kostenstelle B erstellte 12.000 Leistungseinheiten, von denen sie 3.000 Leistungseinheiten an Kostenstelle A lieferte.

1. Ermitteln Sie die Verrechnungssätze der von den Kostenstellen erbrachten Leistungen!
2. Wie hoch sind die sekundären Gemeinkosten in beiden Kostenstellen?

**Lösung s. Seite 220**

## Aufgabe 29:

Erläutern Sie, was unter folgenden Begriffen zu verstehen ist:

- Kostenstellenrechnung
- Betriebsabrechnungsbogen
- Hauptkostenstelle
- Hilfskostenstelle
- allgemeiner Bereich
- Materialbereich
- Fertigungsbereich
- Verwaltungsbereich
- Vertriebsbereich
- Kostenstellenplan
- Stellen-Einzelkosten
- Stellen-Gemeinkosten

- Ist-Gemeinkostenzuschlag
- Herstellkosten
- Normal-Herstellkosten
- Über-/Unterdeckung
- innerbetriebliche Leistungsverrechnung
- Kostenartenverfahren
- Kostenstellenumlageverfahren
- Kostenstellenausgleichsverfahren
- Kostenträgerverfahren
- Verrechnungspreis-Verfahren
- mathematisches Verfahren.

**Lösung s. MiniLex Seite 231 ff.**

## Aufgabe 30:

1. Ein industrielles Unternehmen fertigt 5.000 Einheiten eines Produktes. Dabei fallen als Kosten an:

| Kostenarten | Summe | Herstellung | Verwaltung/Vertrieb |
| --- | --- | --- | --- |
| Löhne | 110.000 | 88.000 | 22.000 |
| Gehälter | 15.000 | 6.000 | 9.000 |
| Roh-, Hilfs-, Betriebsstoffe | 78.000 | 78.000 | 0 |
| Sonstige Kosten | 32.000 | 20.000 | 12.000 |

   a) Ermitteln Sie die Herstellkosten pro Einheit!

   b) Wie hoch sind die Selbstkosten pro Einheit?

2. Ein Unternehmen stellte im Mai 2016 insgesamt 30.000 Einheiten eines Produktes her. Die Kosten betrugen:

   Herstellkosten     450.000 €
   Verwaltungskosten  47.800 €
   Vertriebskosten     28.400 €

   a) Wie hoch waren die Herstellkosten und Selbstkosten pro Einheit, wenn alle Produkte verkauft wurden?

   b) In welcher Höhe fielen Herstellkosten und Selbstkosten pro Einheit an, wenn nur 25.000 Produkte verkauft werden konnten?

**Lösung s. Seite 220**

## Aufgabe 31:

1. In einem Walzwerk wurden im November 2016 drei Arten von Blechplatten hergestellt:

   A: 500 Blechplatten mit 1,0 mm Stärke
   B: 700 Blechplatten mit 2,0 mm Stärke
   C: 400 Blechplatten mit 2,5 mm Stärke

   Die Gesamtkosten betrugen 783.000 €.

   Ermitteln Sie die Selbstkosten pro Blechplatte unterschiedlicher Stärke!

2. Ein Unternehmen stellt drei Produkte her. Im April 2016 betrug die Produktion:

   Produkt A: 5.000 Einheiten
   Produkt B: 4.000 Einheiten
   Produkt C: 6.000 Einheiten

   Die Materialkosten standen im Verhältnis 1,0 : 1,3 : 1,5 zueinander und umfassten insgesamt 138.240 €.

   Lohnkosten fielen in Höhe von 105.210 € an und ihre Verteilung erfolgte im Verhältnis 1,1 : 1,3 : 1,0.

Die sonstigen Kosten verteilten sich im Verhältnis 1,2 : 1,0 : 1,1 und fielen in Höhe von 34.860 € an.

Ermitteln Sie die Selbstkosten, die für jede Einheit der Produkte angefallen sind!

**Lösung s. Seite 221**

## Aufgabe 32:

1. Die Firma „Peter Müller Spezialmaschinen" fertigt zwei Arten von Kleinmaschinen. 2016 wurden 40 Maschinen vom Typ A und 50 Maschinen vom Typ B hergestellt. Dabei fielen folgende Kosten an:

|  | Maschinen Typ A | Maschinen Typ B |
|---|---|---|
| Fertigungsmaterial | 160.000 € | 200.000 € |
| Fertigungslöhne | 100.000 € | 120.000 € |
| Fertigungsgemeinkosten | 25.000 € | 40.000 € |
| Materialgemeinkosten | 32.000 € | 50.000 € |
| Sondereinzelkosten der Fertigung | 10.000 € | 12.000 € |
| Sondereinzelkosten des Vertriebs | 12.000 € | 16.000 € |
| Verwaltungsgemeinkosten | 30.000 € | 30.000 € |
| Vertriebsgemeinkosten | 25.000 € | 25.000 € |

Ermitteln Sie die Selbstkosten pro Einheit jedes Erzeugnisses!

2. Folgende Werte sind gegeben:

| | |
|---|---|
| Materialeinzelkosten | 500 € |
| Fertigungseinzelkosten | 400 € |
| Materialgemeinkosten | 20 % |
| Fertigungsgemeinkosten | 150 % |
| Verwaltungs- und Vertriebsgemeinkosten | 25 % |
| Gewinnzuschlag | 700 € |
| Rabatt | 10 % |

Errechnen Sie den Netto-Angebotspreis!

**Lösung s. Seite 222**

## ÜBUNGSTEIL (AUFGABEN UND FÄLLE)

### Aufgabe 33:

Die Werkzeugbau GmbH stellt 500 Einheiten eines Produktes her. Die gesamten Kosten betragen:

- Fertigungsmaterial 9.630 €
  Materialgemeinkosten 7 %

- Fertigungskosten
  A: 20 Stunden Fertigungslöhne à 8 €
     zuzüglich 40 % Rest-Fertigungsgemeinkosten
  B: 35 Stunden Fertigungslöhne à 10 €
     zuzüglich 65 % Rest-Fertigungsgemeinkosten
  A: 19 Maschinenstunden à 8,95 €
  B: 30 Maschinenstunden à 7,10 €

- Verwaltungsgemeinkosten 8 %

- Vertriebsgemeinkosten 5 %

Ermitteln Sie die Selbstkosten pro Erzeugniseinheit!

**Lösung s. Seite 223**

### Aufgabe 34:

1. Die Firma Chemie AG produziert in Kuppelfertigung ein Hauptprodukt und zwei Nebenprodukte, die jeweils unterschiedlich weiterveredelt werden.

   Vom Hauptprodukt (A) wurden 2016 insgesamt 5.000 kg zum Preis von 500.000 € verkauft, vom Nebenprodukt (B) wurden 2.000 kg zum Preis von 250.000 € und vom Nebenprodukt (C) 1.000 kg zum Preis von 150.000 € verkauft.

   Die Gesamtkosten des Kuppelprozesses lagen 2016 bei 750.000 €. Bei Produkt B mussten für die Weiterverarbeitung 50.000 € und bei C 100.000 € aufgewendet werden.

   Wie hoch waren die Herstellkosten pro Einheit für das Hauptprodukt?

2. Bei der Produktion von drei Kuppelprodukten wurden 2016 insgesamt 4.000.000 € an Kosten verursacht. Vom Produkt A wurden 20.000 Einheiten, von B 40.000 Einheiten und von C 20.000 Einheiten hergestellt.

   Der Marktpreis für die Produkte lag innerhalb der letzten 5 Jahre durchschnittlich bei 100 € (A) : 80 € (B) : 60 € (C).

   Errechnen Sie, mit welchen Selbstkosten eine Einheit jedes Produktes angesetzt werden kann!

**Lösung s. Seite 223**

## ÜBUNGSTEIL (AUFGABEN UND FÄLLE)

## Aufgabe 35:

Ermitteln Sie das Betriebsergebnis eines Unternehmens aus folgenden Daten:

| | |
|---|---:|
| Fertigungsmaterial | 20.000 € |
| Fertigungslöhne | 26.000 € |
| Materialgemeinkosten | 40 % |
| Fertigungsgemeinkosten | 50 % |
| Verwaltungsgemeinkosten | 12 % |
| Vertriebsgemeinkosten | 10 % |
| Sondereinzelkosten der Fertigung | 2.000 € |
| Sondereinzelkosten des Vertriebs | 1.000 € |
| Netto-Verkaufserlöse | 108.500 € |
| | |
| Mehrbestand an Fertigerzeugnissen | 800 € |
| Minderbestand an unfertigen Erzeugnissen | 1.200 € |

**Lösung s. Seite 224**

## Aufgabe 36:

| Erzeugnis/Erzeugnisgruppe | | 1 | 2 | 3 | Gesamt |
|---|---|---|---|---|---|
| Verkaufspreis | €/Stück | 10,00 | 11,00 | 17,00 | - |
| Selbstkosten | €/Stück | 7,00 | 9,00 | 11,50 | - |
| Gewinn (netto) | €/Stück | | | | |
| Absatzmenge | Stück/Periode | 8.000 | 7.000 | 4.000 | 19.000 |
| Umsatzerlöse | €/Periode | | | | |
| Selbstkosten | €/Periode | | | | |
| Betriebsergebnis | €/Periode | | | | |
| Rangfolge | | | | | |

Ermitteln Sie das Betriebsergebnis und die Rangfolge der Produkterfolge!

**Lösung s. Seite 224**

## Aufgabe 37:

Erläutern Sie, was unter folgenden Begriffen zu verstehen ist:

- ▶ Kostenträgerrechnung
- ▶ Kostenträgerstückrechnung
- ▶ Kostenverursachungsprinzip
- ▶ Kostentragfähigkeitsprinzip
- ▶ Vorkalkulation
- ▶ Zwischenkalkulation
- ▶ Nachkalkulation

- ▶ Zuschlagskalkulation
- ▶ summarische Zuschlagskalkulation
- ▶ differenzierende Zuschlagskalkulation
- ▶ Verkaufspreis
- ▶ Maschinenstundensatzrechnung
- ▶ Kuppelkalkulation
- ▶ Restwertrechnung

## ÜBUNGSTEIL (AUFGABEN UND FÄLLE)

- Kalkulationsverfahren
- Divisionskalkulation
- einstufige Divisionskalkulation
- zweistufige Divisionskalkulation
- Äquivalenzziffernkalkulation
- einstufige Äquivalenzziffernkalkulation
- mehrstufige Äquivalenzziffernkalkulation
- Verteilungsrechnung
- Kostenträgerzeitrechnung
- Gesamtkostenverfahren
- Kostenträgerblatt beim Gesamtkostenverfahren
- Umsatzkostenverfahren
- Kostenträgerblatt beim Umsatzkostenverfahren.

**Lösung s. MiniLex Seite 231 ff.**

### Aufgabe 38:

Die Planbeschäftigung in einer Kostenstelle wurde 2016 mit 20.000 Stunden, die Plankosten wurden mit 198.000 € angesetzt. Die Istbeschäftigung lag bei 16.000 Stunden, die Istkosten bei 163.200 €.

Ermitteln Sie:

1. den Plankostenverrechnungssatz
2. die verrechneten Plankosten
3. die Abweichung.

**Lösung s. Seite 225**

### Aufgabe 39:

1. Die proportionalen Kosten einer Kostenstelle werden mit 7.200 € veranschlagt. Die Plankosten der Kostenstelle betragen 24.000 €.

   Ermitteln Sie den Variator!

2. Für die Herstellung von 40.000 Einheiten wurden 100.000 € Gesamtkosten geplant, davon 30.000 € fix. In der Abrechnungsperiode wurden jedoch nur 30.000 Einheiten hergestellt.

   Zu ermitteln sind:

   a) Die Sollkosten bei Herstellung von 30.000 Einheiten mithilfe des Variators.

   b) Die fixen und die variablen Kosten bei der Herstellung von 30.000 Einheiten.

**Lösung s. Seite 225**

## ÜBUNGSTEIL (AUFGABEN UND FÄLLE)

## Aufgabe 40:

Erläutern Sie, was unter den folgenden Begriffen zu verstehen ist:

- Plankostenrechnung
- starre Plankostenrechnung
- flexible Plankostenrechnung
- Kapazitätsplanung
- Engpassplanung
- Stufenmethode

- Variatormethode
- Sollkosten
- Preisabweichung
- Verbrauchsabweichung
- Beschäftigungsabweichung
- Grenzplankostenrechnung.

**Lösung s. MiniLex Seite 231 ff.**

## Aufgabe 41:

1. Die variablen Kosten für die Herstellung von Transistorradios Typ „Astrosound" umfassten 2016 115.000 €. Der Brutto-Deckungsbeitrag für 2016 betrug 18.000 €.

   Gefertigt und abgesetzt wurden 972 Geräte.

   Ermitteln Sie den Angebotspreis für dieses Produkt!

2. Ein Unternehmen produzierte und verkaufte 2016 folgende Produkte:

| Produkt | Einheiten | Preis pro Einheit |
|---------|-----------|-------------------|
| A       | 20.000    | 30 €              |
| B       | 15.000    | 40 €              |
| C       | 18.000    | 10 €              |
| D       | 40.000    | 5 €               |

Die variablen Kosten betrugen:

| | | | |
|---|---|---|---|
| Produkt A | 500.000 € | Produkt C | 100.000 € |
| Produkt B | 580.000 € | Produkt D | 90.000 € |

Die fixen Kosten des Unternehmens beliefen sich auf 210.000 €. Ermitteln Sie den Erfolg des Unternehmens für 2016!

**Lösung s. Seite 226**

## Aufgabe 42:

Ein Unternehmen kann jährlich 8.000 Stück eines Erzeugnisses produzieren, lastet seine Kapazität aber nur zu 60 % aus. Die Erzeugnisse werden zum Preis von 35 €/Stück verkauft. Die fixen Kosten liegen bei 50.000 €/Jahr, die variablen Kosten betragen 15 €/Stück.

Die Geschäftsleitung ist an einer verbesserten Auslastung der Kapazität interessiert und beauftragt ein Marktforschungsinstitut mit der Erstellung einer Marktanalyse. Darin zeigt sich, dass voraussichtlich 1.200 Stück pro Jahr mehr abgesetzt werden könnten, wenn der Preis der Erzeugnisse um 3 €/Stück gesenkt würde.

# ÜBUNGSTEIL (AUFGABEN UND FÄLLE)

1. Wie verändert sich der Deckungsbeitrag pro Stück bei Erhöhung der Produktion!
2. Wie verändert sich die Gewinnschwelle bei Erhöhung der Produktion?
3. Welche Auswirkungen hat die Erhöhung der Produktion auf Umsatz, Deckungsbeitrag und Gewinn?

**Lösung s. Seite 226**

## Aufgabe 43:

Ein Einproduktunternehmen produziert im letzten Quartal 420.000 Taschenkalender. Die fixen Kosten betragen 50.000 €, die gesamten variablen Kosten belaufen sich in der betrachteten Periode auf 126.000 €. Im Verkauf lassen sich 0,50 €/Stück erzielen.

1. Wie hoch ist der Deckungsbeitrag je Taschenkalender?
2. Bestimmen Sie den Periodenerfolg!
3. Wie hoch muss die Auflage sein, damit der Break-even-point erreicht wird?

**Lösung s. Seite 227**

## Aufgabe 44:

Folgende Daten gelten für die Herstellung eines Erzeugnisses

- Produktionsmenge:   20.000 Stück/Jahr
- variable Kosten:    30.000 €/Jahr
- fixe Kosten:        50.000 €/Jahr.

In den letzten drei Jahren wurde das Erzeugnis zu 9,50 €/Stück verkauft. Gegenwärtig zeigt sich, da die Mitbewerber ihre Preise gesenkt haben, dass dieser Preis nicht zu halten ist. Der Assistent der Geschäftsleitung erhält den Auftrag festzustellen, wo die kostenorientierte Preisuntergrenze liegt.

Es wird festgestellt, dass die fixen Kosten mittelfristig um 10.000 €/Jahr vermindert werden können. Wie hoch liegt damit die kostenorientierte Preisuntergrenze

1. bei kurzfristiger Betrachtung
2. unter mittelfristiger Sicht
3. als langfristige Untergrenze?

**Lösung s. Seite 227**

## Aufgabe 45:

Ein Einprodukt-Unternehmen, das über eine Kapazität von 40.000 Stück/Monat verfügt, arbeitet mit einem Beschäftigungsgrad von 50 %. Die fixen Kosten betragen 100.000 €/Monat, die variablen Kosten 60.000 €/Monat. Der Verkaufspreis liegt bei 10,00 €/Stück.

# ÜBUNGSTEIL (AUFGABEN UND FÄLLE)

Es besteht nun die Möglichkeit, im Rahmen eines Exportauftrages einmalig weitere 10.000 Stück des Erzeugnisses zum Preis von 5,00 €/Stück abzusetzen.

1. Würden Sie die Annahme dieses Zusatzauftrages befürworten?
2. Wie verändert sich die Entscheidung, wenn es durch die Annahme des Auftrages zu einem Engpass kommen würde?
3. Weshalb ist die Teilkostenrechnung die geeignete Beurteilungsgrundlage?

**Lösung s. Seite 227**

## Aufgabe 46:

Es stehen drei Maschinen zur Fertigung eines Produktes zur Verfügung. Folgende Werte sind gegeben:

|  |  | Maschine 1 | Maschine 2 | Maschine 3 |
|---|---|---|---|---|
| Kapazität | Stück/Monat | 4.000 | 3.500 | 3.000 |
| Fixe Kosten | €/Monat | 12.000 | 10.000 | 15.000 |
| Variable Kosten | €/Stück | 12 | 14 | 17 |

1. Wie hoch sind die Gesamtkosten, die von jeder Maschine bei einer Produktion von 3.000 Stück/Monat verursacht werden?
2. Wie hoch sind die Deckungsbeiträge, die sich für jede einzelne Maschine bei einem Verkaufspreis von 25 €/Stück ergeben?
3. Welche der drei Maschinen sollte für die Herstellung der 3.000 Stück/Monat genutzt werden und warum?

**Lösung s. Seite 228**

## Aufgabe 47:

Einem Unternehmen stehen zwei Produktionsanlagen zur Verfügung:

1. Produktionsanlage I:

| | |
|---|---|
| Anschaffungskosten | 80.000 € |
| Nutzungsdauer | 8 Jahre |
| Kapazität | 12.000 Stück/Jahr |
| Kapitaldienst | 14.000 €/Jahr |
| Betriebskosten | 62.000 €/Jahr |

Ist der Einsatz der Produktionanlage vorteilhaft, wenn jährlich 12.000 Stück zum Preis von je 8 € abgesetzt werden können?

2. Produktionsanlage II:

| | |
|---|---|
| Anschaffungskosten | 70.000 € |
| Nutzungsdauer | 8 Jahre |
| Kapazität | 12.000 Stück/Jahr |
| Kapitaldienst | 12.250 €/Jahr |
| Betriebskosten | 66.000 €/Jahr |

Vergleichen Sie diese Produktionsanlage mit der Produktionsanlage I und ermitteln Sie, welche der beiden Produktionsanlagen vorteilhafter ist!

**Lösung s. Seite 229**

## Aufgabe 48:

Ein Unternehmen stellt vier Produktarten her. Es gelten folgende Werte:

| | | Produkt A | Produkt B | Produkt C | Produkt D |
|---|---|---|---|---|---|
| Gegenwärtiger Absatz | Stück/Mon. | 2.000 | 1.600 | 2.200 | 1.200 |
| Kapazität | Stück/Mon. | 3.000 | 3.000 | 4.000 | 2.000 |
| Erlöse | €/Stück | 48 | 76 | 40 | 46 |
| Variable Kosten | €/Stück | 22 | 44 | 42 | 28 |
| Fixe Kosten | €/Mon. | 100.000 | | | |

1. Wie hoch sind beim gegenwärtigen Absatz die Deckungsbeiträge und der Gewinn?
2. Eine Marktforschungsstudie zeigt, dass die Absatzzahlen im nächsten Jahr erhöht werden können. Möglich sind:

| Produkt A | 2.500 Stück/Mon. |
|---|---|
| Produkt B | 2.800 Stück/Mon. |

| Produkt C | 3.600 Stück/Mon. |
|---|---|
| Produkt D | 1.800 Stück/Mon. |

Die Kosten- und Erlösstruktur würde sich nicht verändern. Wie verändert sich der Gewinn, wenn die erhöhten Absatzzahlen realisiert werden?

3. Wie würde das optimale Produktionsprogramm aussehen und welchen Gewinn könnte das Unternehmen damit erzielen?

**Lösung s. Seite 229**

## Aufgabe 49:

Die Metallbau GmbH steht vor der Frage, Einbauteile selbst zu fertigen oder von einem Zulieferer zu beziehen. Folgende Situation ist gegeben:

Bei Eigenfertigung liegen die variablen Kosten bei 23 €/Stück, die fixen Kosten betragen 14 €/Stück. Der Zulieferer bietet die Einbauteile für 21 €/Stück an.

1. Welche Entscheidung sollte die Metallbau GmbH unter kostenrechnerischen Gesichtspunkten treffen?
2. Welche Gründe könnten gegen diese Entscheidung sprechen?

**Lösung s. Seite 230**

## ÜBUNGSTEIL (AUFGABEN UND FÄLLE)

### Aufgabe 50:

Erläutern Sie, was unter folgenden Begriffen zu verstehen ist:

- Deckungsbeitragsrechnung
- einstufige Deckungsbeitragsrechnung
- mehrstufige Deckungsbeitragsrechnung
- Deckungsbeitragsrechnung mit relativen Einzelkosten
- Nettoergebnis
- Brutto-Deckungszuschlag
- Gewinnschwellenanalyse
- Gewinnschwelle
- Gewinnplanung
- Preisuntergrenzen
- kostenorientierte Preisuntergrenze
- erfolgsorientierte Preisuntergrenze
- Zusatzauftrag
- optimale Produktionsverfahren
- Kostenvergleichsrechnung
- Gewinnvergleichsrechnung
- optimales Produktionsprogramm
- Eigenfertigung/Fremdbezug.

**Lösung s. MiniLex Seite 231 ff.**

## LÖSUNGEN

### Lösung zu 1:

1. Die Vielzahl betrieblicher Vorgänge als Folge der Leistungserstellung und Leistungsverwertung erfordert entsprechende Maßnahmen der mengen- und wertmäßigen Erfassung, Steuerung und Kontrolle.

2. Es liegt ein materieller Verstoß gegen die Ordnungsmäßigkeit der Buchführung vor, da die Richtigkeit und Vollständigkeit der Aufzeichnungen betroffen sind.

3.

| | |
|---|---|
| Die Buchungen und die sonst erforderlichen Aufzeichnungen sind vollständig, richtig, zeitgerecht und geordnet vorzunehmen. | § 146 Abs. 1 AO |
| Keine Buchung darf ohne Beleg erfolgen. | § 146 Abs. 1 AO |
| Die Bücher und die sonst erforderlichen Aufzeichnungen sind im Geltungsbereich des Grundgesetzes zu führen. | § 146 Abs. 2 AO |
| Die Buchungen und sonst erforderlichen Aufzeichnungen sind in einer lebenden Sprache vorzunehmen. Bei Abkürzungen, Ziffern, Buchstaben oder Symbolen muss im Einzelfall deren Bedeutung festliegen. | § 146 Abs. 3 AO |
| Die Buchungen oder sonst erforderlichen Aufzeichnungen dürfen nicht in einer Weise verändert werden, dass der ursprüngliche Inhalt nicht mehr feststellbar ist. | § 146 Abs. 4 AO |
| Die Bücher und sonst erforderlichen Aufzeichnungen können auch in der geordneten Ablage von Belegen bestehen oder auf Datenträgern geführt werden. | § 146 Abs. 5 AO |
| Bücher, Aufzeichnungen, Inventare, Buchungsbelege, Jahresabschlüsse, Lageberichte, die Eröffnungsbilanzen sowie die zu ihrem Verständis erforderlichen Arbeitsanweisungen und sonstigen Organisationsunterlagen sind 10 Jahre aufzubewahren. | § 147 Abs. 3 AO |

### Lösung zu 2:

1. Die **Finanz-** oder **Geschäftsbuchhaltung** (externe Erfolgsrechnung) gibt einen Überblick über die Vermögens- und Ertragslage des Unternehmens, liefert die Bemessungsgrundlagen für die Steuern und ermöglicht die Liquiditäts- und Finanzkontrolle.

   Die **Betriebsbuchhaltung** oder **Kostenrechnung** (interne Erfolgsrechnung) ermittelt die angefallenen Kosten und rechnet sie den Stellen und Produkten zu, die sie verursacht haben.

2. Es wird **grundsätzlich** vom **Absatzplan** ausgegangen, um darauf aufbauend als Folgepläne zu erstellen:

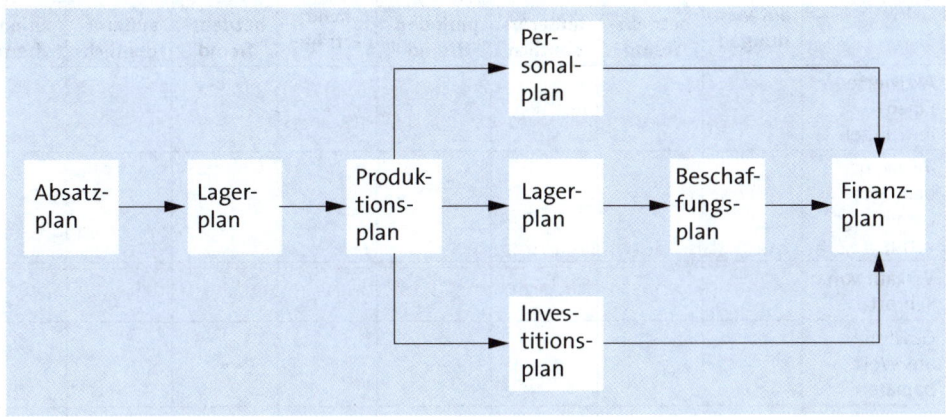

Ist im Unternehmen jedoch ein **Engpassbereich**, der nicht abgebaut werden kann oder soll, z. B. eine begrenzte Maschinenkapazität oder begrenzt finanzielle Mittel, muss vom Engpassplan ausgegangen werden.

3. **Probleme** können darin bestehen, dass die zu vergleichenden Unternehmen unterschiedliche Ausgangssituationen aufweisen und damit – was häufig der Fall ist – nur mit Einschränkungen oder überhaupt nicht sinnvoll vergleichbar sind.

## Lösung zu 3:

| Termine | Auszahlungen | Schulden | Ausgaben | Einzahlungen | Forderung | Einnahmen |
|---|---|---|---|---|---|---|
| 01.04.2013 | 0 | 1.000.000 | 1.000.000 | 0 | 1.000.000 | 1.000.000 |
| 15.07.2013 | 200.000 | 800.000 | 1.000.000 | 200.000 | 800.000 | 1.000.000 |
| 15.09.2013 | 400.000 | 600.000 | 1.000.000 | 400.000 | 600.000 | 1.000.000 |
| 15.11.2013 | 400.000 | 0 | 1.000.000 | 400.000 | 0 | 1.000.000 |

# LÖSUNGEN

## Lösung zu 4:

| | Zweck-aufwen-dungen | Neutrale Aufwendungen | | | Betrieb-liche Erträge | Neutrale Erträge | | |
|---|---|---|---|---|---|---|---|---|
| | | betriebs-fremd | außeror-dentlich | perioden-fremd | | betriebs-fremd | außeror-dentlich | perioden-fremd |
| Aktivierte Eigenleistungen | | | | | • | | | |
| Insolvenzbedingte Forderungsverluste | | | • | | | | | |
| Verkauf von Schrott | | | | | • | | | |
| Gewinne aus Wertpapieren | | | | | | | • | |
| Verkauf eines Pkw über Buchwert | | | | | | | • | |
| Prozesskosten aus Vorjahr | | | | • | | | | |
| Verluste aus Wertpapieren | | • | | | | | | |

## Lösung zu 5:

1. (Leistung-)Wirtschaftlichkeit 2015 = $\frac{15.360.000}{12.620.000}$ = **1,22**

   (Leistung-)Wirtschaftlichkeit 2016 = $\frac{14.610.000}{12.760.000}$ = **1,14**

   (Kosten-)Wirtschaftlichkeit 2015 = $\frac{12.450.000}{12.620.000}$ = **0,99**

   (Kosten-)Wirtschaftlichkeit 2016 = $\frac{12.200.000}{12.760.000}$ = **0,96**

   Bei der (Leistungs-)Wirtschaftlichkeit hat sich eine leichte Verschlechterung in 2016 auf einem dennoch positiven Niveau ergeben. Werden die Sollkosten berücksichtigt, ergibt sich eine geringe Verschlechterung in 2016 auf einem unbefriedigendem Niveau. Die Ergebnisse zeigen die im Textteil dargelegten Aussageprobleme.

2. Es ist – wie auch bei der Ertrags- bzw. Leistungs-Wirtschaftlichkeit – auf mögliche Preisschwankungen zu achten, die zu verfälschten Ergebnissen führen können.

# LÖSUNGEN

## Lösung zu 6:

| | 2015 | 2016 |
|---|---|---|
| Materialproduktivität | $\frac{25.340}{50.400} = 0{,}503$ | $\frac{24.200}{51.280} = 0{,}472$ |
| Arbeitsproduktivität | $\frac{25.340}{10.000} = 2{,}534$ | $\frac{24.200}{9.400} = 2{,}574$ |
| Betriebsmittelproduktivität | $\frac{25.340}{3.600} = 7{,}039$ | $\frac{24.200}{3.570} = 6{,}799$ |

Die Materialproduktivität und die Betriebsmittelproduktivität sind 2012 gesunken, die Arbeitsproduktivität ist 2012 angestiegen.

## Lösung zu 7:

Umsatzrentabilität $= \frac{8.000}{330.000} \cdot 100 = \mathbf{2{,}42\ \%}$

Eigenkapitalrentabilität $= \frac{8.000}{100.000} \cdot 100 = \mathbf{8{,}00\ \%}$

Gesamtkapitalrentabilität $= \frac{8.000 + 60.000 \cdot 0{,}06}{160.000} \cdot 100 = \mathbf{7{,}25\ \%}$

Rentabilität des betriebsnotwendigen Kapitals $= \frac{8.000 + 60.000 \cdot 0{,}75 \cdot 0{,}06}{100.000 + 60.000 \cdot 0{,}75} \cdot 100 = \mathbf{7{,}38\ \%}$

## Lösung zu 8:

1.

| | |
|---|---|
| Prämienlöhne | Fertigungslohnkosten |
| Verkaufsprovisionen | Sondereinzelkosten des Vertriebes |
| Furniere in der Möbelindustrie | Fertigungsmaterialkoste |

2.

| | |
|---|---|
| Hilfslöhne | Echte Gemeinkosten |
| Gehälter | Echte Gemeinkosten |
| Geringwertige Materialien | Unechte Gemeinkosten |
| Hilfsstoffe | Unechte Gemeinkosten |
| Strom | Echte Gemeinkosten, wenn Verbrauch durch Stromzähler nicht messbar; ansonsten unechte Gemeinkosten |

## Lösung zu 9:

1. a) Beschäftigungsgrad 2015 = $\frac{150.000 \cdot 100}{200.000}$ = **75 %**

   Beschäftigungsgrad 2016 = $\frac{188.000 \cdot 100}{200.000}$ = **94 %**

   b) Der Beschäftigungsgrad drückt die relative Beschäftigung eines Unternehmens aus, d. h. das Verhältnis der absoluten (= Ist-) Beschäftigung zur möglichen (Plan-) Beschäftigung. Mithilfe des Beschäftigungsgrades lassen sich auslastungsbezogene Betriebsvergleiche durchführen.

2. 
   | Gesamtkosten = fixe Kosten + variable Kosten |
   |---|

   Gesamtkosten = 300.000 + 700.000 = **1.000.000 €**

   | Stückkosten = Gesamtkosten : Leistungsmenge |
   |---|

   Stückkosten = 1.000.000 : 10.000 = **100 €**

## Lösung zu 10:

1. 
   | Ausbringungsmenge | Gesamte Fixkosten | Durchschnittskosten | Grenzkosten |
   |---|---|---|---|
   | 100 | 6.000 | 60 | 6.000 |
   | 200 | 6.000 | 30 | 0 |
   | 300 | 6.000 | 20 | 0 |

2. Nutzkosten = 20.000 · $\frac{4.400}{6.000}$ = **14.666,67 €**

   Leerkosten = 20.000 - 14.666,67 = **5.333,33 €**

3. Nutzkosten = $K_f \cdot b$ = 72.000 € · 0,6 = **43.200 €**

   Leerkosten = $K_f - K_N$ = 72.000 - 43.200 € = **28.800 €**

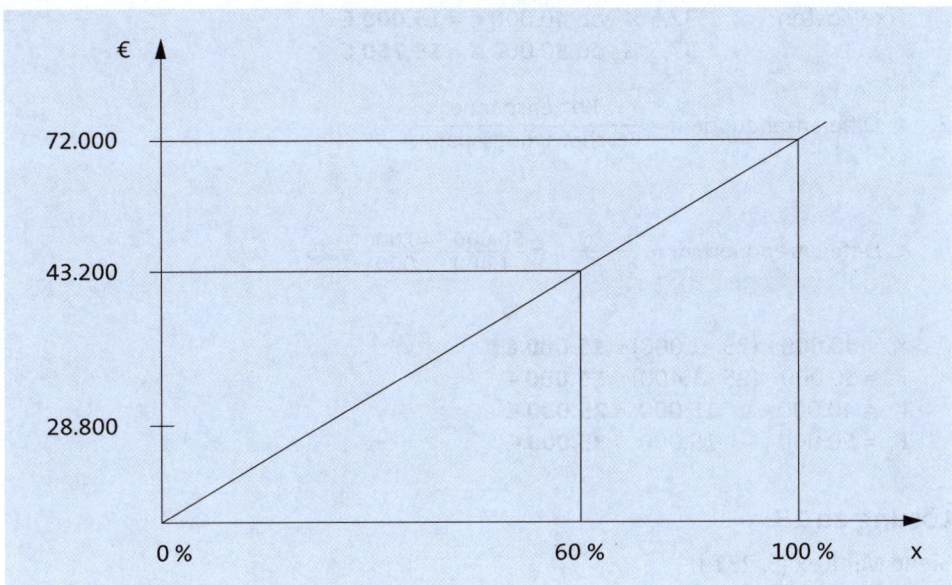

## Lösung zu 11:

1. Nutzenschwelle:

    5.000 + 60 x = 110 x
    
    x = **100 Stück**

2. Gewinnmaximum:

    G = 110 x - (5.000 + 60 x)
    G = 110 · 2.000 - (5.000 + 60 · 2.000)
    G = **95.000 €**

## Lösung zu 12:

1. Beschäftigungssteigerung: $\frac{1.400}{1.000}$ = 1,4 = 40 %

    Kostensteigerung: $\frac{50.000}{40.000}$ = 1,25 = 25 %

    Reagibilitätsgrad = $\frac{\text{Prozentuale Kostenänderung}}{\text{Prozentuale Beschäftigungsänderung}}$

    Reagibilitätsgrad = $\frac{25}{40}$ = 0,625 = 62,5 %

    Variable Kosten:  62,5 % von 40.000 € = **25.000 €**
    62,5 % von 50.000 € = **31.250 €**

Fixe Kosten: 37,5 % von 40.000 € = **15.000 €**
37,5 % von 50.000 € = **18.750 €**

2. $$\text{Differenzenquotient} = \frac{\text{Kostenspanne}}{\text{Beschäftigungsspanne}}$$

$$\text{Differenzenquotient} = \frac{K_2 - K_1}{x_2 - x_1} = \frac{50.000 - 40.000}{1.400 - 1.000} = 25$$

$K_f = 40.000 - (25 \cdot 1.000) =$ **15.000 €**
$K_f = 50.000 - (25 \cdot 1.400) =$ **15.000 €**
$K_v = 40.000 - \phantom{00}15.000 =$ **25.000 €**
$K_v = 50.000 - \phantom{00}15.000 =$ **35.000 €**

## Lösung zu 13:
Siehe MiniLex (S. 231 ff.)

## Lösung zu 14:
1. **Skontrationsmethode:**

| | | |
|---|---|---|
| Abgang | 07.05.: | 1.200 |
| Abgang | 15.05.: | 1.500 |
| Abgang | 20.05.: | 1.250 |
| Abgang | 26.05.: | 1.100 |
| = Verbrauch | | **5.050** |

2. **Inventurmethode:**

| | |
|---|---|
| Anfangsbestand | 2.000 |
| + Zugang | + 1.000 |
| | + 1.000 |
| | + 2.000 |
| - Endbestand | - 700 |
| = Verbrauch | **= 5.300** |

3. **Retrograde Methode:**
Verbrauch = 600 · 3 + 800 · 2 + 400 · 4
**Verbrauch = 5.000 Stück**

# LÖSUNGEN

## Lösung zu 15:

1. a)

|  | Kleinschmidt OHG | | | Petersen GmbH | | | Adolf Schmidt KG | | |
|---|---|---|---|---|---|---|---|---|---|
|  | 300 Stück | 800 Stück | 1.300 Stück | 300 Stück | 800 Stück | 1.300 Stück | 300 Stück | 800 Stück | 1.300 Stück |
| Angebotspreis | 25,00 | 25,00 | 25,00 | 23,00 | 23,00 | 23,00 | 30,00 | 30,00 | 30,00 |
| - Rabatt | — | — | 2,50 | — | — | — | — | — | 7,50 |
| - Bonus | — | — | — | — | — | — | — | — | — |
| + Mindermengenzuschlag | 1,25 | — | — | — | — | — | — | — | — |
| = Zieleinkaufspreis | 26,25 | 25,00 | 22,50 | 23,00 | 23,00 | 23,00 | 30,00 | 30,00 | 22,50 |
| - Skonto | 0,53 | 0,50 | 0,45 | — | — | — | 1,20 | 1,20 | 0,90 |
| = Bareinkaufspreis | 25,72 | 24,50 | 22,05 | 23,00 | 23,00 | 23,00 | 28,80 | 28,80 | 21,60 |
| + Bezugskosten | — | — | — | 0,06 | 0,06 | 0,06 | 0,03 | — | — |
| = **Anschaffungswert** | **25,72** | **24,40** | **22,05** | **23,06** | **23,06** | **23,06** | **28,83** | **28,80** | **21,60** |

b) Die Zulieferteile können am kostengünstigsten bezogen werden:
    bei    300 Stück von der Firma Petersen GmbH    (23,06 €)
    bei    800 Stück von der Firma Petersen GmbH    (23,06 €)
    bei 1.300 Stück von der Firma Adolf Schmidt KG    (21,60 €)

2. **Lifo-Methode**

    1.200 ml · 4 €/ml   =     4.800 €
       300 ml · 6 €/ml   =     1.800 €
       400 ml · 2 €/ml   =       800 €
    1.900 ml Verbrauch   =     7.400 €

Endbestand 300 ml · 2 €/ml = **600 €**

**Fifo-Methode**

       700 ml · 2 €/ml   =     1.400 €
       300 ml · 6 €/ml   =     1.800 €
       900 ml · 4 €/ml   =     3.600 €
    1.900 ml Verbrauch   =     6.800 €

Endbestand 300 ml · 4 €/ml = **1.200 €**

**Hifo-Methode**

       300 ml · 6 €/ml   =     1.800 €
    1.200 ml · 4 €/ml   =     4.800 €
       400 ml · 2 €/ml   =       800 €
    1.900 ml Verbrauch   =     7.400 €

## LÖSUNGEN

Endbestand 300 ml · 2 €/ml = **600 €**

**Lofo-Methode**

| | | |
|---|---|---|
| 700 ml · 2 €/ml | = | 1.400 € |
| 1.200 ml · 4 €/ml | = | 4.800 € |
| 1.900 ml Verbrauch | = | 6.200 € |

Endbestand 300 ml · 6 €/ml = **1.800 €**

### Lösung zu 16:

1. Es ergeben sich:

    a) Grundlohn = 12,20 + 0,20 · 12,20

    Grundlohn = **14,64 €**

    b) Minutenfaktor = 14,64 : 60

    Minutenfaktor = **0,244 €/Min.**

    c) Stundenlohn = 4 · 20 · 0,244 = **19,52 €/Std.**

2. Der Rückgang der Bedeutung der Akkordentlohnung liegt in der zunehmenden Mechanisierung und Automatisierung der Fertigungsprozesse, die der Arbeitskraft weniger bzw. keine Leistungsspielräume mehr zugestehen.

### Lösung zu 17:

1.

| Tag | Ist-Leistung (Stück) | Arbeitszeit (Stunden) | Ersparte Zeit (Stunden) | Grundlohn (€) | Prämie (50 %) | Tageslohn (€) |
|---|---|---|---|---|---|---|
| 1 | 8 | 8 | 0 | 96,00 | 0,00 | 96,00 |
| 2 | 10 | 8 | 2 | 96,00 | 12,00 | 108,00 |
| 3 | 11 | 8 | 3 | 96,00 | 18,00 | 114,00 |
| 4 | 13 | 8 | 5 | 96,00 | 30,00 | 126,00 |
| 5 | 10 | 8 | 2 | 96,00 | 12,00 | 108,00 |

2.

| Tag | Ist-Leistung (Stück) | Tageslohn (€) | Lohnkosten (€/Stück) |
|---|---|---|---|
| 1 | 8 | 96,00 | **12,00**[1] |
| 2 | 10 | 108,00 | **10,80** |
| 3 | 11 | 114,00 | **10,36** |
| 4 | 13 | 126,00 | **9,69** |
| 5 | 10 | 108,00 | **10,80** |

---

[1] 12,00 = 96 : 8

## Lösung zu 18:

1. Es ergeben sich folgende Werte:

    a) $a = \dfrac{B}{n}$

    $a = \dfrac{200.000}{5} = $ **40.000 €**

    b) $a = \dfrac{B - R}{N}$

    $a = \dfrac{200.000 - 20.000}{5} = $ **36.000 €**

2. Eine gleichmäßige Verteilung der Kosten kann bei Verwendung der linearen Abschreibung nur dann erreicht werden, wenn keine oder aber gleich hohe jährliche Reparaturen anfallen.

## Lösung zu 19:

1. Es ergeben sich folgende Werte:

    a) $p = \left(1 - \sqrt[10]{\dfrac{21.475}{200.000}}\right) \cdot 100 = $ **20 %**

    Daraus errechnen sich als jährliche Abschreibungsbeträge:

    | Jahr | Abschreibungsbetrag (€) |
    |------|-------------------------|
    | 1    | 40.000                  |
    | 2    | 32.000                  |
    | 3    | 25.600                  |
    | 4    | 20.480                  |
    | 5    | 16.384                  |
    | 6    | 13.107                  |
    | 7    | 10.486                  |
    | 8    | 8.389                   |
    | 9    | 6.711                   |
    | 10   | 5.369                   |

    b) $D = \dfrac{200.000 - 21.475}{1 + 2 + \ldots + 9 + 10} = $ **3.245,91 €**

Die jährlichen Abschreibungsbeträge sind:

| Jahr | Abschreibungsbetrag (€) |
|---|---|
| 1 | 32.459 |
| 2 | 29.213 |
| 3 | 25.967 |
| 4 | 22.721 |
| 5 | 19.476 |
| 6 | 16.230 |
| 7 | 12.984 |
| 8 | 9.738 |
| 9 | 6.491 |
| 10 | 3.246 |

2. Steuerlich ist nur die geometrisch-degressive Abschreibung, nicht die arithmetisch-degressive Abschreibung zulässig. Kalkulatorisch hat das aber keine Bedeutung. Hier sind beide Verfahren möglich.

## Lösung zu 20:

| Jahr | Berechnung | Abschreibungsbetrag (€) |
|---|---|---|
| 1 | (180.000 - 20.000) : 320.000 • 100.000 | 50.000 |
| 2 | (180.000 - 20.000) : 320.000 • 60.000 | 30.000 |
| 3 | (180.000 - 20.000) : 320.000 • 90.000 | 45.000 |
| 4 | (180.000 - 20.000) : 320.000 • 70.000 | 35.000 |

## Lösung zu 21:

1. Es ergeben sich folgende Werte:
    a)  Wiederbeschaffungswert des Anlagevermögens 800.000 €
        - Bisherige kalkulatorische Abschreibungen         200.000 €
        - Stillgelegte Fabrikanlage                        50.000 €    550.000 €
        + Durchschnittliches Umlaufvermögen                            300.000 €
        = Betriebsnotwendiges Vermögen                                 850.000 €
        = Betriebsnotwendiges Kapital                                  850.000 €
    b) Kalkulatorische Zinsen= 850.000 • 0,08= **68.000 €**

2. Lieferantenkredite zählen nicht zum Abzugskapital, weil sie nur scheinbar zinslos gewährt werden. Tatsächlich ist aber der Skonto, der bei vorzeitiger Zahlung abgezogen werden darf, der Zins für den Lieferantenkredit.

3. Eine Berücksichtigung von Kundenanzahlungen würde zu einer Doppelerfassung über die Erlösrechnung führen, da die Kunden die Anzahlungen um den Zins für die Zeit des zur Verfügung gestellten Kapitals kürzen werden. Eine Ertragsenkung entspricht formal einer Kostenerhöhung.

## Lösung zu 22:

1. Durchschnittliche Verluste in Prozent = $\frac{40.200}{3.620.000} \cdot 100 = 1{,}1\,\%$

   Kalkulatorisches Anlagewagnis im 5. Jahr:

   1.500.000 € · 0,011 = **16.500 €**

2. a) Gewährleistungswagnis
   b) Gewährleistungswagnis
   c) Anlagenwagnis
   d) Beständewagnis
   e) Beständewagnis
   f) Mehrkostenwagnis
   g) Vertriebswagnis
   h) Mehrkostenwagnis.

## Lösung zu 23:

Der Ansatz des Gehaltes, das der Geschäftsführer der Supermarkt-Filialen bezieht, ist nicht vertretbar.

Peter Müller muss sich bei der Festsetzung des kalkulatorischen Unternehmerlohnes nicht nur – wie geschehen – am gleichen Geschäftszweig orientieren, sondern an:

▸ einer vergleichbaren Arbeitsleistung

▸ einem vergleichbaren Geschäftsumfang

▸ einem vergleichbaren Standort.

## Lösung zu 24:

Siehe MiniLex (S. 231 ff.)

## Lösung zu 25:

|                    | Allgemeiner Bereich | Material-bereich | Fertigungs-bereich | Verwal-tungsbereich | Vertriebs-bereich |
|--------------------|---------------------|------------------|--------------------|---------------------|-------------------|
| Materialannahme    |                     | •                |                    |                     |                   |
| Personalwesen      |                     |                  |                    | •                   |                   |
| Hausdruckerei      |                     |                  |                    | •                   |                   |
| Dreherei           |                     |                  | •                  |                     |                   |
| Kantine            | •                   |                  |                    |                     |                   |
| Marktforschung     |                     |                  |                    |                     | •                 |
| Kundendienst       |                     |                  |                    |                     | •                 |
| Einkauf            |                     | •                |                    |                     |                   |
| Hausverwaltung     | •                   |                  |                    |                     |                   |
| Konstruktion       |                     |                  | •                  |                     |                   |
| Wasserversorgung   | •                   |                  |                    |                     |                   |
| Geschäftsführung   |                     |                  |                    | •                   |                   |
| Arbeitsvorbereitung|                     |                  | •                  |                     | •                 |
| Werbeabteilung     |                     |                  |                    |                     |                   |
| Sanitätsstation    | •                   |                  |                    |                     |                   |
| Verpackungslager   |                     |                  |                    |                     | •                 |
| Meisterbüro        |                     |                  | •                  |                     |                   |

## Lösung zu 26:

1. Im Rahmen der Kostenstellenrechnung wird der Betriebsabrechnungsbogen (BAB) als Hilfsmittel zur Kostenverteilung benutzt, indem den einzelnen betrieblichen Kostenstellen die dort verursachten Kosten zugerechnet werden.

   Der BAB enthält in der Vertikalen alle Kostenarten (primäre Einzel- und Gemeinkosten sowie sekundäre Kosten), die den in der Horizontalen aufgeführten Haupt-, Neben- und Hilfskostenstellen zugeführt werden.

   Außerdem kann mithilfe des BAB durch Vergleich der Soll- und Istkosten der Kostenstellen eine permanente Wirtschaftlichkeitskontrolle durchgeführt werden.

2. 

| Kostenstellen / Kostenarten | Zahlen der Buchhaltung | Allgem. Kostenstellen 1 | Allgem. Kostenstellen 2 | Materialbereich | Fertigungsbereich Hilfsstelle 1 | Fertigungsbereich Hilfsstelle 2 | Fertigungsbereich Hauptstelle 1 | Fertigungsbereich Hauptstelle 2 | Summe A + B | Verwaltungsbereich | Vertriebsbereich |
|---|---|---|---|---|---|---|---|---|---|---|---|
| Fertigungsmaterial | 100.000 | | | 100.000 | | | | | | | |
| Fertigungslöhne | 80.000 | | | | | | 45.000 | 35.000 | 80.000 | | |
| Hilfs-, Betriebsstoffe | 10.000 | 600 | 600 | 2.800 | 400 | 600 | 2.500 | 1.500 | 4.000 | 500 | 500 |
| Energie | 25.000 | 600 | 1.400 | 3.000 | 2.500 | 2.500 | 7.000 | 6.000 | 13.000 | 1.000 | 1.000 |
| Hilfslöhne | 32.000 | 1.500 | 1.500 | 5.000 | 4.000 | 3.000 | 7.000 | 6.000 | 13.000 | 3.000 | 1.000 |
| Steuern | 25.000 | 1.000 | 2.000 | 6.000 | 2.000 | 1.000 | 4.000 | 5.000 | 9.000 | 1.000 | 3.000 |
| Miete | 16.000 | 800 | 800 | 4.000 | 800 | 1.600 | 3.200 | 2.400 | 5.600 | 1.600 | 800 |
| Bürokosten | 14.000 | 1.000 | 1.000 | 1.000 | 1.000 | 1.000 | 1.000 | 1.000 | 2.000 | 5.000 | 2.000 |
| Abschreibung | 25.000 | 500 | 1.500 | 5.000 | 2.500 | 1.500 | 7.000 | 5.000 | 12.000 | 1.000 | 1.000 |
| Summe | 147.000 | 6.000 | 8.800 | 26.800 | 13.200 | 11.200 | 31.700 | 26.900 | 58.600 | 13.100 | 9.300 |
| Umlage Allg. Kost.1 | | | | 500 | 1.000 | 500 | 1.500 | 1.500 | 3.000 | 500 | 500 |
| Umlage Allg. Kost.2 | | | | 1.100 | 1.650 | 550 | 2.200 | 1.650 | 3.850 | 1.100 | 550 |
| Summe | | | | 28.400 | 15.850 | 12.250 | 35.400 | 30.050 | 65.450 | 14.700 | 10.350 |
| Umlage Hi.st.1 | | | | | | | 9.510 | 6.340 | 15.850 | | |
| Umlage Hi.st.2 | | | | | | | 4.900 | 7.350 | 12.250 | | |
| Summe | | | | 28.400 | | | 49.810 | 43.740 | 93.550 | 14.700 | 10.350 |
| Istzuschläge | | | | 28,40 % | | | 110,69 % | 124,97 % | 116,94 % | 4,87 % | 3,43 % |
| Normalzuschläge | | | | 29,00 % | | | 110,00 % | 126,00 % | | 5,00 % | 3,00 % |
| Normalgemeinkosten | | | | 29.000 | | | 49.500 | 44.100 | 93.600 | 15.130 | 9.078 |
| Über-/Unterdeckung | | | | + 600 | | | - 310 | + 360 | + 50 | + 430 | - 1.272 |

## Lösung zu 27:

1. Ziel der innerbetrieblichen Leistungsverrechnung ist letztendlich, eine für Kalkulations- und Kontrollzwecke möglichst verursachungsgerechte Kostenzuweisung zu erhalten, indem die Kosten der liefernden Hilfs- und Hauptkostenstellen auf die erstellten Leistungseinheiten der empfangenden Kostenstellen zu verteilen sind.

2. a) **Kostenartenverfahren**

|  | Materialbereich | Fertigungsbereich | Verwaltungsbereich | Vertriebsbereich |
|---|---|---|---|---|
| Einzelkosten | 80.000 | 135.000 |  |  |
| Gemeinkosten | 25.000 | 95.000 | 40.000 | 45.000 |
| Entlastung EK | - 8.000 | - 15.000 |  |  |
| Belastung EK |  |  |  | + 23.000 |
| EK nach IBL | 72.000 | 120.000 |  |  |
| GK nach IBL | 25.000 | 95.000 | 40.000 | 68.000 |

b) **Kostenstellenausgleichsverfahren**

|  | Materialbereich | Fertigungsbereich | Verwaltungsbereich | Vertriebsbereich |
|---|---|---|---|---|
| Einzelkosten | 80.000 | 135.000 |  |  |
| Gemeinkosten | 25.000 | 95.000 | 40.000 | 45.000 |
| Entlastung EK | - 8.000 | - 15.000 |  |  |
| Entlastung GK | - 5.000 | - 10.000 |  |  |
| Belastung GK |  |  |  | + 38.000 |
| EK nach IBL | 72.000 | 120.000 |  |  |
| GK nach IBL | 20.000 | 85.000 | 40.000 | 83.000 |

c) **Kostenträgerverfahren**

|  | Materialbereich | Fertigungsbereich | Verwaltungsbereich | Vertriebsbereich | Ausgliederungsstelle |
|---|---|---|---|---|---|
| Einzelkosten | 80.000 | 135.000 |  |  |  |
| Gemeinkosten | 25.000 | 95.000 | 40.000 | 45.000 |  |
| Entlastung EK | - 8.000 | - 15.000 |  |  |  |
| Entlastung GK | - 5.000 | - 10.000 |  |  |  |
| Belastung GK |  |  |  |  | + 38.000 |
| EK nach IBL | 72.000 | 120.000 |  |  |  |
| GK nach IBL | 20.000 | 85.000 | 40.000 | 45.000 | 38.000 |

## LÖSUNGEN

## Lösung zu 28:

1. $50.000 q_1 = 10.000 + 3.000 q_2 \;|\; \cdot 4$
   $12.000 q_2 = 20.000 + 8.000 q_1$

   _____

   $200.000 q_1 = 40.000 + 12.000 q_2$
   $-8.000 q_1 = 20.000 - 12.000 q_2$

   _____

   $192.000 q_1 = 60.000$
   $q_1 = \mathbf{0{,}3125\; €/Einheit}$

   $12.000 q_2 = 20.000 + 8.000 q_1$
   $12.000 q_2 = 22.500$
   $q_2 = \mathbf{1{,}875\; €/Einheit}$

   $q_1 = 0{,}3125$
   $8.000 q_1 = \mathbf{2.500\; €}$

   $q_2 = 1{,}8750$
   $3.000 q_2 = \mathbf{5.625\; €}$

2. 

| Gemeinkosten | | Kostenstelle A | Kostenstelle A |
|---|---|---|---|
| | Primäre Gemeinkosten | 10.000 € | 20.000 € |
| + | Belastung der empfangenden Kostenstelle | 5.625 € | 2.500 € |
| − | Entlastung der leistenden Kostenstelle | 2.500 € | 5.625 € |
| = | Gemeinkosten nach Verrechnung | 13.125 € | 16.875 € |

## Lösung zu 29:
Siehe MiniLex (S. 231 ff.)

## Lösung zu 30:

1. Es ergeben sich folgende Werte:

   a) $k_H = \dfrac{K_H}{x}$

   $k_H = \dfrac{88.000 + 6.000 + 78.000 + 20.000}{5.000} = \mathbf{38{,}40\; €/Einheit}$

b) $k = \frac{K_H + K_{VV}}{x}$

$k = \frac{(88.000 + 6.000 + 78.000 + 20.000) + (22.000 + 9.000 + 12.000)}{5.000} = $ **47,00 €/Einheit**

2. Es ergeben sich folgende Werte:

a) $k_H = \frac{K_H}{x}$

$k_H = \frac{450.000}{30.000} = $ **15,00 €/Einheit**

$k = \frac{K_H + K_{Vw} + K_{Vt}}{x}$

$k = \frac{450.000 + 47.800 + 28.400}{30.000} = $ **17,54 €/Einheit**

b) $k_H = $ **15,00 €/Einheit**

$k = \frac{K_H}{x} + \frac{K_{Vw} + K_{Vt}}{x_A}$

$k = \frac{450.000}{30.000} + \frac{47.800 + 28.400}{25.000} = $ **18,05 €/Einheit**

## Lösung zu 31:

1. $k_A = \frac{783.000}{1 \cdot 500 + 2 \cdot 700 + 2,5 \cdot 400} \cdot 1,0 = $ **270 €/Platte**

$k_B = \frac{783.000}{2.900} \cdot 2,0 = $ **540 €/Platte**

$k_C = \frac{783.000}{2.900} \cdot 2,5 = $ **675 €/Platte**

2. **Materialkosten**

$k_A = \frac{138.240}{1,0 \cdot 5.000 + 1,3 \cdot 4.000 + 1,5 \cdot 6.000} \cdot 1,0 = $ **7,20 €/Stück**

$k_B = \frac{138.240}{19.200} \cdot 1,3 = $ **9,36 €/Stück**

$k_C = \frac{138.240}{19.200} \cdot 1,5 = $ **10,80 €/Stück**

**Lohnkosten**

$k_A = \frac{105.210}{1,1 \cdot 5.000 + 1,3 \cdot 4.000 + 1,5 \cdot 6.000} \cdot 1,1 = $ **6,93 €/Stück**

$k_B = \frac{105.210}{16.700} \cdot 1,3 = $ **8,19 €/Stück**

$k_C = \frac{105.210}{16.700} \cdot 1,0 = $ **6,30 €/Stück**

## LÖSUNGEN

**Sonstige Kosten**

$k_A = \dfrac{34.860}{1,2 \cdot 5.000 + 1,0 \cdot 4.000 + 1,1 \cdot 6.000} \cdot 1,2 = \mathbf{2,52\ €/Stück}$

$k_B = \dfrac{34.860}{16.600} \cdot 1,0 = \mathbf{2,10\ €/Stück}$

$k_C = \dfrac{34.860}{16.600} \cdot 1,1 = \mathbf{2,31\ €/Stück}$

**Selbstkosten**

$k_A = 7,20 + 6,93 + 2,52 = \mathbf{16,65\ €/Stück}$

$k_B = 9,36 + 8,19 + 2,10 = \mathbf{19,65\ €/Stück}$

$k_C = 10,80 + 6,30 + 2,31 = \mathbf{19,41\ €/Stück}$

## Lösung zu 32:

1.

|   |   | Maschinen Typ A | Maschinen Typ B |
|---|---|---:|---:|
|   | Fertigungsmaterial | 160.000 | 200.000 |
| + | Materialgemeinkosten | 32.000 | 50.000 |
| = | Materialkosten | 192.000 | 250.000 |
| + | Fertigungslöhne | 100.000 | 120.000 |
| + | Fertigungsgemeinkosten | 25.000 | 40.000 |
| + | Sondereinzelkosten der Fertigung | 10.000 | 12.000 |
| = | Fertigungskosten | 135.000 | 172.000 |
|   | Herstellkosten | 327.000 | 422.000 |
| + | Verwaltungsgemeinkosten | 30.000 | 30.000 |
| + | Vertriebsgemeinkosten | 25.000 | 25.000 |
| + | Sondereinzelkosten des Vertriebs | 12.000 | 16.000 |
| = | Selbstkosten | **394.000** | **493.000** |

Die Selbstkosten pro Erzeugnis betrugen für:

Maschinen Typ A:  k = 394.000 : 40 = **9.850 €/Erzeugnis**

Maschinen Typ B:  k = 493.000 : 50 = **9.860 €/Erzeugnis**

2.

|   | | |
|---|---|---|
| | Materialeinzelkosten | 500 € |
| + | Materialgemeinkosten (20 %) | 100 € |
| + | Fertigungseinzelkosten | 400 € |
| + | Fertigungsgemeinkosten (150 %) | 600 € |
| = | Herstellkosten | 1.600 € |
| + | Verwaltungs- und Vertriebskosten (25 %) | 400 € |
| = | Selbstkosten | 2.000 € |
| + | Gewinnzuschlag | 700 € |
| = | Verkaufspreis | 2.700 € |
| + | Rabatt 10 % | 300 € |
| = | **Netto-Angebotspreis** | **3.000 €** |

## Lösung zu 33:

| | | % | € | |
|---|---|---|---|---|
| | Fertigungsmaterial | | 9.630,00 | |
| + | Materialgemeinkosten | 7 | 674,10 | |
| = | Materialkosten | | | 10.304,10 |
| + | Fertigungslöhne A | | 160,00 | |
| + | Maschinenstundensatz A | | 170,05 | |
| + | Rest-Fertigungsgemeinkosten | 40 | 64,00 | 394,05 |
| + | Fertigungslöhne B | | 350,00 | |
| + | Maschinenstundensatz B | | 213,00 | |
| + | Rest-Fertigungsgemeinkosten | 65 | 227,50 | 790,50 |
| = | Herstellkosten | | | 11.488,65 |
| + | Verwaltungsgemeinkosten | 8 | | 919,09 |
| + | Vertriebsgemeinkosten | 5 | | 574,43 |
| = | Selbstkosten | | | 12.982,17 |
| = | Selbstkosten pro Einheit | | | **25,96** |

## Lösung zu 34:

1. $$k_H = \frac{K_H - [x_{NB}(P_{NB} - k_{ANB}) + x_{NC}(P_{NC} - k_{ANC})]}{x_H}$$

$$k_H = \frac{750.000 - [2.000(125 - 25) + 1.000(150 - 100)]}{5.000}$$

$$k_H = \frac{750.000 - [200.000 + 50.000]}{5.000} = \mathbf{100\ €/Stück}$$

2. $k_A = \dfrac{4.000.000}{20.000 \cdot 1{,}0 + 40.000 \cdot 0{,}8 + 20.000 \cdot 0{,}6} \cdot 1{,}0 = $ **62,50 €/Stück**

$k_B = \dfrac{4.000.000}{64.000} \cdot 0{,}8 = $ **50,00 €/Stück**

$k_C = \dfrac{4.000.000}{64.000} \cdot 0{,}6 = $ **37,50 €/Stück**

## Lösung zu 35:

|   |   | % | € |   |
|---|---|---|---|---|
|   | Fertigungsmaterial |   | 20.000 |   |
| + | Materialgemeinkosten | 40 | 8.000 |   |
| = | Materialkosten |   |   | 28.000 |
|   | Fertigungslöhne |   | 26.000 |   |
| + | Fertigungsgemeinkosten | 50 | 13.000 |   |
| + | Sondereinzelkosten der Fertigung |   | 2.000 |   |
| = | Fertigungskosten |   |   | 41.000 |
| = | Herstellkosten der Erzeugung |   |   | 69.000 |
| - | Mehrbestand an Fertigerzeugnissen |   |   | 800 |
| + | Minderbestand an unfertigen Erzeugnissen |   |   | 1.200 |
| = | Herstellkosten des Umsatzes |   |   | 69.400 |
| + | Verwaltungsgemeinkosten | 12 |   | 8.328 |
| + | Vertriebsgemeinkosten | 10 |   | 6.940 |
| + | Sondereinzelkosten des Vertriebs |   |   | 1.000 |
| = | Selbstkosten des Umsatzes |   |   | 85.668 |
|   | Netto-Verkaufserlöse |   |   | 108.500 |
| = | Selbstkosten des Umsatzes |   |   | 85.668 |
| = | **Betriebsergebnis** |   |   | **22.832** |

## Lösung zu 36:

| Erzeugnis/Erzeugnisgruppe |   | 1 | 2 | 3 | Gesamt |
|---|---|---|---|---|---|
| Verkaufspreis | €/Stück | 10,00 | 11,00 | 17,00 | — |
| Selbstkosten | €/Stück | 7,00 | 9,00 | 11,50 | — |
| Gewinn (netto) | €/Stück | 3,00 | 2,00 | 5,50 | — |
| Absatzmenge | Stück | 8.000 | 7.000 | 4.000 | 19.000 |
| Umsatzerlöse | €/Periode | 80.000 | 77.000 | 68.000 | 225.000 |
| Selbstkosten | €/Periode | 56.000 | 63.000 | 46.000 | 165.000 |
| Betriebsergebnis | €/Periode | 24.000 | 14.000 | 22.000 | 60.000 |
| Rangfolge |   | 1 | 3 | 2 |   |

# LÖSUNGEN

## Lösung zu 37:
Siehe MiniLex (S. 231 ff.)

## Lösung zu 38:
1. Plankostensatz = $\frac{198.000}{20.000}$ = **9,90 €/Std.**

2. Verrechnete Plankosten = 16.000 · 9,90 = **158.400 €**

3. Abweichung = 163.200 - 158.400 = **+ 4.800 €**

## Lösung zu 39:
1. Variator = $\frac{7.200}{24.000}$ · 10 = **3**

2. 
```
  Gesamte Plankosten      100.000 €
- Fixe Plankosten          30.000 €
= Variable Plankosten      70.000 €
```

Planbeschäftigung 40.000 Einheiten
Istbeschäftigung 30.000 Einheiten

a. Beschäftigung = $\frac{30.000}{40.000}$ · 100 = **75 %**

Beschäftigungsänderung = **- 25%**

Variator = $\frac{70.000}{100.000}$ · 10 = **7**

Kostenänderung = $\frac{-25 \cdot 7}{10}$ = **- 17,5**

Gesamte Sollkosten = $\frac{100.000 \cdot (100 - 17,5)}{100}$ = **82.500 €**

b.
```
  Gesamte Sollkosten      82.500 €
- Fixe Sollkosten         30.000 €
= Variable Sollkosten     52.500 €
```

## Lösung zu 40:
Siehe MiniLex (S. 231 ff.)

## Lösung 41:

1. $P = \dfrac{115.000 + 18.000}{972} = \mathbf{136{,}83\ €}$

2.

|  | A | B | C | D | Gesamt |
|---|---|---|---|---|---|
| Erlöse | 20.000 · 30 = 600.000 | 15.000 · 40 = 600.000 | 18.000 · 10 = 180.000 | 40.000 · 5 = 200.000 | 1.580.000 |
| - Variable Kosten | 500.000 | 580.000 | 100.000 | 90.000 | 1.270.000 |
| = Deckungsbeiträge | 100.000 | 20.000 | 80.000 | 110.000 | 310.000 |
| - Fixe Kosten |  |  |  |  | 210.000 |
| = **Erfolg** |  |  |  |  | **100.000** |

## Lösung zu 42:

1.

|  |  | bei 4.800 Stück/Jahr | bei 6.000 Stück/Jahr |
|---|---|---|---|
| Preis | €/Stück | 35,00 | 32,00 |
| - Variable Kosten | €/Stück | 15,00 | 15,00 |
| = Deckungsbeitrag | €/Stück | **20,00** | **17,00** |

2.

|  | bei 4.800 Stück/Jahr | bei 6.000 Stück/Jahr |
|---|---|---|
| Gewinnschwelle $\dfrac{K_f}{db}$ | $\dfrac{50.000}{20} = \mathbf{2.500}$ | $\dfrac{50.000}{17} = \mathbf{2.941}$ |

3.

|  |  | bei 4.800 Stück/Jahr | bei 6.000 Stück/Jahr |
|---|---|---|---|
| Erlöse | €/Jahr | 168.000 | 192.000 |
| - Variable Kosten | €/Jahr | 72.000 | 90.000 |
| = Deckungsbeitrag | €/Jahr | 96.000 | 102.000 |
| - Fixe Kosten | €/Jahr | 50.000 | 50.000 |
| = Gewinn | €/Jahr | **46.000** | **52.000** |

## Lösung zu 43:

1.  | | | |
    |---|---|---|
    | | Verkaufserlös je Stück | 0,50 € |
    | - | Variable Kosten[1] je Stück | 0,30 € |
    | = | **Deckungsbeitrag** | **0,20 €/Stück** |

2.  | | | |
    |---|---|---|
    | | Erlöse (420.000 · 0,50 €) | 210.000 € |
    | - | Variable Kosten | 126.000 € |
    | = | Deckungsbeitrag | 84.000 € |
    | - | Fixkosten | 50.000 € |
    | = | **Periodenerfolg** | **34.000 €** |

3.  Break-even-point = $\dfrac{50.000\ €}{(0,50\ € - 0,30\ €)}$ = **250.000 Stück**

    Bei einer Auflage von 250.000 Stück wird die Gewinnschwelle erreicht.

## Lösung zu 44:

1. Kurzfristige Preisuntergrenze:

   $k_v = \dfrac{30.000}{20.000}$ = **1,50 €/Stück**

2. Mittelfristige Preisuntergrenze:

   $k_v + k_{f\text{mittelfristig}} = \dfrac{30.000}{20.000} + \dfrac{10.000}{20.000}$ = **2,00 €/Stück**

3. Langfristige Preisuntergrenze:

   $k_v + k_f = \dfrac{30.000}{20.000} + \dfrac{40.000}{20.000}$ = **3,50 €/Stück**

## Lösung zu 45:

1. Erfolg **ohne** Zusatzauftrag

   | | | | |
   |---|---|---|---|
   | | Erlöse | 20.000 · 10 | 200.000 €/Monat |
   | - | Variable Kosten | 20.000 · (60.000 : 20.000) | 60.000 €/Monat |
   | = | Deckungsbeitrag | | 140.000 €/Monat |
   | - | Fixe Kosten | | 100.000 €/Monat |
   | = | **Gewinn** | | **40.000 €/Monat** |

---

[1] Variable Kosten/Stück = $\dfrac{126.000\ €}{420.000\ \text{Stück}}$ = 0,3 €/Stück

## LÖSUNGEN

Erfolg **mit** Zusatzauftrag

| | | |
|---|---|---|
| Erlöse | 20.000 · 10 + 10.000 · 5 | 250.000 €/Monat |
| - Variable Kosten | 30.000 · 3 | 90.000 €/Monat |
| = Deckungsbeitrag | | 160.000 €/Monat |
| - Fixe Kosten | | 100.000 €/Monat |
| **= Gewinn** | | **60.000 €/Monat** |

Bei Ansatz von Teilkosten erscheint es vorteilhaft, den Zusatzauftrag hereinzunehmen, denn der Gewinn steigt dabei um 20.000 € auf 60.000 € an.

2. Bei einem Engpass müssen neben den variablen Kosten auch noch Opportunitätskosten mit in die Entscheidungsfindung einbezogen werden.

   Opportunitätskosten ergeben sich aus den zusätzlichen Deckungsbeiträgen, welche die verdrängten Erzeugnisse erwirtschaften würden.

3. Die fixen Kosten sind bereits durch die Erlöse aus der bisher laufenden Produktion, das sind 20.000 Stück/Monat, gedeckt. Der Zusatzauftrag verursacht nur noch variable Kosten, das sind 3,00 €/Stück.

### Lösung zu 46:

1. Gesamtkosten

$$K = K_f + K_v = K_f + k_v \cdot x$$

$K_1 = 12.000 + 12 \cdot 3.000 =$ **48.000 €/Monat**
$K_2 = 10.000 + 14 \cdot 3.000 =$ **52.000 €/Monat**
$K_3 = 15.000 + 17 \cdot 3.000 =$ **66.000 €/Monat**

2. Deckungsbeiträge

$$DB = E - K_v = e \cdot x - k_v \cdot x$$

$DB_1 = 25 \cdot 3.000 - 12 \cdot 3.000 =$ **39.000 €/Monat**
$DB_2 = 25 \cdot 3.000 - 14 \cdot 3.000 =$ **33.000 €/Monat**
$DB_3 = 25 \cdot 3.000 - 17 \cdot 3.000 =$ **24.000 €/Monat**

3. Die Produkte sollten auf der Maschine gefertigt werden, deren variable Stückkosten am geringsten sind. Das ist die Maschine 1.

   Der Fixkostenblock aller drei Maschinen fällt unabhängig von der Verfahrenswahl kurzfristig in Höhe von 12.000 + 10.000 + 15.000 = 37.000 €/Monat stets an. Damit hat er für die Auswahl der kostengünstigsten Maschine keinerlei Bedeutung.

## Lösung zu 47:

1.

|  |  | Produktionsanlage I |  |
|---|---|---|---|
| Anschaffungskosten | € |  | 80.000 |
| Nutzungsdauer | Jahre |  | 8 |
| Auslastung | €/Stück |  | 12.000 |
| Erlöse | €/Jahr |  | 96.000 |
| Kapitaldienst | €/Jahr | 14.000 |  |
| Betriebskosten | €/Jahr | 62.000 |  |
| Gesamte Kosten | €/Jahr |  | 76.000 |
| **Gewinn** | €/Jahr |  | **20.000** |

Die Produktionsanlage I ist vorteilhaft, da sich mit ihr ein Gewinn von 20.000 €/Jahr erzielen lässt.

2.

|  |  | Produktionsanalge I |  | Produktionsanalge II |  |
|---|---|---|---|---|---|
| Anschaffungskosten | € |  | 80.000 |  | 70.000 |
| Nutzungsdauer | Jahre |  | 8 |  | 8 |
| Auslastung | €/Stück |  | 12.000 |  | 12.000 |
| Erlöse | €/Jahr |  | 96.000 |  | 96.000 |
| Kapitaldienst | €/Jahr | 14.000 |  | 12.250 |  |
| Betriebskosten | €/Jahr | 62.000 |  | 66.000 |  |
| Gesamte Kosten | €/Jahr |  | 76.000 |  | 78.250 |
| Gewinn | €/Jahr |  | 20.000 |  | 17.750 |
| **Gewinndifferenz I-II** | €/Jahr |  | **+ 2.250** |  |  |

Die zuerst betrachtete Produktionsanlage I ist die vorteilhaftere, weil sie einen um 2.250 €/Jahr höheren Gewinn erzielen lässt als die Produktionsanlage II.

## Lösung 48:

1.

|  |  | Produkt A | Produkt B | Produkt C | Produkt D |
|---|---|---|---|---|---|
| Erlöse | €/Stück | 48 | 76 | 40 | 46 |
| - Variable Kosten | €/Stück | 22 | 44 | 42 | 28 |
| = Deckungsbeitrag | €/Stück | 26 | 32 | - 2 | 18 |
| Deckungsbeitrag | €/Mon. | 26 • 2.000 = 52.000 | 32 • 1.600 = 51.200 | -2 • 2.200 = - 4.400 | 18 • 1.200 = 21.600 |
| | | | 120.400 | | |
| - Fixe Kosten | €/Mon. | | 100.000 | | |
| = **Gewinn** | €/Mon. | | **20.400** | | |

# LÖSUNGEN

2.

|  |  | Produkt A | Produkt B | Produkt C | Produkt D |
|---|---|---|---|---|---|
| Deckungsbeitrag | €/Mon. | 26 • 2.500 = 65.000 | 32 • 2.800 = 89.600 | -2 • 3.600 = - 7.200 | 18 • 1.800 = 32.400 |
| - Fixe Kosten | €/Mon. | \multicolumn{4}{c}{179.800 / 100.000} |
| = **Gewinn** | €/Mon. | \multicolumn{4}{c}{**79.800**} |

3.

|  |  | Produkt A | Produkt B | Produkt C | Produkt D |
|---|---|---|---|---|---|
| Deckungsbeitrag | €/Mon. | 26 • 2.500 = 65.000 | 32 • 2.800 = 89.600 | — | 18 • 1.800 = 32.400 |
| - Fixe Kosten | €/Mon. | \multicolumn{4}{c}{187.000 / 100.000} |
| = **Gewinn** | €/Mon. | \multicolumn{4}{c}{**87.000**} |

## Lösung zu 49:

1. Die Metallbau GmbH sollte unter kostenrechnerischen Gesichtspunkten die Zulieferteile fremdbeziehen, da die Beschaffungskosten um 2 €/Stück niedriger liegen als die variablen Kosten pro Stück.

2. Als Gründe könnten – außerhalb der kostenrechnerischen Betrachtung – gegen diese Entscheidung sprechen:

   ▶ die sich grundsätzlich ergebende Abhängigkeit vom Lieferanten
   ▶ mangelnde Zuverlässigkeit des Lieferanten bezüglich Qualität und Termintreue
   ▶ freie Kapazitäten im eigenen Unternehmen, die kurzfristig nicht abbaubar sind.

## Lösung zu 50:

Siehe MiniLex (S. 231 ff.)

# MINILEX

Das MiniLex enthält die wichtigsten Begriffe, die in diesem Buch behandelt werden. Weitere Begriffe finden sich in: *Olfert/Rahn/Zschenderlein*, Lexikon der Betriebswirtschaftslehre, Kiehl

**Abgaben,** *öffentliche*
Öffentliche Abgaben mit **Kostencharakter** sind:

▶ Die **Kostensteuern**, die der Aufrechterhaltung der Betriebsbereitschaft oder der unmittelbaren Besteuerung der Leistung dienen.

▶ Die **Gebühren**, die für die tatsächliche Inanspruchnahme bestimmter öffentlich erbrachter Leistungen erhoben werden, soweit sie der Aufrechterhaltung der Betriebsbereitschaft oder unmittelbar der Leistungserstellung dienen, z. B. als Benutzungs- oder Verwaltungsgebühren.

▶ Die **Beiträge**, die Kostenbeteiligungen der Unternehmen an speziellen öffentlich bereitgestellten Leistungen darstellen, der Aufrechterhaltung der Betriebsbereitschaft oder unmittelbar der Leistungserstellung dienen, wobei sie auch ohne eine tatsächliche Inanspruchnahme der Leistungen anfallen, z. B. als Kammerbeiträge (IHK).

**Abschreibungen,** *degressive*
Bei ihnen wird der Basiswert ungleichmäßig über die einzelnen Wirtschaftsperioden verteilt. Die ersten Jahre der voraussichtlichen Nutzungsdauer werden stärker belastet als die letzten. Es gibt:

▶ Die **geometrisch-degressive Abschreibung**, bei welcher der Abschreibungs-Prozentsatz in gleicher Weise ermittelt wird wie bei der linearen Abschreibung, jedoch wird nicht vom Basiswert, sondern **vom** jeweiligen **Buch- oder Restwert abgeschrieben**. Der prozentuale Abschreibungssatz wird ermittelt:

$$p = 100 \cdot \left(1 - \sqrt[n]{\frac{R}{B}}\right)$$

p = Abschreibungssatz (%)
n = Geschätzte Nutzungsdauer (Jahre)
B = Basiswert (€)
R = Restwert (€)

▶ Die **arithmetisch-degressive Abschreibung**, bei der die jährlichen Abschreibungsbeträge stets um den gleichen Betrag fallen. Zunächst wird der Degressionsbetrag errechnet:

$$D = \frac{R}{N}$$

bzw.

$$D = \frac{B - R}{N}$$

D = Degressionsbetrag (€)
N = Summe der arithmetischen Reihe von 1 + 2 + ... + n Nutzungsjahren
B = Basiswert (€)
R = Restwert (€)

Sodann der jährliche Abschreibungsbetrag:

$$a = D \cdot T$$

a = Abschreibungsbetrag zum Jahresende (€/Jahr)
T = Rest-Nutzungsdauer zum Jahresbeginn (Jahre)

**Abschreibungen,** *kalkulatorische*
Abschreibungen sind der Werteverzehr für materielle und immaterielle Gegenstände des Anlagevermögens. Als kalkulatorische Abschreibungen werden sie dem Prinzip

der substanziellen Kapitalerhaltung des Unternehmens gerecht. Sie sind nicht gesetzlich geregelt und können deshalb in beliebiger Höhe angesetzt werden.

Als Verfahren sind zu unterscheiden:

- **lineare Abschreibungen**
- **degressive Abschreibungen**
- **leistungsbezogene Abschreibungen**.

**Abschreibungen, *leistungsbezogene***
Maßgebend für die jährlichen Abschreibungsbeträge ist der Umfang der Beanspruchung. Je nach der Höhe der jährlichen Leistung ergibt sich der **jährliche Abschreibungsbetrag**:

$$a = \frac{B}{L} \cdot L_p$$

bzw.

$$a = \frac{B-R}{L} \cdot L_p$$

a = Abschreibungsbetrag (€)
B = Basiswert (€)
R = Restwert (€)
L = Gesamtleistung des Anlagegutes (Einheiten/Lebensdauer)
$L_p$ = Periodenleistung des Anlagegutes (Einheiten/Periode)

**Abschreibungen, *lineare***
Bei ihnen wird der Basiswert eines Anlagegutes gleichmäßig auf die einzelnen Rechnungsperioden verteilt, in denen das Anlagegut voraussichtlich genutzt wird. Der **jährliche Abschreibungsbetrag** wird rechnerisch ermittelt, indem der Basiswert durch die Zahl der Nutzungsjahre dividiert wird:

$$a = \frac{B}{n}$$

bzw.

$$a = \frac{B-R}{n}$$

a = Abschreibungsbetrag (€/Jahr)
B = Basiswert (€)
n = Geschätzte Nutzungsdauer (Jahre)
R = Restwert (€)

**Akkordlohn**
Beim ihm wird nach der geleisteten Arbeitsmenge entlohnt. Die übliche Form ist der **Proportionalakkord**, bei welchem der Verdienst sich proportional zur Zeiteinsparung bzw. Leistungssteigerung verändert.

Der Akkordlohn besteht aus zwei Teilen, die den **Akkordrichtsatz** als den Lohn einer Arbeitskraft bei Normalleistung ergeben. Er wird auch als **Grundlohn** bezeichnet und umfasst:

- den **Mindestlohn**, der dem Zeitlohn bei Normalleistung entspricht
- den **Akkordzuschlag**, der tariflich 15 % bis 25 % des Mindestlohnes beträgt.

Zu unterscheiden sind der **Geldakkord** bzw. **Stückakkord** und der **Zeitakkord**.

**Anschaffungswert**
Er ist der bei der Beschaffung des Materials zu zahlende Preis, der auch als **Einstandspreis** bezeichnet wird.

|   | Angebotspreis |
|---|---|
| - | Rabatt |
| - | Bonus |
| + | Mindermengenzuschlag |
| = | Zieleinkaufspreis |
| - | Skonto |
| = | Bareinkaufspreis |
| + | Bezugskosten Verpackung, Fracht, Rollgeld, Versicherung, Zoll |
| = | **Einstandspreis** |

Es gibt:

- effektive Anschaffungswerte
- durchschnittliche Anschaffungswerte
- fiktive Anschaffungswerte.

## Äquivalenzziffernkalkulation
Bei ihr wird davon ausgegangen, dass die Kosten artverwandter Erzeugnisse in einem bestimmten Verhältnis zueinander stehen, welches durch Äquivalenzziffern ausgedrückt wird. Zu unterscheiden sind:

- einstufige Äquivalenzziffernkalkulation
- mehrstufige Äquivalenzziffernkalkulation.

## Äquivalenzziffernkalkulation, *einstufige*
Sie ist einsetzbar, wenn Lagerbestandsveränderungen an unfertigen und fertigen Erzeugnissen nicht erfolgen. Rechnerisch können die **Selbstkosten** für das einzelne Erzeugnis bei der einstufigen Äquivalenzkalkulation ermittelt werden:

$$k_i = \frac{K}{a_1 x_1 + \ldots a_n x_n} \cdot a_i$$

a = Äquivalenzziffer des Produktes i

$k_i$ = Selbstkosten des Produktes i (€/Stück)

$x_i$ = Menge des Produktes i (Stück/Periode)

## Äquivalenzziffernkalkulation, *mehrstufige*
Mit ihrer Hilfe wird es möglich, Lagerbestandsveränderungen an unfertigen Erzeugnissen und fertigen Erzeugnissen zu berücksichtigen. Bei der mehrstufigen Äquivalenzziffernkalkulation werden mehrere **Reihen von Äquivalenzziffern** für die nacheinander liegenden Fertigungsstufen gebildet.

## Aufwendungen
Sie sind der Wertverzehr für Güter und Dienstleistungen innerhalb einer bestimmten Rechnungsperiode, der nicht nur der Erfüllung des Betriebszweckes dient. Aufwendungen müssen mit den Ausgaben wertmäßig nicht übereinstimmen. Zu unterscheiden sind:

- **Zweckaufwendungen**
- **neutrale Aufwendungen.**

## Aufwendungen, *neutrale*
Sie dienen grundsätzlich nicht der Realisierung des Betriebszweckes. Deshalb werden neutrale Aufwendungen in der Kostenrechnung nicht angesetzt. Es gibt:

- **Betriebsfremde Aufwendungen**, bei denen kein Zusammenhang mit der Leistungserstellung und Leistungsverwertung als der eigentlichen betrieblichen Tätigkeit besteht.
- **Außerordentliche Aufwendungen**, die zwar durch die Leistungserstellung und Leistungsverwertung verursacht werden, aber unregelmäßig oder nur vereinzelt anfallen, sodass sie in der Kostenrechnung aus Gründen der Vergleichbarkeit der Rechnungsperioden nicht angesetzt werden.
- **Periodenfremde Aufwendungen**, bei denen es sich um Aufwendungen handelt, die durch die Leistungserstellung und Leistungsverwertung entstehen, jedoch erst in einer späteren Rechnungsperiode anfallen.

## Ausgaben
Sie vermindern das Geldvermögen eines Unternehmens und umfassen:

# MINILEX

$$\begin{array}{l}\text{Auszahlungen}\\+\text{ Forderungsabgänge}\\+\text{ Schuldenzugänge}\\\hline =\textbf{ Ausgaben}\end{array}$$

**Auszahlungen**
Sie sind der tatsächliche Zahlungsmittelabfluss aus dem Unternehmen, der in Form von Bargeld oder von Banküberweisungen erfolgen kann. Die Auszahlungen werden in der **Finanzbuchhaltung** erfasst.

**Bereich,** *allgemeiner*
Im allgemeinen Bereich als Kostenbereich im Betriebsabrechnungsbogen werden die Kosten für jene Leistungen erfasst, die für die anderen Kostenstellen des Unternehmens erbracht werden. Die allgemeinen Kostenstellen werden entsprechend ihrer Inanspruchnahme auf die **Hilfskostenstellen** und die **Hauptkostenstellen** verrechnet.

**Beschäftigung**
Darunter wird die tatsächliche Nutzung des Leistungsvermögens eines Unternehmens verstanden. Sie wird in Leistungseinheiten gemessen.

**Beschäftigungsabweichung**
Sie ist bei der **flexiblen Plankostenrechnung** die Differenz zwischen Sollkosten und verrechneten Plankosten. Die Beschäftigungsabweichung wird für jede Kostenstelle insgesamt oder bei heterogener Kostenstruktur je Bezugsgröße ermittelt. Ihre Berechnung erfolgt:

$$\begin{array}{l}\text{Planmenge} \cdot \text{Planpreis}\\\text{bei \textbf{Ist}beschäftigung}\\-\text{ Planmenge} \cdot \text{Planpreis}\\\text{ bei \textbf{Plan}beschäftigung}\\\hline =\textbf{ Beschäftigungsabweichung}\end{array}$$

oder

$$\begin{array}{l}\text{Sollkosten}\\-\text{ Verrechnete Plankosten}\\\hline =\textbf{ Beschäftigungsabweichung}\end{array}$$

**Beschäftigungsgrad**
Er ist der Maßstab für die Beschäftigung und berechnet sich:

$$\text{Beschäftigungsgrad} = \frac{\text{Eingesetzte Kapazität}}{\text{Vorhandene Kapazität}} \cdot 100$$

oder

$$\text{Beschäftigungsgrad} = \frac{\text{Ist-Leistung}}{\text{Kapazität}} \cdot 100$$

**Betriebsabrechnungsbogen**
Der BAB enthält:

▶ In **vertikaler Richtung** alle Kosten, die im Unternehmen entstanden und den Kostenträgern nicht direkt zurechenbar sind, als Gemeinkosten. Vielfach werden auch die **Einzelkosten** aufgenommen, aber nur zu Informationszwecken, da sie die Bezugsgrößen für die Zuschlagsätze sind.

▶ In **horizontaler Richtung** die Kostenstellen als Orte, an denen die zur Leistungserstellung benötigten Güter und Dienstleistungen verbraucht werden. Sie können sein:
- Hilfskostenstellen
- Hauptkostenstellen

| Kostenstellen / Kostenarten | Zahlen der Buchhaltung | Allgemeiner Bereich | Materialbereich | Fertigungsbereich | Verwaltungsbereich | Vertriebsbereich |
|---|---|---|---|---|---|---|
| Einzelkosten | | | | | | |
| Gemeinkosten . . | | | | | | |

## Betriebsbuchhaltung
Sie stellt die **Kostenrechnung** einschließlich der ihr eingegliederten Leistungsrechnung dar. Die Betriebsbuchhaltung erfasst die **innerbetrieblichen Vorgänge** rechnerisch.

## Brutto-Deckungszuschlag
Zu unterscheiden sind bei der einstufigen Deckungsbeitragsrechnung:

- Der **absolute Brutto-Deckungszuschlag**, bei dem sich der Angebotspreis wie folgt ergibt:

$$P = \frac{K_v + DB}{x}$$

- P  = Angebotspeis (€/Stück)
- $K_v$ = Variable Kosten der Periode bzw. umgesetzten Leistung (€/Periode)
- DB = Deckungsbeitrag der Periode bzw. umgesetzten Leistung (€/Periode)
- x  = Absatzmenge der Produktionsmenge (Glück/Periode)

- Der **relative Brutto-Deckungszuschlag**, bei dem die Kalkulation derart erfolgt, dass die variablen Gemeinkosten als prozentualer Zuschlag auf die variablen Einzelkosten verrechnet werden.

## Buchhaltung
Sie ist eine **Zeitrechnung**, die der Erfassung aller Vorgänge dient, welche zu einer Veränderung von Vermögen und Kapital führen, sowie der periodischen Zusammenstellung und sachlichen Gliederung der Zahlen. Als **Bereiche** der Buchhaltung sind zu nennen:

- Finanzbuchhaltung
- Betriebsbuchhaltung.

## Deckungsbeitragsrechnung
Sie ist ein **Kostenrechnungssystem auf Teilkostenbasis**, das aufgrund der Mängel entwickelt wurde, die mit den Kostenrechnungssystemen auf Vollkostenbasis verbunden sind. Es lassen sich unterscheiden:

- einstufige Deckungsbeitragsrechnung
- mehrstufige Deckungsbeitragsrechnung
- Deckungsbeitragsrechnung mit relativen Einzelkosten.

## Deckungsbeitragsrechnung, *einstufige*
Bei ihr ergibt sich der Deckungsbeitrag:

> Deckungsbeitrag = Erlöse - Variable Kosten

Sie arbeitet mit einem einzigen Fixkostenblock. Die variablen Kosten werden auf die Kostenträger verrechnet.

Die einstufige Deckungsbeitragsrechnung wird auch **Direct Costing** genannt.

## Deckungsbeitragsrechnung, *mehrstufige*
Sie arbeitet nicht mit einem einzigen Fixkostenblock, sondern die fixen Kosten werden den Erzeugnissen, Gruppen von Erzeugnissen, Kostenstellen und Kostenbereichen zugerechnet, soweit dies direkt, d. h. ohne Schlüsselung möglich ist.

Der Teil der fixen Kosten, der sich nicht zuordnen lässt, heißt **Fixkostenrest**. Er besteht aus den **unternehmensbezogenen Fixkosten** und ist deshalb von sämtlichen Erzeugnisgruppen zu tragen. Der Deckungsbeitrag ergibt sich:

> Deckungsbeitrag = Erlöse - Variable Kosten - Verschiedene fixe Kosten

Die mehrstufige Deckungsbeitragsrechnung wird auch als **Fixkostendeckungsbeitragsrechnung** bezeichnet.

# MINILEX

**Deckungsbeitragsrechnung,** *mit relativen Einzelkosten*
Die Deckungsbeitragsrechnung mit relativen Einzelkosten will eine Produktionsverbundenheit gewährleisten, indem sie echte Gemeinkosten nicht aufschlüsselt und die fragwürdige Proportionalisierung der fixen Kosten, wie bei anderen Verfahren, vermeidet.

Grundlage dieser Deckungsbeitragsrechnung ist eine **Bezugsgrößenhierarchie** für die Seite der Leistungserstellung und der Leistungsverwertung. Der Deckungsbeitrag wird errechnet:

Deckungsbeitrag = Erlöse − Relative Einzelkosten

## Dienstleistungskosten
Sie werden verursacht, indem das Unternehmen von anderen Wirtschaftseinheiten Leistungen in Anspruch nimmt. Ihre Ermittlung bereitet dem Unternehmen keine Schwierigkeiten, da von den Dienst leistenden Unternehmen entsprechende Rechnungen erstellt werden, die als Grundlage für die Kostenrechnung dienen.

## Divisionskalkulation
Bei der Divisionskalkulation ergeben sich die Kosten einer Erzeugniseinheit grundsätzlich, indem die Kosten der Rechnungsperiode durch die in dieser Periode erbrachten Mengenleistung dividiert wird. Zu unterscheiden sind:

► einstufige Divisionskalkulation

► zweistufige Divisionskalkulation.

## Divisionskalkulation, *einstufige*
Sie ist anwendbar, wenn keine Lagerbestandsveränderungen an unfertigen und fertigen Erzeugnissen gegeben sind. Die Selbstkosten sind:

$$k = \frac{K}{x}$$

bzw.

$$k = \frac{K_1}{x} + \frac{K_2}{x} + \dots + \frac{K_n}{x}$$

k = Selbstkosten (€/Stück)
K = Gesamtkosten (€/Periode)
$K_1$ = Betrag der Kostengruppe 1 (€/Periode)
x = Gesamtmenge der Leistungen (Stück/Periode)

## Divisionskalkulation, *zweistufige*
Bei ihr sind Lagerbestandsveränderungen an fertigen Erzeugnissen zugelassen. Die Selbstkosten ergeben sich:

$$k = \frac{K_H}{x_p} + \frac{K_{Vw} + K_{Vt}}{x_A}$$

k = Selbstkosten (€/Stück)
$x_p$ = Produktionsmenge (Stück/Periode)
$x_A$ = Absatzmenge (Stück/Periode)
$K_H$ = Herstellkosten (€/Periode)
$K_{Vt}$ = Vertriebskosten (€/Periode)
$K_{Vw}$ = Verwaltungskosten (€/Periode)

## Durchschnittskosten
Das sind Kosten pro Leistungseinheit, die auch als **Stückkosten** bezeichnet und wie folgt ermittelt werden:

$$k = \frac{K}{x}$$

k = Durchschnittskosten (€/Stück)
K = Gesamtkosten (€/Periode)
x = Leistungsmenge (Stück/Periode)

# MINILEX

## Durchschnittsprinzip
Es stellt eine Milderung des Verursachungsprinzips dar und besagt, dass die Verrechnung der Kosten lediglich **möglichst genau** zu erfolgen hat.

## Eigenfertigung/Fremdbezug
Die Frage nach Eigenfertigung bzw. Fremdbezug betrifft alle Unternehmensbereiche. Sie lässt sich beantworten, indem unterschieden wird:

- **Kurzfristige Optimierung**, wonach eigengefertigt werden sollte, wenn der Lieferantenpreis pro Stück über den variablen Kosten pro Stück liegt bzw. fremdbezogen werden sollte, wenn der Lieferantenpreis pro Stück geringer ist als die variablen Kosten pro Stück, sofern **keine Engpässe** im Unternehmen gegeben sind.

- **Langfristige Optimierung**, bei der nicht nur die variablen Kosten zu berücksichtigen sind, sondern auch die fixen Kosten. Als kostenrechnerische Verfahren bieten sich an:
  - Kostenvergleichsrechnung
  - Gewinnvergleichsrechnung.

## Einkreissystem
Bei ihm bilden die Finanzbuchhaltung und die Betriebsbuchhaltung eine **organisatorische Einheit**. Die Verrechnung der Kosten erfolgt von Kontenklasse zu Kontenklasse in einem in sich geschlossenen Abrechnungskreis.

## Einnahmen
Sie sind Zugänge des Geldvermögens, die sich ergeben aus:

|   | Einzahlungen |
|---|---|
| + | Forderungszugänge |
| + | Schuldenabgänge |
| = | **Einnahmen** |

## Einzahlungen
Darunter sind sämtliche Zuflüsse an Zahlungsmitteln zu verstehen. Sie werden in der **Finanzbuchhaltung** erfasst.

## Einzelkosten
Das sind Kosten, die den Kostenträgern **unmittelbar zugerechnet** werden. Deshalb bezeichnet man sie auch als direkte Kosten. Zu unterscheiden sind folgende **Arten** von Einzelkosten:

- Fertigungsmaterialkosten
- Fertigungslohnkosten
- Sondereinzelkosten.

## Engpassplanung
Ihr bedient man sich bei der **flexiblen Plankostenrechnung** aus der Überlegung heraus, dass bei der Dimensionierung der Kapazität einer Kostenstelle notwendigerweise auch eine Übereinstimmung mit anderen Kostenstellen erforderlich ist.

## Erfolgsrechnung, *kurzfristige*
Sie dient dazu, den leistungsbezogenen Erfolg des Unternehmens für einen Zeitraum zu ermitteln, der kleiner als die Rechnungsperiode ist. Die kurzfristige Erfolgsrechnung wird auch als **kurzfristige Betriebsergebnisrechnung** oder **Kostenträgerzeitrechnung** bezeichnet und umfasst vielfach einen Monat.

## Erträge
Dabei handelt es sich um den **Wertzuwachs** durch erstellte Güter und Dienstleistungen **innerhalb einer bestimmten Rechnungsperiode**, der nicht nur auf der Erfüllung des Betriebszweckes beruht. Sie müssen mit den Einnahmen nicht wertmäßig übereinstimmen. Es gibt:

- betriebliche Erträge
- neutrale Erträge.

## MINILEX

**Erträge, *betriebliche***
Sie werden durch die Leistungserstellung und Leistungsverwertung erzielt und beziehen sich ausschließlich auf die Erfüllung des Betriebszweckes. Als Leistungen werden sie den Kosten gegenübergestellt und können sein:

- **Umsatzerlöse**
- **Innerbetriebliche Erträge** durch selbst erstellte Güter oder werterhöhende Reparaturen
- **Nebenerlöse** als sonstige betriebliche Erträge aus dem Verkauf von Abfallprodukten

**Erträge, *neutrale***
Sie resultieren grundsätzlich nicht aus der Erstellung und Verwertung der Güter und Dienstleistungen und dienen dementsprechend nicht dem Betriebszweck. Zu unterscheiden sind:

- **betriebsfremde Erträge**, bei denen keinerlei Zusammenhang mit der Leistungserstellung und Leistungsverwertung besteht
- **außerordentliche Erträge**, die zwar in Zusammenhang mit der Leistungserstellung und Leistungsverwertung stehen, aber unregelmäßig oder lediglich vereinzelt anfallen
- **periodenfremde Erträge** als Erträge, die durch die Leistungserstellung und Leistungsverwertung entstehen, jedoch erst in einer späteren Periode erfolgen.

**Fertigungsbereich**
Er ist der Leistungsbereich des industriellen Unternehmens. Meist empfiehlt es sich, den Fertigungsbereich im Betriebsabrechnungsbogen in mehrere **Hauptkostenstellen** zu unterteilen. Die zugehörigen Hilfskostenstellen, deren Kosten für mehrere Hauptkostenstellen der Fertigung gemeinsam anfallen, sind ebenfalls aufzugliedern.

**Fertigungslohnkosten**
Sie fallen bei der Be- und Verarbeitung des Einzelmaterials in der Fertigung an und dienen dem unmittelbaren Arbeitsfortschritt. Fertigungslohnkosten werden mithilfe von **Lohnzetteln** erfasst.

**Fertigungsmaterialkosten**
Sie fallen für **Rohstoffe** an. Das sind Stoffe, die unmittelbar in die zu fertigenden Erzeugnisse eingehen und deren Hauptbestandteile bilden. Fertigungsmaterialkosten werden durch **Materialentnahmescheine** erfasst.

**Finanzbuchhaltung**
Sie ist auf die Beziehungen des Unternehmens zur Außenwelt orientiert. Ihre wesentliche Aufgabe ist es, die Geschäftsvorfälle belegmäßig zu erfassen und kontenmäßig zu verrechnen. Die Finanzbuchhaltung wird auch als **Geschäftsbuchhaltung** bezeichnet.

**Gehalt**
Es ist ein **Zeitlohn**, der an kaufmännische und technische Angestellte gezahlt wird. Ihm liegt kein direkter Leistungsbezug zugrunde. Das Gehalt lässt sich meist nicht bestimmten Kostenträgern zurechnen, stellt also grundsätzlich **Gemeinkosten** dar.

**Gemeinkosten**
Dabei handelt es sich um Kosten, die den Kostenträgern **nicht unmittelbar zugerechnet** werden. Sie fallen für verschiedene Erzeugnisse gemeinsam an. Die Gemeinkosten werden auch als **indirekte Kosten** bezeichnet. Zu unterscheiden sind:

- **echte Gemeinkosten**, die den Kostenträgern nicht zugerechnet werden können
- **unechte Gemeinkosten**, die den Kostenträgern zwar zugerechnet werden können, aber nicht sollen.

## Gesamtkosten
Das sind Kosten, die in einem Unternehmen für die Erstellung der betrieblichen Leistung in einer Periode anfallen.

$$K = K_f + K_v$$

K = Gesamtkosten (€/Periode)

$K_f$ = Fixe Kosten (€/Periode)

$K_v$ = Variable Kosten (€/Periode)

## Gesamtkostenverfahren
Es ist das üblicherweise verwendete Verfahren, um den Periodenerfolg des Unternehmens, der jährlich festzustellen ist, zu ermitteln. Dabei werden die **gesamten Kosten** der Rechnungsperiode – nach Kostenarten gegliedert – den **gesamten betrieblichen Erträgen gegenübergestellt**.

Dazu dient bei statistisch-tabellarischer Ermittlung das **Kostenträgerblatt**. Auf eine Kostenstellenrechnung und Kostenträgerrechnung kann beim Gesamtkostenverfahren verzichtet werden.

## Gewinn
Er kann auf unterschiedliche Weise ermittelt werden:

▶ In der **Kostenrechnung** zeigt er den internen Erfolg oder Betriebserfolg:

Betriebserfolg = Leistungen - Kosten

▶ In **gesamtunternehmerischer Betrachtung** orientiert er sich an den handelsrechtlichen Vorschriften und zeigt das Gesamtergebnis und damit den Unternehmenserfolg:

Unternehmenserfolg = Erträge - Aufwendungen

## Gewinnmaximum
Es wird bei einer linearen Gesamtkostenkurve an der **Kapazitätsgrenze** erreicht.

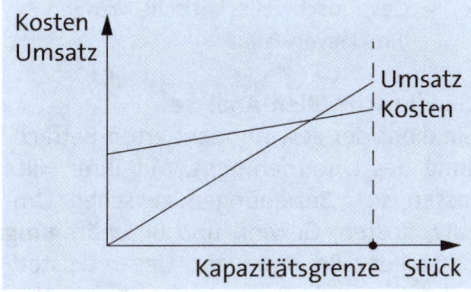

## Gewinnplanung
Bei der **einstufigen Deckungsbeitragsrechnung** ist es möglich, einen erwarteten (Mindest-) Gewinn pro Periode anzusetzen. Die notwendigerweise abzusetzende Produktmenge ergibt sich beim **Ein-Produkt-Unternehmen**:

$$x = \frac{K_f + G}{db}$$

x = Menge (Stück/Periode)

$K_f$ = Fixe Kosten der Periode (€/Periode)

G = Gewinn (€/Periode)

db = Deckungsbeitrag pro Stück (€/Stück)

## Gewinnschwelle
Beim **Ein-Produkt-Unternehmen** ist die Gewinnschwelle relativ einfach zu ermitteln. Sie stellt den Betrag dar, bei welchem der Gesamtdeckungsbeitrag gerade ausreicht, die fixen Kosten der Periode zu decken:

$$DB = K_f$$

$$db \cdot x = K_f$$

$$x = \frac{K_f}{db}$$

# MINILEX

db = Deckungsbeitrag pro Stück (€/Stück)

DB = Deckungsbeitrag der Periode (€/Periode)

x = Gewinnschwelle, kritische Menge, Break-even-Point

**Gewinnschwellen-Analyse**
Sie dient der gewinnorientierten Betrachtung des Unternehmens. Mit ihrer Hilfe lassen sich Beziehungen zwischen Umsatz, Kosten, Gewinn und Beschäftigung darstellen. Bei linearem Gesamtkostenverlauf, gleichbleibenden fixen Kosten und konstanten Preisen ergibt sich die **Gewinnschwelle** bzw. der **Break-even-Point** grafisch:

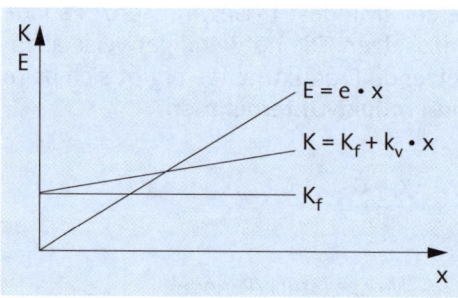

K = Gesamte Kosten der Periode (€/Periode)

E = Erlös der Periode (€/Periode)

e = Erlös pro Stück (€/Stück)

$K_f$ = Fixe Kosten der Periode (€/Periode)

$k_v$ = Variable Kosten der Periode (€/Stück)

x = Menge (Stück/Periode)

**Gewinnvergleichsrechnung**
Sie dient dazu, die Vorteilhaftigkeit von Investitionen festzustellen, indem die von ihnen verursachten Gewinne gegenübergestellt werden. Die Investition ist die Vorteilhaftere bzw. Vorteilhafteste, welche den höheren bzw. höchsten Gewinn aufweist.

Die Gewinnvergleichsrechnung kann im Rahmen der **einstufigen Deckungsbeitragsrechnung** eingesetzt werden, um:

▸ die **Produktionsverfahren** langfristig zu optimieren

▸ das **Produktionsprogramm** langfristig gewinnmaximal zu gestalten

▸ die Entscheidung über **Eigenfertigung** bzw. **Fremdbezug** zu treffen.

**Grenzkosten**
Sie stellen den **Zuwachs der Gesamtkosten** dar, der durch die Fertigung einer weiteren Leistungseinheit verursacht wird.

$$K' = \frac{dK}{dx}$$

$K'$ = Grenzkosten (€/Stück)

$\frac{dK}{dx}$ = Differentialquotient

Bei linearem Verlauf der Kostenkurve ergeben sich die Grenzkosten:

$$\text{Grenzkosten} = \frac{\text{Kostenzuwachs}}{\text{Mengenzuwachs}}$$

**Grenzplankostenrechnung**
Sie ist eine **Teilkostenrechnung** auf der Basis von Plankosten. Der wesentliche Unterschied zur flexiblen Plankostenrechnung mit Vollkosten besteht in der **Eliminierung der fixen Kosten** aus dem Soll-Ist-Vergleich.

Es gibt damit bei der Grenzplankostenrechnung keine Beschäftigungsabweichung, und es entfällt das Problem der Bestimmung einer Planbeschäftigung.

## Grundkosten
Dem betriebsbedingten Werteverzehr stehen bei den Grundkosten die Aufwendungen gegenüber.

## Grundsätze ordnungsmäßiger Buchführung
Eine Buchführung ist ordnungsmäßig, sofern sie den Grundsätzen des Handelsrechts entspricht. Das ist der Fall, wenn die für eine kaufmännische Buchführung erforderlichen Bücher geführt werden, die Bücher förmlich in Ordnung sind und der Inhalt sachlich richtig ist.

Daraus ergeben sich die **Grundsätze ordnungsmäßiger Buchführung:**

- die **materielle Ordnungsmäßigkeit**, welche die Forderung nach **Richtigkeit** und **Vollständigkeit** der Aufzeichnungen beinhaltet
- die **formelle Ordnungsmäßigkeit**, die ermöglichen soll, dass ein sachverständiger Dritter sich innerhalb angemessener Zeit einen Überblick über die Geschäftsvorfälle und die Vermögenslage des Unternehmens verschaffen kann.

## Hauptkostenstelle
Sie wird **nicht** auf andere Kostenstellen **weiter verrechnet**. Ihre Kosten werden in der Kostenträgerrechnung mithilfe von prozentualen Zuschlagsätzen der Einzelkosten zugeschlagen.

## Herstellkosten
Die Herstellkosten werden errechnet:

```
   Fertigungsmaterial
 + Materialgemeinkosten
 + Fertigungslöhne
 + Fertigungsgemeinkosten
 ─────────────────────────
 = Herstellkosten der Erzeugung
```

```
 + Minderbestand
 - Mehrbestand
 ─────────────────────────
 = Herstellkosten des Umsatzes
```

## Hilfskostenstelle
Ihre Kosten werden grundsätzlich **auf** die **Hauptkostenstellen verrechnet**. Hauptkostenstellen kommen im Fertigungsbereich, mitunter auch im Materialbereich vor.

## Inventurmethode
Bei ihr wird keine laufende Ermittlung der Verbrauchsmengen durchgeführt. Die Verbrauchsmengen ergeben sich erst am Ende der Rechnungsperiode im Rahmen eines Vergleichs der Zahlen aus der letzten Inventur als Anfangsbestand und einer neu durchgeführten Inventur als Endbestand.

```
   Anfangsbestand
 + Zugang
 - Endbestand
 ─────────────────
 = Verbrauch
```

## Ist-Gemeinkostenzuschläge
Zu unterscheiden sind:

$$\text{Ist-Materialgemeinkostenzuschlag} = \frac{\text{Materialgemeinkosten}}{\text{Fertigungsmaterial}} \cdot 100$$

$$\text{Ist-Fertigungsgemeinkostenzuschlag} = \frac{\text{Fertigungsgemeinkosten}}{\text{Fertigungslöhne}} \cdot 100$$

$$\text{Ist-Verwaltungsgemeinkostenzuschlag} = \frac{\text{Verwaltungsgemeinkosten}}{\text{Herstellkosten des Umsatzes}} \cdot 100$$

$$\text{Ist-Vertriebsgemeinkostenzuschlag} = \frac{\text{Vertriebsgemeinkosten}}{\text{Herstellkosten des Umsatzes}} \cdot 100$$

In der betrieblichen Praxis werden als Bezugsgrößen für die Verwaltungs- und Vertriebskostenzuschläge mitunter auch die **Herstellkosten der Erzeugung** verwendet.

## Istkosten

Das sind Kosten, die für eine Leistungseinheit oder eine Zeiteinheit tatsächlich angefallen sind. Sie werden auch als **effektive** oder **tatsächliche Kosten** bezeichnet und ergeben sich:

$$\text{Istkosten} = \text{Ist-Menge} \cdot \text{Ist-Preis}$$

## Istkostenrechnung

Sie erfasst die tatsächlich angefallenen Kosten – die Istkosten – und verrechnet sie auf die Kostenstellen und Kostenträger. Schwankungen, die beispielsweise beim Bezug von Rohstoffen auftreten, gehen in vollem Umfang in die Istkostenrechnung ein und beeinflussen ihre Ergebnisse.

Die Istkostenrechnung kann betrieben werden als:

- **Vollkostenrechnung**
- **Teilkostenrechnung**.

## Kalkulation

Als Kalkulation wird die **Kostenträgerstückrechnung** bezeichnet. Ihre **Verfahren** der Kostenträgerstückrechnung sind:

- **Divisionskalkulation**
- **Äquivalenzziffernkalkulation**
- **Zuschlagskalkulation**
- **Maschinenstundensatzkalkulation**
- **Kuppelkalkulation**.

## Kapazität

Dabei handelt es sich um das **Leistungsvermögen**, das angibt, was ein Unternehmen bei Vollbeschäftigung in einem bestimmten Zeitabschnitt zu leisten vermag.

## Kapazitätsplanung

Bei ihr wird im Rahmen der **flexiblen Plankostenrechnung** von der realisierbaren Kapazität innerhalb der einzelnen Kostenstelle ausgegangen.

## Kennzahl

Das ist eine Zahl, die sich auf betriebswirtschaftlich wichtige Tatbestände bezieht und diese in konzentrierter Form darstellt. Es gibt:

- **absolute Kennzahlen**, das sind Einzelzahlen, Summen und Differenzen, z. B. der Gewinn. Sie haben nur eine begrenzte **Aussagekraft**
- **relative Kennzahlen**, bei denen mindestens zwei Werte zueinander in Beziehung gesetzt werden. Die Aussagekraft der relativen Kennzahlen ist größer als bei den absoluten Kennzahlen.

## Kontenrahmen

Der Kontenrahmen entspricht einem einheitlichen und allgemein verwendbaren Ordnungsschema für die individuelle Ausgestaltung der Kontenpläne einzelner Unternehmen. Er bezweckt, die Buchhaltung in ihrem Aufbau einheitlich zu gestalten. Zu unterscheiden sind:

- der **Industriekontenrahmen** (IKR), der vom *Bundesverband der Deutschen Industrie (BDI)* zur Verwendung empfohlen wird und zehn Kontenklassen umfasst
- die *DATEV*-**Kontenrahmen**, die von der gleichnamigen Datenverarbeitungsorganisation der steuerberatenden Berufe für ihre Zwecke entwickelt wurden.

## MINILEX

**Kosten**
Sie stellen allgemein den wertmäßigen **Verzehr von Produktionsfaktoren** zur Leistungserstellung und Leistungsverwertung sowie zur Sicherung der dafür notwendigen betrieblichen Kapazitäten dar. Ihre **Wesensmerkmale** sind:

- Vorliegen von mengenmäßigem Güter- oder Leistungsverbrauch
- Leistungsbezogenheit des Güter- oder Leistungsverbrauches
- Bewertung der leistungsbezogenen Verbrauchsmengen.

**Kosten,** *fixe*
Sie zeigen innerhalb bestimmter Beschäftigungsgrenzen und innerhalb eines bestimmten Zeitraumes keine Veränderungen auf. Fixe Kosten werden auch **beschäftigungsfixe** oder **zeitabhängige Kosten** genannt und sind stets Gemeinkosten. Unterscheiden lassen sich:

- **absolut fixe Kosten**, die bei Beschäftigungsschwankungen konstant bleiben
- **sprungfixe** oder **intervallfixe Kosten**, die nur innerhalb bestimmter Beschäftigungsintervalle konstant bleiben.

**Kosten,** *kalkulatorische*
Sie werden angesetzt, um die Kostenrechnung von Zufälligkeiten und Unregelmäßigkeiten zu befreien, die ihre Stetigkeit stören würden, und um auch jenen Güter- und Diensteverzehr bei der Ermittlung der Selbstkosten zu berücksichtigen, der nicht zu Aufwendungen führt. Es gibt:

- kalkulatorische Abschreibungen
- kalkulatorische Zinsen
- kalkulatorische Wagnisse
- kalkulatorischer Unternehmerlohn
- kalkulatorische Miete.

**Kosten,** *primäre*
Dabei handelt es sich um Kosten, die dem Unternehmen aufgrund seiner Beziehungen zur Umwelt entstehen. Sie werden auch als **ursprüngliche** oder **einfache Kosten** bezeichnet.

**Kosten,** *sekundäre*
Sie beziehen sich – in der Kostenstellenrechnung – auf die innerbetrieblichen Leistungen und werden auch **gemischte, zusammengesetzte** oder **abgeleitete Kosten** genannt.

**Kosten,** *variable*
Sie sind Kosten, die sich bei Beschäftigungsschwankungen unmittelbar ändern. Variable Kosten werden auch als **beschäftigungsvariable** oder **mengenabhängige Kosten** bezeichnet. Sie können Einzelkosten oder Gemeinkosten sein und folgende **Verläufe** aufweisen:

- **proportionalen Verlauf**, bei dem die Gesamtkosten im gleichen Maße reagieren wie die Beschäftigung
- **degressiven Verlauf**, bei dem die Gesamtkosten in geringerem Maße steigen als die Beschäftigung
- **progressiven Verlauf**, bei dem die Gesamtkosten in stärkerem Maße steigen als die Beschäftigung.

**Kostenartenrechnung**
Mit ihrer Hilfe soll festgestellt werden, *welche* Kosten angefallen sind. Sie ist Ausgangspunkt der Kostenrechnung und bildet die Grundlage für die Kostenstellenrechnung und Kostenträgerrechnung. Ihre **Aufgabe** ist es, alle in einer Periode anfallenden Kosten genau zu erfassen und ihrer Art nach aufzugliedern.

**Kostenartenverfahren**
Bei diesem Verfahren werden die leistenden Kostenstellen von **Einzelkosten**

entlastet, die durch innerbetriebliche Leistungen angefallen sind. Die leistungsempfangende(n) Kostenstelle(n) wird bzw. werden in Höhe dieser Einzelkosten belastet, aber in Form von Gemeinkosten. Eine Verrechnung der in der leistenden Kostenstelle anfallenden **Gemeinkosten** auf die leistungsempfangende Kostenstelle(n) erfolgt nicht.

**Kostenrechnung**
Sie entspricht der **Betriebsbuchhaltung**, in welche auch die Leistungsrechnung eingegliedert ist. Diese soll als integrativer Bestandteil der Kostenrechnung angesehen werden, wodurch die Kostenrechnung zu einer **kalkulatorischen Erfolgsrechnung** wird.

**Kostenstellenausgleichsverfahren**
Bei ihm werden nicht nur die **Einzelkosten** der innerbetrieblichen Leistung der empfangenden Kostenstelle als Gemeinkosten verrechnet, sondern es erfolgt auch die Verrechnung der durch die innerbetriebliche Leistung verursachten **Gemeinkosten** der leistenden Kostenstelle auf die empfangende Kostenstelle(n).

**Kostenstellenplan**
Zur Systematisierung der Kostenstellenrechnung ist es erforderlich, einen Kostenstellenplan zu erstellen. Darin sind die Kostenstellen verbindlich festzuschreiben.

**Kostenstellenrechnung**
Sie soll klären, *wo* die Kosten entstanden sind. Die Kostenstellenrechnung ist die zweite Stufe der Kostenrechnung und übernimmt die Kosten aus der Kostenartenrechnung, welche den Kostenträgern nicht unmittelbar zugerechnet werden, die **Gemeinkosten**.

In der Kostenstellenrechnung werden die auf jede Kostenstelle entfallenden Gemeinkosten als Zuschlagsatz auf die in der Kostenstelle angefallenen Einzelkosten ermittelt. Dies geschieht in der betrieblichen Praxis üblicherweise mithilfe des **Betriebsabrechnungsbogens**.

**Kostenstellenumlageverfahren**
Bei ihm werden nicht auftragsmäßig erfasste innerbetriebliche Leistungen mithilfe des **Treppenverfahrens** verrechnet. Dies geschieht, indem die innerbetrieblichen Leistungen für die Hilfskostenstellen gebildet und stufenweise auf die empfangenden Kostenstellen aufgeteilt werden.

**Kostenträgerblatt,** *Gesamtkostenverfahren*
Die **statisch-tabellarische Ermittlung** des Periodenerfolges im Rahmen des Gesamtkostenverfahrens kann mithilfe des Kostenträgerblattes in folgender Weise geschehen:

|   | |   |
|---|---|---|
|   | Fertigungsmaterial | ... |
| + | Materialgemeinkosten | ... |
| = | Materialkosten | |
|   | Fertigungslöhne | ... |
| + | Fertigungsgemeinkosten | ... |
| + | Sondereinzelkosten der Fertigung | ... |
| = | Fertigungskosten | ... |
| = | Herstellkosten der Erzeugung | ... |
| + | Minderbestand unfertige/ fertige Erzeugnisse | ... |
| - | Mehrbestand unfertige/ fertige Erzeugnisse | ... |
| = | **Herstellkosten des Umsatzes** | ... |
| + | Verwaltungsgemeinkosen | ... |
| + | Vertriebsgemeinkosten | ... |
| + | Sondereinzelkosten des Vertriebs | ... |
| = | **Selbstkosten des Umsatzes** | ... |
|   | Netto-Verkaufserlöse | ... |
| - | Selbstkosten des Umsatzes | ... |
| = | **Betriebsergebnis** | ... |

**Kostenträgerblatt,** *Umsatzkostenverfahren*
Die **statisch-tabellarische Ermittlung** des Periodenerfolges im Rahmen des Umsatzkostenverfahrens kann mithilfe des Kostenträgerblattes beispielsweise wie folgt durchgeführt werden:

| Erzeugnis/ Erzeugnisgruppe | | 1 | 2 | 3 | Gesamt |
|---|---|---|---|---|---|
| Verkaufspreis | €/Stück | ... | ... | ... | ... |
| Selbstkosten | €/Stück | | | | |
| Gewinn (netto) | €/Stück | ... | ... | ... | ... |
| Absatzmenge | Stück/Periode | ... | ... | ... | ... |
| Umsatzerlöse | €/Periode | ... | ... | ... | ... |
| Selbstkosten | €/Periode | | | | |
| **Betriebsergebnis** | €/Periode | ... | ... | ... | ... |

**Kostenträgerrechnung**
Sie dient der Feststellung, *wofür* Kosten entstanden sind. Die Kostenträgerrechnung übernimmt die **Einzelkosten** aus der Kostenartenrechnung sowie die **Gemeinkosten** aus der Kostenstellenrechnung und verrechnet die Kosten auf die Kostenträger, die auch als Erzeugnisse oder Aufträge bezeichnet werden.

Außer den Kosten werden auch die **Erlöse** erfasst, die durch die Kostenträger erzielt werden.

Die Kostenträgerrechnung wird durchgeführt als:

- **Kostenträgerzeitrechung**
- **Kostenträgerstückrechnung oder Kalkulation.**

**Kostenträgerstückrechnung**
Sie ermittelt die Selbstkosten des Unternehmens für eine Kostenträgereinheit. Die Kostenträgerstückrechnung wird auch **Kalkulation** genannt. Durch Gegenüberstellung der Kosten und Erlöse ist sie außerdem in der Lage, den kalkulatorischen Erfolg einer Einheit der Kostenträger festzustellen.

**Arten** der Kostenträgerstückrechnung sind:

- **Vorkalkulation**
- **Zwischenkalkulation**
- **Nachkalkulation.**

Als **Verfahren** der Kostenträgerstückrechnung lassen sich unterscheiden:

- **Divisionskalkulation**
- **Äquivalenzziffernkalkulation**
- **Zuschlagskalkulation**
- **Maschinenstundensatzrechnung**
- **Kuppelkalkulation.**

**Kostenträgerverfahren**
Bei diesem Verfahren werden die **Einzelkosten** und **Gemeinkosten** der innerbetrieblichen Leistung von der leistenden Kostenstelle nicht auf die Leistung empfangende Kostenstelle übertragen, sondern auf eine **Ausgliederungsstelle**.

**Kostenträgerzeitrechnung**
Sie erfasst die Kosten und Erlöse des Unternehmens, die während eines bestimmten Zeitraumes angefallen sind. Damit wird es möglich, den leistungsbezogenen Erfolg des Unternehmens – als Gewinn oder Verlust – zu ermitteln.

In der Kostenträgerzeitrechnung werden die in einer Abrechnungsperiode angefallenen Selbstkosten auf die Erzeugnisgruppen eines Unternehmens aufgeteilt. Werden den Selbstkosten die Umsatzerlöse je Erzeugnisgruppe gegenübergestellt, liegt eine **Kostenträgerzeitrechnung** und **Ergebnisrechnung** vor.

**Arten** der Kostenträgerzeitrechnung sind:

- **Gesamtkostenverfahren**
- **Umsatzkostenverfahren.**

## Kostentragfähigkeitsprinzip
Bei diesem Prinzip werden die Kosten den Kostenträgern nach ihrer **Belastbarkeit** zugeteilt. Dabei ist die Belastbarkeit des einzelnen Kostenträgers grundsätzlich umso größer, je höher sein Gewinnbeitrag ist. Das Kostentragfähigkeitsprinzip steht dem Kostenverursachungsprinzip entgegen.

## Kostenvergleichsrechnung
Sie dient dazu, die Vorteilhaftigkeit von Investitionen festzustellen, indem die von ihnen verursachten **Kosten** gegenübergestellt werden. Die Investition ist die Vorteilhaftere bzw. Vorteilhafteste, welche die geringeren bzw. geringsten Kosten aufweist.

Die Kostenvergleichsrechnung kann im Rahmen der **einstufigen Deckungsbeitragsrechnung** eingesetzt werden, um:

- die **Produktionsverfahren** langfristig zu optimieren
- das **Produktionsprogramm** langfristig kostenminimal zu gestalten
- die Entscheidung über **Eigenfertigung** bzw. **Fremdbezug** zu treffen.

**Erträge** bleiben bei diesem Verfahren unberücksichtigt.

## Kostenverursachungsprinzip
Nach diesem Prinzip werden die Kosten **genau** auf die Kostenträger verteilt. Damit dürfen den Kostenträgern nur jene Kostenteile zugerechnet werden, die sie tatsächlich verursacht haben.

## Kuppelkalkulation
Sie bezieht sich auf Erzeugnisse, die aufgrund von technischen Gegebenheiten als Kuppelprodukte **zwangsläufig gemeinsam** anfallen.

Aus der gegenseitigen Abhängigkeit der einzelnen Erzeugnisse heraus ist die Bestimmung der Kosten für jedes der Erzeugnisse schwierig, da die Kosten nur dem gesamten Fertigungsbereich bzw. Fertigungsprogramm zugerechnet werden können. Die Ermittlung der Kosten pro Erzeugnis orientiert sich deshalb am **Prinzip der Kostentragfähigkeit**.

**Formen** der Kuppelkalkulation sind:
- **Restwertrechnung**
- **Verteilungsrechnung.**

## Leerkosten
Das sind Kosten der *nicht* genutzten Kapazität. Ihre Berechnung erfolgt:

$$K_L = K_f - K_N$$

$K_L$ = Leerkosten (€/Periode)

$K_f$ = Fixe Kosten (€/Periode)

$K_N$ = Nutzkosten (€/Periode)

## Leistungen
Sie sind das Ergebnis der betrieblichen Faktorkombination, also in Erfüllung des Betriebszweckes erstellten Güter und Dienstleistungen. Den Leistungen stehen die Kosten gegenüber.

## Leistungsverrechnung, *innerbetriebliche*
Mit ihrer Hilfe werden interne, nicht für den Absatz bestimmte Leistungen verrechnet. Innerbetriebliche Leistungen werden auch **Eigenleistungen** oder **Innenaufträge** genannt. Die innerbetriebliche Leistungsverrechnung kann erfolgen als:

- **Einseitige Leistungsverrechnung** mithilfe des
    - **Kostenartenverfahrens**
    - **Kostenstellenumlageverfahrens**
    - **Kostenstellenausgleichsverfahrens**
    - **Kostenträgerverfahrens.**

# MINILEX

▶ **Gegenseitige Leistungsverrechnung** mithilfe des
- **Verrechnungsverfahrens**
- **mathematischen Verfahrens.**

## Lohn
Er ist das vertragsmäßige **Entgelt**, welchen der Arbeitgeber gemäß einem bestehenden oder früheren Arbeitsvertrag dem Arbeiter für geleistete Arbeit zu zahlen verpflichtet ist. Nach unterschiedlicher Zurechnung gibt es:

▶ **Fertigungslöhne** als Einzelkosten, die sich auftragsweise erfassen lassen. Sie sind also den Kostenträgern direkt zurechenbar

▶ **Hilfslöhne**, die den Kostenträgern nicht direkt zurechenbar sind, da sie Gemeinkosten darstellen, die lediglich den Kostenstellen zugeordnet werden können.

Nach ihrer unterschiedlichen **Ermittlung** sind zu unterscheiden:

▶ **Zeitlohn**

▶ **Akkordlohn**

▶ **Prämienlohn.**

## Maschinenstundensatzrechnung
Sie kann die Zuschlagskalkulation ergänzen, wenn die Erzeugnisse die betrieblichen Anlagen der Kostenstelle nicht gleichmäßig in Anspruch nehmen und die eingesetzten Maschinen unterschiedlich hohe Kosten verursachen. Um die Maschinenstundensatzrechnung durchführen zu können, ist notwendig:

▶ die Gemeinkosten nach ihrer Maschinenabhängigkeit aufzuspalten in **maschinenabhängige Kosten** und **maschinenunabhängige Kosten**

$$T_L = T_G - T_{ST} - T_{IH}$$

$T_L$ = Maschinenlaufzeit (Std./Periode)
$T_G$ = Gesamte Maschinenzeit (Std./Periode)
$T_{ST}$ = Stillstandzeit (Std./Periode)
$T_{IH}$ = Instandhaltungszeit (Std./Periode)

▶ die **Maschinenlaufzeit** zu ermitteln

▶ den **Maschinenstundensatz** als Summe der Stundensätze der einzelnen einzubeziehenden Kostenarten

▶ die **Fertigungskosten** mithilfe des Maschinenstundensatzes zu errechnen.

## Materialbereich
Er dient als Kostenbereich im Betriebsabrechnungsbogen dazu, das Material – Fertigungsstoffe, Hilfsstoffe, Betriebsstoffe – für den Fertigungsbereich zu beschaffen, zu lagern und zu verteilen. Im BAB wird der Materialbereich vielfach als **eine Hauptkostenstelle** in Form einer Sammelposition ausgewiesen. Es ist aber auch möglich, mehrere Hauptkostenstellen zu bilden.

## Materialkosten
Sie fallen für folgende Güter an:

▶ **Fertigungsstoffe**, die als Hauptbestandteile unmittelbar in die Erzeugnisse eingehen.

▶ **Hilfsstoffe**, die ebenfalls unmittelbar in die Erzeugnisse eingehen, aber nur Hilfsfunktionen erfüllen.

▶ **Betriebsstoffe**, die nicht in die Erzeugnisse eingehen, sondern mittel- oder unmittelbar bei der Herstellung der Erzeugnisse verbraucht werden.

## Methode, *buchtechnisch-statistische*
Bei ihr werden die Kosten daraufhin untersucht, wie sie sich bei Beschäftigungsschwankungen verhalten haben. Die Kosten können mithilfe des **Reagibilitätsgrades** zerlegt werden.

# MINILEX

**Methode,** *grafische*
Bei dieser Methode werden die Beschäftigung und die damit verbundenen Kosten über ein Jahr hinweg aufgezeichnet, in ein Koordinatensystem eingetragen und freihändig eine Gerade gezeichnet, die möglichst geringe Abstände zu den markierten Daten aufweist.

Aus dem Schnittpunkt dieser Geraden und der Kostenachse ergeben sich die **fixen Kosten** pro Monat, mit 12 multipliziert pro Jahr. Der verbleibende Rest der Kosten stellt die **variablen Kosten** dar.

**Methode,** *mathematische*
Bei ihr wird ein linearer Verlauf der zwischen zwei Beschäftigungspunkten bestehenden Differenzkosten unterstellt. Die **Berechnung** erfolgt schichtweise unter Verwendung des Differenzenquotienten:

$$\text{Differenzenquotient} = \frac{\text{Kostenspanne}}{\text{Beschäftigungsspanne}} = \frac{K_2 - K_1}{x_2 - x_1}$$

**Methode,** *retrograde*
Bei ihr kann der Stoffverbrauch aus den erstellten unfertigen und Fertigerzeugnissen abgeleitet werden, d. h. es wird – von einem bestimmten hergestellten Erzeugnis ausgehend – zurückgerechnet, welches Material in welchen Mengen in das Erzeugnis eingegangen ist.

Dabei sind auch die **Abfälle**, die bei der Fertigung notwendigerweise angefallen sind, in der Rechnung zu berücksichtigen.

$$\text{Verbrauch} = \text{Hergestellte Stückzahl} \cdot \text{Soll-Verbrauchsmenge pro Stück}$$

**Miete,** *kalkulatorische*
Stellt ein Einzelunternehmer oder der Gesellschafter einer Personengesellschaft **eigene Räume** für betriebliche Zwecke zur Verfügung, erscheint es grundsätzlich gerechtfertigt, eine Miete kalkulatorisch anzusetzen.

Die **Höhe** der kalkulatorischen Miete kann sich an der ortsüblichen Miete orientieren oder durch anteilige Erfassung aller mit dem Mietobjekt verbundenen Kosten festgelegt werden.

**Mischkosten**
Dabei handelt es sich um Kostenarten, die weder reine fixe Kosten noch reine variable Kosten sind. Sie werden mithilfe von Verfahren der **Kostenauflösung** in ihre fixen und variablen Bestandteile zerlegt.

**Nachkalkulation**
Sie wird nach Herstellung des Erzeugnisses bzw. der Erzeugnisse durchgeführt. Die Nachkalkulation enthält die angefallenen Kosten in ihrer tatsächlichen Höhe.

Die **Bedeutung** der Nachkalkulation ist groß, da sie Abweichungen zwischen den Soll-Kosten der Vorkalkulation und den tatsächlich entstandenen Kosten offen legt, die zu analysieren sind.

**Nettoergebnis**
Bei der **einstufigen Deckungsbeitragsrechnung** ergibt sich das Nettoergebnis in drei **Schritten**:

|  | Summe | Erzeugnisgruppe | | |
|---|---|---|---|---|
|  |  | 1 | 2 | 3 |
| **Bruttoerlöse** |  |  |  |  |
| - Erlöskorrekturen |  |  |  |  |
| = **Nettoerlöse** |  |  |  |  |

|  | Summe | Erzeugnisgruppe | | |
|---|---|---|---|---|
|  |  | 1 | 2 | 3 |
| Variable Einzelkosten |  |  |  |  |
| + Variable Gemeinkosten der Fertigung |  |  |  |  |
| - Bestandsmehrungen |  |  |  |  |
| + Bestandsminderungen |  |  |  |  |
| = **Variable Kosten der umgesetzten Leistung** |  |  |  |  |
| + Variable Einzelkosten des Vertriebs |  |  |  |  |
| = **Variable Kosten** |  |  |  |  |

|  |  |
|---|---|
| Nettoerlöse |  |
| - Variable Kosten |  |
| = **Bruttodeckungsbeitrag** |  |
| - Fixe Kosten der Periode |  |
| = **Nettoergebnis** |  |

## Normal-Gemeinkosten

Normal-**Material**gemeinkosten =
**Ist**-Fertigungsmaterial · Normal-Zuschlag

Normal-**Fertigungs**gemeinkosten =
**Ist**-Fertigungslöhne · Normal-Zuschlag

Normal-**Verwaltungs**gemeinkosten =
**Normal**-Herstellkosten · Normal-Zuschlag

Normal-**Vertriebs**gemeinkosten =
**Normal**-Herstellkosten · Normal-Zuschlag

## Normal-Herstellkosten

In der betrieblichen Praxis werden als Bezugsgröße grundsätzlich die **Normal-Herstellkosten des Umsatzes**, mitunter aber auch die Normal-Herstellkosten der Erzeugung verwendet.

Die Normal-Herstellkosten ergeben sich:

**Ist**-Fertigungsmaterial
+ Normal-Materialgemeinkosten
+ **Ist**-Fertigungslöhne
+ Normal-Fertigungsgemeinkosten

= ***Normal-Herstellkosten der Erzeugung***
+ Minderbestand
- Mehrbestand

= **Normal-Herstellkosten des Umsatzes**

## Normalkosten

Sie werden aus den Istkosten vergangener Perioden – als durchschnittliche Kosten – abgeleitet und beziehen sich im Rahmen der **Normalkostenrechnung** auf den mengenmäßigen Verbrauch und/oder den Preis:

$$\text{Normalkosten} = \text{Normal-Menge} \cdot \text{Normal-Preis}$$

## Normalkostenrechnung

Sie stellt eine Weiterentwicklung der Istkostenrechnung dar. Die Normalkostenrechnung erfasst die Kosten in der Kostenstellenrechnung als **Normalkosten**, das sind die Durchschnittswerte, die sich aus den in vergangenen Perioden angefallenen Istkosten ergeben. Die Normalkostenrechnung ist als **Vollkostenrechnung** angelegt.

## Nutzenschwelle

Sie ist der Übergang von der Verlustzone in die Gewinnzone. Die Nutzenschwelle ergibt sich aus dem **Schnittpunkt** von Kostenkurve und Umsatzkurve.

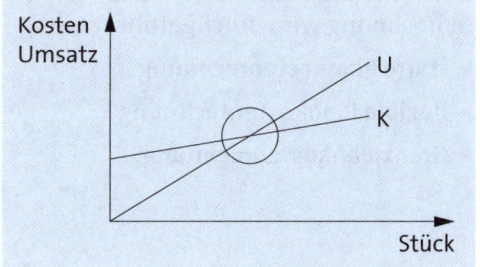

## MINILEX

**Nutzkosten**
Dabei handelt es sich um **Kosten der genutzten Kapazität**. Sie können ermittelt werden:

$$K_N = K_f \cdot b$$

$K_N$ = Nutzkosten (€/Periode)
$K_f$ = Fixe Kosten (€/Periode)
$b$ = Beschäftigungsgrad

**Personalkosten**
Sie entstehen durch den Einsatz der menschlichen Arbeitskraft im Unternehmen. Es lassen sich unterscheiden:

- **Löhne**
- **Gehälter**
- **Sozialkosten**.

**Plankosten**
Sie stellen im Voraus bestimmte, bei ordnungsgemäßem Betriebsverlauf methodisch errechnete Kosten für den leistungsgebundenen Güterverzehr dar:

$$\text{Plankosten} = \text{Plan-Menge} \cdot \text{Plan-Preis}$$

**Plankostenrechnung**
Sie ist eine zukunftsorientierte Kostenrechnung und arbeitet mit **Plankosten**. Das sind im Voraus bestimmte, bei ordnungsgemäßem Betriebsverlauf methodisch errechenbare Kosten. Die Plankostenrechnung wird durchgeführt als:

- **starre Plankostenrechnung**
- **flexible Plankostenrechnung**
- **Grenzplankostenrechnung**.

**Plankostenrechnung,** *flexible*
Sie ist ein Verfahren der **Vollkostenrechnung**, das dadurch gekennzeichnet ist, dass die Plankosten der einzelnen Kostenstellen zwar für eine bestimmte Planbeschäftigung vorgegeben sind, die als Jahresdurchschnitt erwartet wird.

Bei der flexiblen Plankostenrechnung erfolgt aber während der einzelnen Rechnungsperiode eine Anpassung an die jeweils realisierte Istbeschäftigung.

**Plankostenrechnung,** *starre*
Bei der starren Plankostenrechnung werden die Kostenvorgaben auf die zukünftige Entwicklung abgestellt. Sie basiert auf **Vollkosten**, schlüsselt also nicht auf in fixe und variable Kosten.

Der **Plankosten(verrechnungs)satz** je Kostenstelle ergibt sich aus:

$$\text{Plankosten(verrechnungs)satz} = \frac{\text{Plankosten}}{\text{Planbeschäftigung}}$$

**Prämienlohn**
Er wird verwendet, wenn das Arbeitsergebnis vom Arbeitnehmer beeinflussbar ist, die Ermittlung genauer Vorgaben für das Unternehmen aber unwirtschaftlich oder unmöglich ist. Der Prämienlohn besteht aus zwei **Teilen**:

- dem **Grundlohn**, der meist ein Zeitlohn ist
- der **Prämie**, die planmäßig und zusätzlich leistungsbezogen gewährt wird. Sie kann degressiv, s-förmig, proportional oder progressiv verlaufen, wobei der degressive Prämienverlauf in der Praxis am häufigsten vorkommt.

# MINILEX

**Preisabweichung**
Das ist bei der **flexiblen Plankostenrechnung** die Differenz zwischen dem Istpreis und dem Plan- bzw. Verrechnungspreis bezogener Güter und Dienstleistungen. Sie entsteht hinsichtlich der:

- **Einzelkostenarten** beim Fertigungslohn und Fertigungsmaterial
- **Gemeinkostenarten** beim Gemeinkostenlohn und Gemeinkostenmaterial.

Die Preisabweichung ergibt sich:

```
  Istmenge · Planpreis
- Istmenge · Istpreis
= Preisabweichung
```

oder

```
  Istkosten der Plankostenrechnung
- Istmenge der Istkostenrechnung
= Preisabweichung
```

**Preisuntergrenze**
Sie gibt den **Angebotspreis als Nettoverkaufspreis** an, den ein Unternehmen mindestens fordern muss, um überleben zu können. Die Preisuntergrenze lässt sich im Rahmen der **einstufigen Deckungsbeitragsrechnung** ermitteln als:

- **kostenorientierte Preisuntergrenze**
- **erfolgsorientierte Preisuntergrenze**.

**Preisuntergrenze,** *erfolgsorientierte*
Bei **Mehr-Produkt-Unternehmen** muss die Preisuntergrenze im Rahmen der einstufigen Deckungsbeitragsrechnung erfolgsorientiert festgestellt werden. Für Unternehmen **ohne Engpässe** ergibt sich als:

- **Kurzfristige Preisuntergrenze**

$$\text{Kurzfristige erfolgsorientierte Preisuntergrenze} \mathrel{\hat=} \text{Variable Kosten}$$

- **Langfristige Preisuntergrenze**

$$\text{Langfristige erfolgsorientierte Preisuntergrenze} \mathrel{\hat=} \text{Variable Kosten} + \text{Fixe Kosten}$$

**Preisuntergrenze,** *kostenorientierte*
Sie kann im Rahmen der **einstufigen Deckungsbeitragsrechnung** für ein Ein-Produkt-Unternehmen ermittelt werden. Nach ihrer **Fristigkeit** gibt es:

- **Kurzfristige Preisuntergrenze**

$$\text{Kurzfristige kostenorientierte Preisuntergrenze} \mathrel{\hat=} \text{Variable Kosten}$$

- **Mittelfristige Preisuntergrenze**

$$\text{Mittelfristige kostenorientierte Preisuntergrenze} \mathrel{\hat=} \text{Variable Kosten} + \text{Mittelfristig abbaubare Kosten}$$

- **Langfristige Preisuntergrenze**

$$\text{Langfristige kostenorientierte Preisuntergrenze} \mathrel{\hat=} \text{Variable Kosten} + \text{Fixe Kosten}$$

**Produktionsprogramm,** *optimales*
Ein optimales Produktionsprogramm – wie auch Sortiment im Handel – zeichnet sich dadurch aus, dass es einen möglichst hohen Deckungsbeitrag oder Gewinn erzielt. Seine kostenrechnerische Bestimmung kann im Rahmen der **einstufigen Deckungsbeitragsrechnung** erfolgen als:

- **Kurzfristige Optimierung**, bei der alle Produktarten gefertigt bzw. gefördert werden sollten, die einen positiven Deckungsbeitrag pro Stück aufweisen, und Produktarten nicht gefertigt bzw. in geringstmöglicher Menge gefertigt werden sollten, die einen negativen Deckungsbeitrag pro Stück erwirtschaften, sofern das Unternehmen **keinen Engpass** aufweist.
- **Langfristige Optimierung**, die möglich ist mithilfe der:
  - **Kostenvergleichsrechnung**
  - **Gewinnvergleichsrechnung**.

**Produktionsverfahren,** *optimales*
Die Optimierung von Produktionsverfahren erfolgt mithilfe der **einstufigen Deckungsbeitragsrechnung** als:

- **Kurzfristige Optimierung**, bei der diejenigen Produktionsanlagen zu nutzen sind, welche die geringsten variablen Kosten pro Stück verursachen bzw. den höchsten Deckungsbeitrag bewirken, sofern im Unternehmen **kein Engpass** vorliegt.
- **Langfristige Optimierung**, bei der zwecks kostenminimaler Gestaltung der Produktionsverfahren bei langfristiger Betrachtung die alternativen Produktionsanlagen zu untersuchen sind, die für eine Beschaffung in Betracht kommen.

Kostenrechnerische **Ansätze** sind:
- **Kostenvergleichsrechnung**
- **Gewinnvergleichsrechnung**.

**Produktivität**
Sie ist ein Maß für die mengenmäßige **Ergiebigkeit** der Faktorkombination:

$$\text{Produktivität} = \frac{\text{Mengenergebnis der Faktorkombination}}{\text{Faktoreinsatzmengen}}$$

Errechenbare **Teilproduktivitäten** sind:

$$\text{Materialproduktivität} = \frac{\text{Erzeugte Menge}}{\text{Materialeinsatz}}$$

$$\text{Arbeitsproduktivität} = \frac{\text{Erzeugte Menge}}{\text{Arbeitsstunden}}$$

$$\text{Betriebsmittelproduktivität} = \frac{\text{Erzeugte Menge}}{\text{Maschinenstunden}}$$

**Prozesskostenrechnung**
Sie dient dem Management der Geschäftsprozesse. Die Prozesskostenrechnung ermöglicht es, den Ressourcenverbrauch und die Kapazitätsauslastung im Unternehmen zu steuern sowie Chancen und Risiken frühzeitig aufzudecken, damit das Kostenmanagement rasch geeignete Maßnahmen ergreifen kann.

**Reagibilitätsgrad**
**Variable Kosten** lassen sich in ihren Verläufen durch den Reagibilitätsgrad (R) charakterisieren:

$$R = \frac{\text{Prozentuale Kostenänderung}}{\text{Prozentuale Beschäftigungsänderung}}$$

**Rechnungswesen**
Es ist die Gesamtheit der Einrichtungen und Verrichtungen, die bezwecken, alle wirtschaftlich wesentlichen Gegebenheiten und Vorgänge im Einzelnen und Gesamten zahlenmäßig nach Geld und – soweit möglich – nach Mengeneinheiten zu erfassen.

Das Rechnungswesen übernimmt die Erfassung, Verrechnung und Kontrolle der Kosten und Leistungen, Aufwendungen und Erträge, Ausgaben und Einnahmen,

Auszahlungen und Einzahlungen, die in den verschiedenen Abteilungen des Unternehmens entstehen.

## Rentabilität
Sie ist das **Verhältnis des Periodenerfolges zu anderen Größen** als:

$$\text{Umsatzrentabilität} = \frac{\text{Erfolg}}{\text{Umsatz}} \cdot 100$$

$$\text{Eigenkapitalrentabilität} = \frac{\text{Erfolg}}{\text{Eigenkapital}} \cdot 100$$

$$\text{Gesamtkapitalrentabilität} = \frac{\text{Erfolg + Verrechnete Fremdkapitalzinsen}}{\text{Gesamtkapital}} \cdot 100$$

$$\text{Rentabilität des betriebsnotwendigen Kapitals} = \frac{\text{Betriebserfolg + Verrechnete Zinsen für betriebsnotwendiges Fremdkapital}}{\text{Betriebsnotwendiges Gesamtkapital}} \cdot 100$$

## Restwertrechnung
Sie wird bei der Kalkulation von Kuppelprodukten dann angewendet, wenn ein **Haupterzeugnis** und **ein oder mehrere Nebenerzeugnisse** hergestellt werden. Die Restwertrechnung ist umso geeigneter, je geringer der Wert des bzw. der Nebenerzeugnisse ist.

Bei ihr wird davon ausgegangen, dass die Erlöse, die sich aus der Nebenproduktion ergeben, von den Gesamtkosten der Kuppelproduktion abgezogen werden.

$$k_H = \frac{K_H - x_{Ni} \cdot (P_{Ni} - k_{ANi})}{x_H}$$

$K_H$ = Gesamtkosten des Kuppelprozesses
$k_H$ = Herstellkosten pro Haupterzeugnis-Einheit
$x_H$ = Menge des Haupterzeugnisses
$x_{Ni}$ = Menge der Nebenerzeugnisart i
$P_{Ni}$ = Preis pro Einheit der Nebenerzeugnisart i
$K_{ANi}$ = Weiterverarbeitungskosten pro Einheit der Nebenerzeugnisart i

## Skontrationsmethode
Sie ist das genaueste Verfahren zur Ermittlung der Verbrauchsmengen. Die Skontrationsmethode setzt das Vorhandensein einer **Lagerbuchhaltung** voraus. Der Endbestand wird ermittelt:

```
  Anfangsbestand
+ Zugang
- Abgang
─────────────────
= Endbestand
```

Außer der buchmäßigen Feststellung wird der Endbestand an Materialien jährlich durch eine **Inventur** als körperlicher Bestandsaufnahme der vorhandenen Materialien ermittelt.

## Sollkosten
In der **flexiblen Plankostenrechnung** wird darunter die zum Planpreis bewertete Planmenge bei Istbeschäftigung verstanden:

$$\text{Sollkosten} = \text{Fixe Plankosten} + \text{Propoertionaler Plankostenverrechnungssatz} \cdot \text{Istbeschäftigung}$$

In der **Grenzplankostenrechnung** entfallen die fixen Plankosten:

$$\text{Sollkosten} = \text{Plankostenverrechnungssatz} \cdot \text{Istbeschäftigung}$$

Für beide Berechnungen gilt:

$$\text{(Proportionaler) Plankostenverrechnungssatz} = \frac{\text{Proportionale Kosten}}{\text{Planbeschäftigung}}$$

# MINILEX

**Sondereinzelkosten**
Sie werden ebenfalls belegmäßig unter Angabe der Kostenträger erfasst, aber nicht den einzelnen Erzeugnissen zugerechnet, sondern den jeweiligen **Aufträgen**, die aus einer Vielzahl gleichartiger Erzeugnisse bestehen können. Als **Arten** der Sondereinzelkosten sind zu unterscheiden:

- **Sondereinzelkosten der Fertigung**
- **Sondereinzelkosten des Vertriebs**.

**Sozialkosten**
Sie sind der Teil der Aufwendungen des Unternehmens für die Arbeitnehmer, der über die Löhne und Gehälter hinausgeht als:

- **gesetzliche Sozialkosten**, deren Grundlage entsprechende Gesetze und Verordnungen sind, z. B. die Arbeitgeberanteile zu den Sozialversicherungen
- **freiwillige Sozialleistungen**, deren Grundlage entsprechende Betriebsvereinbarungen oder Absprachen in einzelnen Arbeitsverträgen zwischen dem Arbeitgeber und der Belegschaft oder einzelnen Belegschaftsmitgliedern sind.

**Statistik**
Sie ist ein Gebiet des Rechnungswesens. Mit ihrer Hilfe wird eine Vielzahl von Einzelerscheinungen gesammelt, nach bestimmten Merkmalen gruppiert, die Daten analysiert und in tabellarischer oder grafischer Form dargestellt. Die Statistik hat vor allem die Funktion einer **Vergleichsrechnung**.

**Stellen-Einzelkosten**
Sie lassen sich für die einzelnen Kostenstellen genau ermitteln, da sie **belegmäßig erfasst** werden können.

**Stellen-Gemeinkosten**
Sie lassen sich für die einzelnen Kostenstellen *nicht* genau ermitteln, sondern nur mithilfe von **Verteilungsschlüsseln** zurechnen.

**Stufenmethode**
Sie dient bei der **flexiblen Plankostenrechnung** zur Berücksichtigung von Beschäftigungsänderungen. Dazu werden mehrere Kostenübersichten erstellt, die verschiedene Beschäftigungsgrade beinhalten. Daraus können die für jeden Beschäftigungsgrad zu verrechnenden **Sollkosten** festgestellt werden.

**Tageswert**
Da ein Wiederbeschaffungswert vielfach nicht ohne weiteres ermittelt werden kann, wird mitunter der Tageswert für die Bewertung von Verbrauchsmengen angesetzt. Er kann sich auf **unterschiedliche Tage** beziehen.

**Teilkostenrechnung**
Bei ihr werden nicht alle Kostenbestandteile – sondern nur die variablen Kosten – den Kostenträgern zugerechnet. Somit wird dem **Verursachungsprinzip** entsprochen, da die Kostenträger nur mit den Kosten belastet werden, die durch sie verursacht wurden.

Die fixen Kosten werden bei der Teilkostenrechnung als Block erfasst und nicht auf die Kostenträger verteilt. Als Teilkostenrechnungen gelten vor allem:

- **einstufige Deckungsbeitragsrechnung** (Direct Costing)
- **mehrstufige Deckungsbeitragsrechnung** (Fixkostendeckungsrechnung)
- **Deckungsbeitragsrechnung mit relativen Einzelkosten**
- **Grenzplankostenrechnung**.

## Über-/Unterdeckung

Der Vergleich von Ist- und Normal-Gemeinkosten im Betriebsabrechnungsbogen zeigt, ob eine **Unterdeckung** gegeben ist, d. h. „zu viel" Kosten entstanden sind, oder eine **Überdeckung** vorliegt, wobei:

$$\text{Über-/Unterdeckung} = \text{Normal-Gemeinkosten} - \text{Ist-Gemeinkosten}$$

## Umsatzkostenverfahren

Beim Umsatzkostenverfahren werden die Kosten den Erlösen der abgesetzten Erzeugnisse gegenübergestellt. Die Gegenüberstellung sollte – als **Artikelerfolgsrechnung** – nach Erzeugnissen oder Erzeugnisgruppen erfolgen.

Der betriebliche Erfolg ergibt sich aus der Differenz der Kosten und Erlöse. Seine statistisch-tabellarische Ermittlung kann mithilfe des **Kostenträgerblattes** erfolgen.

**Voraussetzung** für die Anwendung des Umsatzkostenverfahrens ist die Existenz einer qualifizierten Kostenrechnung.

## Unternehmerlohn, *kalkulatorischer*

Bei den **Einzelunternehmen** und **Personengesellschaften** werden den mitarbeitenden Inhabern oder Gesellschaftern keine Gehälter gezahlt, ihre Arbeitsleistung wird durch den Gewinn abgegolten. Da der Unternehmerlohn über die zu verkaufenden Erzeugnisse erwirtschaftet werden muss, ist es unumgänglich, ihn als Kosten anzusetzen.

Der in der Kostenrechnung angesetzte kalkulatorische Unternehmerlohn soll dem Entgelt entsprechen, das der Unternehmer bei gleicher Arbeitsleistung insgesamt – einschließlich Sozialleistungen – in einem anderen Unternehmen erhalten würde.

## Variatormethode

Sie dient bei der **flexiblen Plankostenrechnung** zur Berücksichtigung von Beschäftigungsänderungen.

Der **Variator** drückt das Verhältnis der fixen und variablen Kosten einer Kostenart unter Annahme einer linearen Kostenfunktion aus. Er gibt an, um wie viel Prozent sich die vorzugebenden Kosten bei einer 10-%igen Änderung des Beschäftigungsgrades verändern.

$$\text{Proportionale Kosten} = \frac{\text{Variator}}{10} \cdot \text{Plankosten}$$

oder

$$\text{Variator} = \frac{\text{Proportionale Kosten}}{\text{Plankosten}} \cdot 10$$

## Verbrauchsabweichung

Dazu kommt es bei der **flexiblen Plankostenrechnung** und der **Grenzplankostenrechnung**, wenn geplante und tatsächlich verbrauchte Mengen an Kostengütern unterschiedlich hoch sind. Sie wird ermittelt:

```
  Istmenge · Planpreis
  beim Istbeschäftigungsgrad
- Planmenge · Planpreis
  beim Istbeschäftigungsgrad
= Verbrauchsabweichung
```

oder

```
  Istkosten (der Plankostenrechnung)
- Sollkosten
= Verbrauchsabweichung
```

# MINILEX

**Verfahren,** *mathematisches*
Es ist das genaueste Verfahren der **innerbetrieblichen Leistungsverrechnung**. Dabei bedient man sich – sofern zwei Kostenstellen am gegenseitigen Leistungsaustausch beteiligt sind – folgender **Gleichungen**:

$$m_1 q_1 = Kp_1 + l_{21} \cdot q_2$$

$$m_2 q_2 = Kp_2 + l_{12} \cdot q_1$$

$m_1$ = Leistungseinheiten der Kostenstelle 1
$m_2$ = Leistungseinheiten der Kostenstelle 2
$q_1$ = Kostensatz pro Leistungseinheit der Kostenstelle 1
$q_2$ = Kostensatz pro Leistungseinheit der Kostenstelle 2
$Kp_1$ = Primärkosten der Kostenstelle 1
$Kp_2$ = Primärkosten der Kostenstelle 2
$l_{21}$ = Leistung der Kostenstelle 2 an Kostenstelle 1
$l_{12}$ = Leistung der Kostenstelle 1 an Kostenstelle 2

**Verkaufspreis**
Er ergibt sich **kostenrechnerisch**:

|   |   |
|---|---|
| Selbstkosten | |
| + Gewinnaufschlag (in % der Selbstkosten) | ... |
| = **Barverkaufspreis** | |
| + Kundenskonto (in % vom Zielverkaufspreis) | ... |
| = **Zielverkaufspreis** | ... |
| + Kundenrabatt (in % von Netto-Verkaufspreis) | ... |
| = **Netto-Verkaufspreis** | ... |
| + Mehrwertsteuer (in % vom Netto-Verkaufspreis) | ... |
| = **Brutto-Verkaufspreis** | ... |

**Verrechnungspreis-Verfahren**
Die gegenseitige Leistungsverflechtung ist im Rahmen der **innerbetrieblichen Leistungsverrechnung** am einfachsten aufzulösen, indem die innerbetrieblichen Leistungsmengen mit Verrechnungspreisen bewertet werden, die **unternehmensinterne Wertansätze** oder **Marktpreise** sein können, wenn die Leistungen auch am Markt erhältlich sind.

**Verteilungsrechnung**
Sie findet im Rahmen der **Kuppelkalkulation** Anwendung, wenn aus einem verbundenen Produktionsprozess **mehrere Haupterzeugnisse** hervorgehen.

Die Gesamtkosten der Kuppelproduktion werden mithilfe von Äquivalenzziffern auf die einzelnen Erzeugnisse verteilt. Dabei können unterschiedliche Maßstäbe für die Verteilung der Gesamtkosten zugrunde gelegt werden.

▶ Bei der **Marktpreismethode** wird von den Marktpreisen der einzelnen Erzeugnisse auf die Kosten dieser Erzeugnisse geschlossen. Ihre praktische Durchführung erfolgt, indem die Marktpreise der einzelnen verbundenen Erzeugnisse durch Äquivalenzziffern in ihre Relation zueinander gebracht werden, die auch bei der Kostenverteilung anzuwenden ist.

▶ Bei der **Schlüsselmethode** erfolgt eine Verteilung der Gesamtkosten aufgrund technischer Maßstäbe. Ihre Aussagefähigkeit ist gering.

**Vertriebsbereich**
Er steht als Kostenbereich im Betriebsabrechnungsbogen im Zusammenhang mit dem Absatz der Erzeugnisse des Unternehmens und weist im BAB grundsätzlich eine oder mehrere **Hauptkostenstellen** auf.

## Verwaltungsbereich
Er umfasst als Kostenbereich im Betriebsabrechnungsbogen die Verwaltungsstellen des Unternehmens. Der Verwaltungsbereich besteht im BAB je nach Zweckmäßigkeit aus einer oder mehreren **Hauptkostenstellen**.

## Vollkostenrechnung
Bei ihr werden alle Kostenbestandteile – also fixe und variable Kosten – erfasst und auf die Kostenträger verteilt. Sie widerspricht dem Kostenverursachungsprinzip. Als Vollkostenrechnung gelten:

- **Istkostenrechnung mit Vollkosten**
- **Normalkostenrechnung mit Vollkosten**
- **Plankostenrechnung mit Vollkosten**.

## Vorkalkulation
Sie wird vor der Leistungserstellung durchgeführt. Die Vorkalkulation stellt eine **Angebotskalkulation** dar, deren Aufgabe es ist, die Höhe der Kosten abzuschätzen, die für einen bestimmten Auftrag anfallen werden.

## Wagnisse, *kalkulatorische*
Der Ansatz der kalkulatorischen Wagnisse als **Einzelwagnisse** in der Kostenrechnung erfolgt, indem die in der Vergangenheit eingetretenen Wagnisverluste mit den in der Vergangenheit angefallenen Anschaffungskosten in Beziehung zueinander gesetzt werden:

$$\text{Durchschnittlicher Wagnisverlust} = \frac{\text{Summe der eingetretenen Wagnisverluste}}{\text{Summe der Anschaffungskosten}} \cdot 100$$

## Wiederbeschaffungswert
Mit seinem Ansatz wird die **Substanz** des Unternehmens **erhalten**. Es erfolgt die Ansetzung des Wertes in der Kostenrechnung, der erforderlich ist, um das vorhandene Gut zu einem späteren Zeitpunkt wieder zu beschaffen.

## Wirtschaftlichkeit
Sie ist als das **Maß für die Einhaltung des ökonomischen Prinips** anzusetzen als:

$$\text{(Ertrags-) Wirtschaftlichkeit} = \frac{\text{Erträge}}{\text{Aufwendungen}}$$

oder

$$\text{(Leistungs-) Wirtschaftlichkeit} = \frac{\text{Leistungen}}{\text{Kosten}}$$

Zweckmäßiger erscheint die folgende Berechnung:

$$\text{(Kosten-) Wirtschaftlichkeit} = \frac{\text{Sollkosten}}{\text{Istkosten}}$$

## Zeitlohn
Er ist die Entlohnung durch Zahlung eines gleichen Lohnsatzes pro Zeiteinheit ohne Rücksicht auf die während dieser Zeit hervorgebrachten Arbeitsleistungen. Seine **Ermittlung** als Bruttolohn wird vorgenommen:

$$\text{Zeitlohn} = \frac{\text{Lohnsatz}}{\text{je Zeiteinheit}} \cdot \frac{\text{Anzahl}}{\text{der Zeiteinheiten}}$$

## Zielkostenrechnung
Sie wird der Tatsache gerecht, dass die Preise der Produkte seit der Entwicklung des Käufermarktes in Deutschland während der sechziger Jahre nicht mehr ausschließlich auf der Grundlage der Kosten gestaltet werden konnten. Mit der Zielkostenrechnung wurde eine enge Vernetzung des **Marketing** und der **Kostenrechnung** erreicht.

## Zinsen, *kalkulatorische*
Sie werden zur **Verzinsung des Eigenkapitals** angesetzt. Ausgangspunkt zu ihrer Ermittlung ist das betriebsnotwendige Kapital. Ist dieses nicht bekannt, dann wird das betriebsnotwendige Vermögen zugrunde gelegt.

|   | |
|---|---|
|   | Nicht abnutzbares Anlagevermögen |
| + | Abnutzbares Anlagevermögen |
| = | Betriebsnotwendiges Anlagevermögen |
| + | Betriebsnotwendiges Umlaufvermögen |
| = | Betriebsnotwendiges Vermögen |
| - | Abzugskapital als zinsfreies Fremdkapital |
| = | **Betriebsnotwendiges Kapital** |

Die kakulatorischen Zinsen werden errrechnet:

$$\text{Kalkulatorische Zinsen} = \text{Betriebsnotwendiges Kapital} \cdot \text{Zinssatz}$$

## Zusatzauftrag
Das ist ein Auftrag, den ein Unternehmen annimmt, das durch die aktuell gegebene Auftragslage kapazitätsmäßig **nicht ausgelastet** ist. Er wird zu einem Preis hereingenommen, der unterhalb des gegenwärtigen Verkaufspreises – z. B. als Listenpreis – liegt.

Unter Verwendung der **einstufigen Deckungsbeitragsrechnung** ist die Annahme eines Zusatzauftrages für ein Unternehmen möglich, wenn der Erlös aus dem Zusatzauftrag gerade die variablen Kosten des Zusatzauftrages deckt.

## Zusatzkosten
Sie beziehen sich auf den betriebsbedingten Werteverzehr, dem *keine* Aufwendungen gegenüberstehen.

## Zuschlagskalkulation
Sie setzt eine Trennung der Einzelkosten und Gemeinkosten voraus. Die **Einzelkosten** werden unmittelbar auf die Produkteinheit verteilt, die **Gemeinkosten** dagegen gesammelt, nach gleichen Verursachungsmomenten gegliedert und durch einen prozentualen Zuschlag auf die Fertigungslöhne, die Fertigungsmaterialien oder die Summe von beiden verrechnet.

**Formen** der Zuschlagskalkulation sind:
▶ **summarische Zuschlagskalkulation**
▶ **differenzierende Zuschlagskalkulation**.

## Zuschlagskalkulation, *differenzierende*
Bei ihr erfolgt die Berechnung der Gemeinkosten auf der Basis der in den einzelnen Bereichen entstandenen Einzelkosten. Für die Verwaltungs- und Vertriebsgemeinkosten werden die Herstellkosten als Basis verwendet:

|   |   |   |
|---|---|---|
|   | Materialeinzelkosten | ... |
| + | Materialgemeinkosten | ... |
| = | Materialkosten |   |
| + | Fertigungseinzelkosten | ... |
| + | Fertigungsgemeinkosten | ... |
| + | Sondereinzelkosten der Fertigung | ... |
| = | Fertigungskosten |   |
|   | **Herstellkosten** | ... |
| + | Verwaltungsgemeinkosten | ... |
| + | Vertriebsgemeinkosten | ... |
| + | Sondereinzelkosten des Vertriebs | ... |
| = | **Selbstkosten** | ... |

Als **Herstellkosten** werden meist die Herstellkosten des Umsatzes gewählt, mitunter aber auch die Herstellkosten der Erzeugung, in denen keine Bestandsveränderungen berücksichtigt sind.

# MINILEX

**Zuschlagskalkulation,** *summarische*
Sie erfordert keine Kostenstellenrechnung. In der Form der **kumulativen Zuschlagskalkulation** werden die gesamten Einzelkosten als Zuschlagsbasis für die Gemeinkosten verwendet. Rechnerisch wird dabei folgendermaßen vorgegangen:

$$\text{Zuschlagssatz} = \frac{\text{Gesamte Gemeinkosten der Periode}}{\text{Gesamte Einzelkosten der Periode}}$$

**Zweckaufwendungen**
Sie werden auch **Betriebsaufwendungen** genannt und entstehen bei der Leistungserstellung und Leistungsverwertung, beziehen sich also ausschließlich auf die Erfüllung des Betriebszweckes und sind deckungsgleich mit den Kosten in der Kostenrechnung.

**Zweikreissystem**
Bei ihm sind die Finanzbuchhaltung und die Betriebsbuchhaltung organisatorisch voneinander getrennt. Sie bilden **zwei Kreise**, die völlig in sich geschlossen sind.

**Zwischenkalkulation**
Sie liegt zeitlich zwischen der Vorkalkulation und dem Herstellungsende eines Erzeugnisses oder einer Serie. Die Zwischenkalkulation wird bei Erzeugnissen durchgeführt, die eine längere Herstellungszeit beanspruchen. Die Zwischenkalkulation stellt eine **Nachkalkulation für unfertige Erzeugnisse** dar.

# LITERATURVERZEICHNIS

## A. Grundlagen

**Coenenberg/Haller/Schultze,** Kostenrechnung und Kostenanalyse, 23. Auflage, Stuttgart 2014
**Däumler/Grabe,** Kostenrechnung 1, Grundlagen, 10. Auflage, Herne 2008
**Dörrie, U.,** Grundlagen Kosten- und Leistungsrechnung, 8. Auflage, München 2004
**Ebert, G.,** Kosten- und Leistungsrechnung, 11. Auflage, Wiesbaden 2012
**Eisele, W.,** Technik des betrieblichen Rechnungswesens, 8. Auflage, München 2011
**Fischbach, S.,** Grundlagen der Kostenrechnung, 4. Auflage, Landsberg 2006
**Freidank, C.-C.,** Kostenrechnung, 9. Auflage, München/Wien 2012
**Friedl, G.,** Kostenrechnung, München 2009
**Graumann, N.,** Kostenrechnung und Kostenmanagement, 4. Auflage, Herne 2008
**Haberstock, L.,** Kostenrechnung I, 13. Auflage, Berlin 2008
**Jorasz, W.,** Kosten- und Leistungsrechnung, 5. Auflage, Stuttgart 2009
**Kalenberg, F.,** Kostenrechnung, 2. Auflage, München 2008
**Kicherer, H.-P.,** Kostenrechnung und Kostenmanagement, 3. Auflage, München 2008
**Kilger, W.,** Einführung in die Kostenrechnung, 4. Auflage, Wiesbaden 2000
**Kloock/Sieben/Schildbach,** Kosten- und Leistungsrechnung, 9. Auflage, Düsseldorf 2005
**Langenbeck, J.,** Kosten- und Leistungsrechnung, 2. Auflage, Herne 2011
**Lohmann, K.,** Kosten- und Leistungsrechnung, 2. Auflage, München 2008
**Macha, R.,** Grundlagen der Kosten- und Leistungsrechnung, 4. Auflage, München 2007
**Moews, D.,** Kosten- und Leistungsrechnung, 7. Auflage, München/Wien 2002
**Olfert, K.,** Kostenrechnung, 17. Auflage, Herne 2013
**Olfert, K.,** Finanzierung, 16. Auflage, Herne 2013
**Olfert, K.,** Kompakt-Training Finanzierung, 8. Auflage, Herne 2014
**Olfert, K.,** Kompakt-Training Investition, 7. Auflage, Herne 2015
**Olfert/Rahn/Zschenderlein,** Lexikon der Betriebswirtschaftslehre, 8. Auflage, Herne 2013
**Preißler/Dörrie,** Grundlagen der Kosten- und Leistungsrechnung, 8. Auflage, Landsberg 2004
**Radke, H.-D.,** Kostenrechnung, 4. Auflage, Planneg 2007
**Rinker, C.,** Bilanzen, 15. Auflage, Herne 2016
**Schmidt, A.,** Kostenrechnung, 5. Auflage, Stuttgart 2008
**Schumacher, B.,** Kosten- und Leistungsrechnung, 6. Auflage, Herne 2008
**Schweitzer/Küpper,** Systeme der Kosten- und Erlösrechnung, 10. Auflage, München 2011
**Seicht, G.,** Moderne Kosten- und Leistungsrechnung, 11. Auflage, Renningen 2001
**Tanne, M.,** Kostenrechnung, Stuttgart 2007
**Wilkens, K.,** Kosten- und Leistungsrechnung, 9. Auflage, München/Wien 2003
**Zimmermann, G.,** Grundzüge der Kostenrechnung, 8. Auflage, München/Wien 2001
**Zschenderlein, O.,** Kompakt-Training Buchführung 1 – Grundlagen, 8. Auflage, Herne 2015
**Zschenderlein, O.,** Kompakt-Training Buchführung 2 – Vertiefung, 3. Auflage, Herne 2014

# LITERATURVERZEICHNIS

## B. Kostenartenrechnung

**Däumler/Grabe**, Kostenrechnung 1, Grundlagen, 10. Auflage, Herne 2008
**Dörrie, U.**, Grundlagen Kosten- und Leistungsrechnung, 8. Auflage, München 2004
**Ebert, G.**, Kosten- und Leistungsrechnung, 11. Auflage, Wiesbaden 2012
**Eisele, W.**, Technik des betrieblichen Rechnungswesens, 8. Auflage, München 2011
**Fischbach, S.**, Grundlagen der Kostenrechnung, 4. Auflage, Landsberg 2006
**Freidank C. C.**, Kostenrechnung, 9. Auflage, München/Wien 2012
**Friedl, G.**, Kostenrechnung, München 2009
**Graumann, N.**, Kostenrechnung und Kostenmanagement, 4. Auflage, Herne 2008
**Haberstock, L.**, Kostenrechnung I, 13. Auflage, Berlin 2008
**Jorasz, W.**, Kosten- und Leistungsrechnung, 5. Auflage, Stuttgart 2009
**Kalenberg, F.**, Kostenrechnung, 2. Auflage, München 2008
**Kicherer, H.-P.**, Kostenrechnung und Kostenmanagement, 3. Auflage, München 2008
**Kilger, W.**, Einführung in die Kostenrechnung, 4. Auflage, Wiesbaden 2000
**Kloock/Sieben/Schildbach**, Kosten- und Leistungsrechnung, 9. Auflage, Düsseldorf 2005
**Langenbeck, J.**, Kosten- und Leistungsrechnung, Herne 2008
**Lohmann, K.**, Kosten- und Leistungsrechnung, 2. Auflage, München 2008
**Macha, R.**, Grundlagen der Kosten- und Leistungsrechnung, 4. Auflage, München 2007
**Moews, D.**, Kosten- und Leistungsrechnung, 7. Auflage, München/Wien 2002
**Moser, U.**, Grundlagen der Kosten- und Leistungsrechnung, 2. Auflage, München 2004
**Olfert, K.**, Kostenrechnung, 17. Auflage, Herne 2013
**Olfert, K.**, Kompakt-Training Personalwirtschaft, 10. Auflage, Herne 2016
**Olfert, K.**, Personalwirtschaft, 16. Auflage, Herne 2015
**Olfert/Rahn/Zschenderlein**, Lexikon der Betriebswirtschaftslehre, 8. Auflage, Herne 2013
**Olfert, K.**, Investition, 13. Auflage, Herne 2015
**Olfert, K.**, Finanzierung, 16. Auflage, Herne 2013
**Olfert, K.**, Kompakt-Training Finanzierung, 8. Auflage, Herne 2014
**Olfert, K.**, Kompakt-Training Investition, 7. Auflage, Herne 2015
**Preißler/Dörrie**, Grundlagen der Kosten- und Leistungsrechnung, 8. Auflage, Landsberg 2004
**Radke, H.-D.**, Kostenrechnung, 3. Auflage, Planneg 2005
**Radke, H.-D.**, Kostenrechnung, 4. Auflage, Planneg 2007
**Rinker, C.**, Bilanzen, 15. Auflage, Herne 2016
**Schmidt, A.**, Kostenrechnung, 5. Auflage, Stuttgart 2008
**Schumacher, B.**, Kosten- und Leistungsrechnung für Industrie und Handel, 6. Auflage, Herne 2008
**Schweitzer/Küpper**, Systeme der Kosten- und Erlösrechnung, 10. Auflage, München 2011
**Seicht, G.**, Moderne Kosten- und Leistungsrechnung, 11. Auflage, Stuttgart 2001
**Tanne, M.**, Kostenrechnung, Stuttgart 2007

Wilkens, K., Kosten- und Leistungsrechnung, 9. Auflage, München/Wien 2003
Wöltje, J., Kostenrechnung, 2. Auflage, Planegg 2009
Zimmermann, G., Grundzüge der Kostenrechnung, 8. Auflage, München/Wien 2001
Zschenderlein, O., Kompakt-Training Buchführung 1 – Grundlagen, 8. Auflage, Herne 2015
Zschenderlein, O., Kompakt-Training Buchführung 2 – Vertiefung, 3. Auflage, Herne 2014

## C. Kostenstellenrechnung

Däumler/Grabe, Kostenrechnung 1, Grundlagen, 10. Auflage, Herne 2008
Dörrie, U., Grundlagen Kosten- und Leistungsrechnung, 8. Auflage, München 2004
Ebert, G., Kosten- und Leistungsrechnung, 11. Auflage, Wiesbaden 2012
Eisele, W., Technik des betrieblichen Rechnungswesens, 8. Auflage, München 2011
Fischbach, S., Grundlagen der Kostenrechnung, 4. Auflage, Landsberg 2006
Freidank, C. C., Kostenrechnung, 9. Auflage, München/Wien 2012
Friedl, G., Kostenrechnung, München 2009
Graumann, N., Kostenrechnung und Kostenmanagement, 4. Auflage, Herne 2008
Haberstock, L., Kostenrechnung I, 13. Auflage, Berlin 2008
Kalenberg, F., Kostenrechnung, 2. Auflage, München 2008
Kicherer, H.-P., Kostenrechnung und Kostenmanagement, 3. Auflage, München 2008
Kilger, W., Einführung in die Kostenrechnung, 4. Auflage, Wiesbaden 2000
Kloock/Sieben/Schildbach, Kosten- und Leistungsrechnung, 9. Auflage, Düsseldorf 2005
Lohmann, K., Kosten- und Leistungsrechnung, 2. Auflage, München 2008
Macha, R., Grundlagen der Kosten- und Leistungsrechnung, 4. Auflage, München 2007
Moews, D., Kosten- und Leistungsrechnung, 7. Auflage, München/Wien 2002
Olfert, K., Kostenrechnung, 17. Auflage, Herne 2013
Olfert/Rahn/Zschenderlein, Lexikon der Betriebswirtschaftslehre, 8. Auflage, Herne 2013
Preißler/Dörrie, Grundlagen der Kosten- und Leistungsrechnung, 8. Auflage, Landsberg 2004
Radke, H.-D., Kostenrechnung, 3. Auflage, Planneg 2005
Radke, H.-D., Kostenrechnung, 4. Auflage, Planneg 2007
Schumacher, B., Kosten- und Leistungsrechnung, 6. Auflage, Herne 2008
Schweitzer/Küpper, Systeme der Kosten- und Erlösrechnung, 10. Auflage, München 2011
Seicht, G., Moderne Kosten- und Leistungsrechnung, 11. Auflage, Renningen 2001
Stehle/Sanwald, Grundriß der industriellen Kosten- und Leistungsrechnung, 25. Auflage, 1993
Tanne, M., Kostenrechnung, Stuttgart 2007
Wilkens, K., Kosten- und Leistungsrechnung, 9. Auflage, München/Wien 2003
Wöltje, J., Kostenrechnung, 2. Auflage, Planegg 2009
Zimmermann, G., Grundzüge der Kostenrechnung, 8. Auflage, München/Wien 2001

# LITERATURVERZEICHNIS

## D. Kostenträgerrechnung

**Däumler/Grabe,** Kostenrechnung 1, Grundlagen, 10. Auflage, Herne 2008
**Dörrie, U.,** Grundlagen Kosten- und Leistungsrechnung, 8. Auflage, München 2004
**Ebert, G.,** Kosten- und Leistungsrechnung, 11. Auflage, Wiesbaden 2012
**Eisele, W.,** Technik des betrieblichen Rechnungswesens, 8. Auflage, München 2011
**Fischbach, S.,** Grundlagen der Kostenrechnung, 4. Auflage, Landsberg 2006
**Freidank, C. C.,** Kostenrechnung, 9. Auflage, München/Wien 2012
**Friedl, G.,** Kostenrechnung, München 2009
**Götzinger/Michael,** Kosten- und Leistungsrechnung, 6. Auflage, Heidelberg 1993
**Graumann, N.,** Kostenrechnung und Kostenmanagement, 4. Auflage, Herne 2008
**Jorasz, W.,** Kosten- und Leistungsrechnung, 5. Auflage, Stuttgart 2009
**Kalenberg, F.,** Kostenrechnung, 2. Auflage, München 2008
**Kicherer, H.-P.,** Kostenrechnung und Kostenmanagement, 3. Auflage, München 2008
**Kilger, W.,** Einführung in die Kostenrechnung, 4. Auflage, Wiesbaden 2000
**Kloock/Sieben/Schildbach,** Kosten- und Leistungsrechnung, 9. Auflage, Düsseldorf 2005
**Langenbeck, J.,** Kosten- und Leistungsrechnung, 2. Auflage, Herne 2011
**Lohmann, K.,** Kosten- und Leistungsrechnung, 2. Auflage, München 2008
**Loos, G.,** Betriebsabrechnung und Kalkulation, 4. Auflage, Herne/Berlin 1993
**Moews, D.,** Kosten- und Leistungsrechnung, 7. Auflage, München/Wien 2002
**Moser, U.,** Grundlagen der Kosten- und Leistungsrechnung, 2. Auflage, München 2004
**Oeldorf/Olfert,** Material-Logistik, 13. Auflage, Herne 2013
**Olfert, K.,** Kostenrechnung, 17. Auflage, Herne 2013
**Olfert/Rahn/Zschenderlein,** Lexikon der Betriebswirtschaftslehre, 8. Auflage, Herne 2013
**Preißler/Dörrie,** Grundlagen der Kosten- und Leistungsrechnung, 8. Auflage, Landsberg 2004
**Radke, H.-D.,** Kostenrechnung, 3. Auflage, Planneg 2005
**Radke, H.-D.,** Kostenrechnung, 4. Auflage, Planneg 2007
**Rinker, C.,** Bilanzen, 15. Auflage, Herne 2016
**Schmidt, A.,** Kostenrechnung, 5. Auflage, Stuttgart 2008
**Schumacher, B.,** Kosten- und Leistungsrechnung, 6. Auflage, Herne 2008
**Schweitzer/Küpper,** Systeme der Kosten- und Erlösrechnung, 10. Auflage, München 2011
**Seicht, G.,** Moderne Kosten- und Leistungsrechnung, 11. Auflage, Stuttgart 2001
**Tanne, M.,** Kostenrechnung, Stuttgart 2007
**Wilkens, K.,** Kosten- und Leistungsrechnung, 9. Auflage, München/Wien 2003
**Wöltje, J.,** Kostenrechnung, 2. Auflage, Planegg 2009
**Zimmermann, G.,** Grundzüge der Kostenrechnung, 8. Auflage, München/Wien 2001

## E. Plankostenrechnung

**Däumler/Grabe,** Kostenrechnung 3, Plankostenrechnung, 8. Auflage, Herne 2009
**Eisele, W.,** Technik des betrieblichen Rechnungswesens, 8. Auflage, München 2011
**Freidank, C. C.,** Kostenrechnung, 9. Auflage, München/Wien 2012
**Haberstock, L.,** (Grenz-) Plankostenrechnung, 10. Auflage, Berlin 2008
**Kilger, W.,** Flexible Plankostenrechnung und Deckungsbeitragsrechnung, 12. Auflage, Wiesbaden 2007
**Kilger, W.,** Einführung in die Kostenrechnung, 4. Auflage, Wiesbaden 2000
**Kloock/Sieben/Schildbach,** Kosten- und Leistungsrechnung, 9. Auflage, Düsseldorf 2005
**Moews, D.,** Kosten- und Leistungsrechnung, 7. Auflage, München/Wien 2002
**Olfert, K.,** Kostenrechnung, 17. Auflage, Herne 2013
**Olfert/Rahn/Zschenderlein,** Lexikon der Betriebswirtschaftslehre, 8. Auflage, Herne 2013
**Preißler/Dörrie,** Grundlagen der Kosten- und Leistungsrechnung, 8. Auflage, Landsberg 2004
**Schumacher, B.,** Kosten- und Leistungsrechnung, 6. Auflage, Herne 2008
**Schweitzer/Küpper,** Systeme der Kosten- und Erlösrechnung, 10. Auflage, München 2011
**Seicht, G.,** Moderne Kosten- und Leistungsrechnung, 11. Auflage, Renningen 2001
**Wilkens, K.,** Kosten- und Leistungsrechnung, 9. Auflage, München/Wien 2003
**Zimmermann, G.,** Grundzüge der Kostenrechnung, 8. Auflage, München/Wien 2001

## F. Deckungsbeitragsrechnung

**Däumler, K.-D.,** Grundlagen der Investitions- und Wirtschaftlichkeitsrechnung, 12. Auflage, Herne 2007
**Däumler/Grabe,** Kostenrechnung 2, Deckungsbeitragsrechnung, 9. Auflage, Herne 2009
**Freidank, C. C.,** Kostenrechnung, 9. Auflage, München/Wien 2012
**Graumann, N.,** Kostenrechnung und Kostenmanagement, 4. Auflage, Herne 2008
**Kicherer, H.-P.,** Kostenrechnung und Kostenmanagement, 3. Auflage, München 2008
**Kilger, W.,** Flexible Plankostenrechnung und Deckungsbeitragsrechnung, 11. Auflage, Wiesbaden 2002
**Männel, W.,** Die Wahl zwischen Eigenfertigung und Fremdbezug, 2. Auflage, Stuttgart 1996
**Moews, D.,** Kosten- und Leistungsrechnung, 7. Auflage, München/Wien 2002
**Olfert, K.,** Kostenrechnung, 17. Auflage, Herne 2013
**Olfert/Rahn/Zschenderlein,** Lexikon der Betriebswirtschaftslehre, 8. Auflage, Herne 2013
**Olfert, K.,** Investition, 13. Auflage, Herne 2015
**Olfert, K.,** Kompakt-Training Investition, 7. Auflage, Herne 2015
**Schweitzer/Küpper,** Systeme der Kostenrechnung, 10. Auflage, Landsberg 2011
**Seicht, G.,** Moderne Kosten- und Leistungsrechnung, 11. Auflage, Renningen 2001
**Wilkens, K.,** Kosten- und Leistungsrechnung, 9. Auflage, München/Wien 2003

# STICHWORTVERZEICHNIS

## A

| | |
|---|---|
| Abgabe | |
| -, öffentliche | 70, 231 |
| Abgang | 59 |
| Absatzleistung | 30 |
| Abschreibung | 70 ff., 231 f. |
| -, arithmetisch-degressive | 76 f., 231 |
| -, bilanzielle | 72 |
| -, degressive | 75, 231 |
| -, digitale | 77 |
| -, direkte | 72 |
| -, geometrisch-degressive | 75 f., 231 |
| -, indirekte | 72 |
| -, kalkulatorische | 70 ff., 231 |
| -, leistungsbezogene | 77 f., 232 |
| -, lineare | 74 f., 232 |
| -, progressive | 74 |
| Abschreibungsverfahren | 72 f. |
| Abzugskapital | 80 |
| Akkordlohn | 65 ff., 232 |
| Akkordrichtsatz | 66 f., 232 |
| Akkordsatz | 66 |
| Akkordzuschlag | 66 f., 232 |
| Anlagevermögen | 79 f. |
| -, abnutzbares | 79 |
| -, betriebsnotwendiges | 80 |
| -, nicht abnutzbares | 79 |
| Anschaffungskosten | 72 |
| Anschaffungspreis | 61 f. |
| -, durchschnittlicher | 62 |
| -, effektiver | 61 |
| -, fiktiver | 62 |
| Anschaffungswert | 61, 232 |
| Äquivalenzziffern- kalkulation | 110, 113, 115 f., 233 |
| -, einstufige | 113, 233 |
| -, mehrstufige | 113, 115 f., 233 |
| Arbeit | 15 |
| Arbeitskosten | 155 |
| Arbeitsproduktivität | 33, 252 |
| Aufwendung | 27 ff., 233 |
| -, außerordentliche | 28, 233 |
| -, betriebsfremde | 28, 233 |
| -, neutrale | 28, 233 |
| -, periodenfremde | 28, 233 |

| | |
|---|---|
| Ausgabe | 26 f., 233 |
| Auslastung | 174 ff. |
| -, kritische | 174 ff. |
| Auszahlung | 26, 234 |

## B

| | |
|---|---|
| Beitrag | 70, 231 |
| Bereichsfixkosten | 158 |
| Beschäftigung | 37, 234 |
| Beschäftigungsabweichung | 150 f., 234 |
| Beschäftigungsgrad | 37, 234 |
| Betriebsabrechnungs- bogen (BAB) | 86 f., 99, 135, 234 |
| Betriebsaufwendung | 28 |
| Betriebsbuchhaltung | 22, 48, 235 |
| Betriebserfolg | 31 |
| Betriebsergebnis | 24, 133 ff., 244 |
| Betriebsergebnisrechnung | 24, 133, 162 |
| -, kurzfristige | 24 |
| Betriebsmittel | 15 |
| Betriebsmittelproduktivität | 33, 252 |
| Betriebsstoff | 58, 247 |
| Betriebsvergleich | 26 |
| Break-even-Analyse | 164 |
| Break-even-Point | 164 |
| Brutto-Deckungsbeitrag | 162 |
| Brutto-Deckungszuschlag | 163, 235 |
| -, absoluter | 163, 235 |
| -, relativer | 163, 235 |
| Buchführung | 18, 20 |
| Buchführungspflichtige | 19 |
| Buchhaltung | 18, 20, 22 f., 235 |
| -, Aufbau | 20 |
| -, Bereiche | 22 |
| -, Organisation | 23 |

## D

| | |
|---|---|
| DATEV-Kontenrahmen | 21, 242 |
| Deckungsbeitrag | 158 f., 236 |
| Deckungsbeitrags- rechnung | 53, 157 ff., 163, 235 f. |
| -, einstufige | 157, 159 f., 163, 235 |
| -, mehrstufige | 158 f., 235 |
| Dienstleistungskosten | 69 f., 236 |

# STICHWORTVERZEICHNIS

| | |
|---|---|
| Differenzenquotient | 45 |
| Direct Costing | 53 |
| Divisionskalkulation | 110 ff., 236 |
| -, differenzierende | 111 |
| -, einstufige | 110 f., 236 |
| -, summarische | 111 |
| -, zweistufige | 112, 236 |
| Durchschnittsbewertung | 62 |
| -, periodische | 62 |
| -, permanente | 62 |
| Durchschnittskosten | 38 f., 41 ff., 236 |
| Durchschnittsprinzip | 108, 237 |
| Durchschnittswertverzinsung | 79 |

## E

| | |
|---|---|
| Eigenfertigung | 179 ff., 237 |
| Eigenkapital | 78 |
| Eigenkapitalrentabilität | 34 |
| Eigenleistung | 30 |
| Einkreissystem | 23, 237 |
| Einnahme | 26 f., 237 |
| Einstandspreis | 61, 232 |
| Einzahlung | 26, 237 |
| Einzelakkord | 66 |
| Einzelkosten | 35 f., 40, 51, 116, 237 |
| Einzelwagnis | 81 |
| Engpassplanung | 144, 237 |
| Erfolgsrechnung | 24, 48, 237 |
| -, kalkulatorische | 24, 48 |
| -, kurzfristige | 24, 237 |
| Ergebnisrechnung | 133 |
| Ersatzwert | 63 |
| Ertrag | 27 ff., 237 f. |
| -, außerordentlicher | 29, 238 |
| -, betrieblicher | 29, 238 |
| -, betriebsfremder | 238 |
| -, innerbetrieblicher | 29 |
| -, neutraler | 29, 238 |
| -, periodenfremder | 29, 238 |
| Erzeugnisfixkosten | 158 |
| Erzeugnisgruppenfixkosten | 158 |

## F

| | |
|---|---|
| Fertigungsbereich | 87, 238 |
| Fertigungskosten | 130 |
| -, Ermittlung | 130 |
| Fertigungslohn | 65, 247 |
| Fertigungslohnkosten | 35, 238 |
| Fertigungsmaterialkosten | 35, 238 |
| Fertigungsstoffe | 58, 247 |
| Fifo-Verfahren | 62 |
| Finanzbuchhaltung | 22, 238 |
| Fixkosten-Analyse | 155 |
| Fixkostendeckungsrechnung | 53, 159 |
| Fortschreibungsmethode | 59 |
| Fremdbezug | 179 ff., 237 |
| Fremdkapital | 78 |

## G

| | |
|---|---|
| Gebühr | 70, 231 |
| Gehalt | 64, 68, 238 |
| Geldakkord | 66 f. |
| Gemeinkosten | 36, 38, 40, 51, 91, 93, 116, 127, 238 |
| -, echte | 238 |
| -, maschinenabhängige | 127 |
| -, maschinenunabhängige | 127 |
| -, primäre | 91 |
| -, sekundäre | 93 |
| -, unechte | 238 |
| -, Verteilung | 91 |
| Gemeinkostenzuschlag | 95 |
| Gemeinschaftskontenrahmen (GKR) | 20 |
| Gesamtkapitalrentabilität | 34 |
| Gesamtkosten | 37, 39, 41, 43, 239 |
| Gesamtkostenkurve | 44 |
| Gesamtkostenverfahren | 134, 239 |
| Gewinn | 31, 239 |
| Gewinnmaximum | 45, 239 |
| Gewinnplanung | 239 |
| Gewinnschwelle | 164 f., 239 |
| Gewinnschwellen-Analyse | 164 f., 240 |
| Gewinnvergleichsrechnung | 173, 176, 240 |
| Grenzkosten | 38 f., 41, 43, 240 |
| Grenzplankostenrechnung | 52 f., 152 ff., 159, 240 |

# STICHWORTVERZEICHNIS

| | |
|---|---|
| Grundkosten | 30, 241 |
| Grundlohn | 68 |
| Grundsätze ordnungsmäßiger Buchführung | 241 |
| Gruppenakkord | 66 |

## H

| | |
|---|---|
| Handelsrecht | 19 |
| Hauptkostenstelle | 86 ff., 241 |
| Herstellkosten | 241, 258 |
| Herstellkosten des Umsatzes | 95 |
| Herstellungskosten | 72 |
| Hifo-Verfahren | 62 |
| Hilfskostenstelle | 86 f., 93, 241 |
| Hilfslohn | 65, 247 |
| Hilfsstoffe | 58, 247 |

## I

| | |
|---|---|
| Industriekontenrahmen (IKR) | 20 f., 242 |
| Instandhaltungskosten | 69 |
| Inventur | 59 |
| Inventurmethode | 59 f., 241 |
| Ist-Gemeinkostenzuschlag | 95, 241 |
| Istkosten | 47, 140, 242 |
| Istkostenrechnung | 52, 139 f., 242 |

## K

| | |
|---|---|
| Kalkulation | 242 |
| Kalkulationsverfahren | 110 |
| Kapazität | 37, 242 |
| Kapazitätsplanung | 144, 242 |
| Kapital | 79, 258 |
| -, betriebsnotwendiges | 79, 258 |
| Kennzahl | 30 |
| -, absolute | 30 |
| -, relative | 30 |
| Kontengruppe | 21 |
| Kontenklasse | 21 |
| -, Rechnungskreis I | 21 |
| -, Rechnungskreis II | 21 |
| Kontenrahmen | 242 |
| Kosten | 29 f., 35 ff., 43, 47, 70 f., 243 |
| -, absolut fixe | 39 |
| -, beschäftigungsbezogene | 35, 37 |
| -, beschäftigungsfixe | 38 |
| -, beschäftigungsvariable | 40 |
| -, fixe | 38 f., 43, 243 |
| -, herkunftsbezogene | 47 |
| -, intervallfixe | 39 |
| -, kalkulatorische | 70 f., 243 |
| -, mengenabhängige | 40 |
| -, primäre | 47, 243 |
| -, sekundäre | 47, 243 |
| -, sonstige | 35 |
| -, sprungfixe | 39 |
| -, umfangbezogene | 47 |
| -, variable | 40, 43, 243 |
| -, verrechnungsbezogene | 35 |
| -, zeitabhängige | 38 |
| -, zeitbezogene | 47 |
| Kostenartenrechnung | 51, 57 f., 142 f., 153, 160, 243 |
| Kostenartenverfahren | 101 ff., 243 |
| Kostenauflösung | 45 |
| Kostenbereich | 87 |
| Kostenrechnung | 24, 48, 244 |
| -, Aufbau | 49 |
| -, Aufgabe | 48 |
| -, System | 52 |
| Kostenrechnungssystem | 52 f. |
| -, umfangbezogenes | 53 |
| -, zeitbezogenes | 52 |
| Kostenstelle | 36, 87 ff., 93 |
| -, allgemeine | 93 |
| -, funktionsorientierte | 87 |
| -, organisationsorientierte | 87, 89 |
| -, raumorientierte | 87 f. |
| -, rechnungsorientierte | 87, 89 |
| Kostenstellenausgleichsverfahren | 102 f., 244 |
| Kostenstellenfixkosten | 158 |
| Kostenstellenplan | 90, 244 |
| Kostenstellenrechnung | 51, 85, 142 ff., 160 f., 244 |
| Kostenstellenumlageverfahren | 244 |
| Kostensteuer | 70, 231 |
| Kostenträger | 36, 107 f. |
| Kostenträgerblatt | 135, 137, 244 f. |
| Kostenträgerrechnung | 51, 107 f., 142, 152 f., 156, 160 f., 245 |

# STICHWORTVERZEICHNIS

| | |
|---|---|
| Kostenträgerstückrechnung | 109 f., 152, 156, 162, 245 |
| Kostenträgerverfahren | 103, 245 |
| Kostenträgerzeitrechnung | 108, 133 f., 152, 156, 161, 245 |
| Kostentragfähigkeitsprinzip | 108, 246 |
| Kostenvergleich | 173 f. |
| -, pro Leistungseinheit | 174 |
| -, pro Periode | 173 f. |
| Kostenvergleichsrechnung | 173, 246 |
| Kostenverrechnung | 23 |
| Kostenverursachungsprinzip | 107, 246 |
| Kuppelkalkulation | 110, 130, 246 |

## L

| | |
|---|---|
| Lagerkartei | 59 |
| Lagerleistung | 30 |
| Leerkosten | 40, 155, 246 |
| Leistung | 29 f., 246 |
| Leistungsverrechnung | 85, 93, 100 f., 103, 106, 246 f. |
| -, einseitige | 101, 246 |
| -, gegenseitige | 101, 103, 106, 247 |
| -, innerbetriebliche | 85, 93, 100 f., 246 |
| Lifo-Verfahren | 62 |
| Lofo-Verfahren | 62 |
| Lohn | 64 f., 247 |

## M

| | |
|---|---|
| Marktpreismethode | 132 f. |
| Maschinenlaufzeit | 128 |
| Maschinenstundensatz | 129 |
| Maschinenstundensatzkalkulation | 127 |
| Maschinenstundensatzrechnung | 110, 126, 247 |
| Materialbereich | 87, 247 |
| Materialkosten | 58, 247 |
| Materialproduktivität | 33, 252 |
| Materialverbrauch | 59 f. |
| Maximalprinzip | 31 |
| Methode | |
| -, buchtechnisch-statistische | 45, 247 |
| -, der kleinsten Quadrate | 46 |
| -, grafische | 46, 248 |
| -, mathematische | 45, 248 |
| -, retrograde | 59 f., 248 |
| Miete | 70 f., 82 f., 248 |
| -, kalkulatorische | 70 f., 82 f., 248 |
| Mindestlohn | 66, 232 |
| Minimalprinzip | 31 |
| Mischkosten | 45, 248 |

## N

| | |
|---|---|
| Nachkalkulation | 109, 248 |
| Nebenerlös | 29 |
| Nettoergebnis | 248 f. |
| Normal-Gemeinkosten | 97, 249 |
| Normal-Gemeinkostenzuschlag | 96 |
| Normal-Herstellkosten | 97, 249 |
| Normal-Herstellkosten des Umsatzes | 97 |
| Normalkosten | 47, 136, 249 |
| Normalkostenrechnung | 52, 249 |
| -, flexible | 52 |
| -, starre | 52 |
| Nutzenschwelle | 45, 249 |
| Nutzkosten | 40, 155, 249 |
| Nutzungsdauer | 72 |

## O

| | |
|---|---|
| Ökonomisches Prinzip | 31 |
| Ordnungsmäßige Buchführung | 19 |
| -, Grundsätze | 19 |
| Ordnungsmäßigkeit | 19, 241 |
| -, formelle | 19, 241 |
| -, materielle | 19, 241 |

## P

| | |
|---|---|
| Personalkosten | 64, 250 |
| Plankosten | 47, 139, 250 |
| Plankostenrechnung | 52, 139 ff., 250 |
| -, Aufgaben | 140 |
| -, flexible | 52, 142, 250 |
| -, starre | 52, 140 ff., 250 |
| Planungsrechnung | 24 f. |
| Platzkostenrechnung | 88 |
| Prämie | 68, 250 |
| Prämienlohn | 65, 68, 250 |

# STICHWORTVERZEICHNIS

| | |
|---|---|
| Preisabweichung | 148 f., 251 |
| Preisuntergrenze | 166 ff., 251 |
| -, erfolgsorientierte | 166, 169, 251 |
| -, kostenorientierte | 166 f., 251 |
| -, kostenrechnerische | 167 |
| -, kurzfristige | 167, 169, 251 |
| -, langfristige | 167 ff., 251 |
| -, mittelfristige | 167 f., 251 |
| Produktionsprogramm | 178 f., 251 |
| -, optimales | 251 |
| -, Optimierung | 178 f. |
| Produktionsverfahren | 171 f. |
| -, optimales | 171 |
| -, Optimierung | 171 f. |
| Produktivität | 32, 34 |
| Proportionalakkord | 66, 232 |
| Prozess | 15 f. |
| -, finanzwirtschaftlicher | 15 f. |
| -, güterwirtschaftlicher | 15 f. |
| Prozesskostenrechnung | 54, 252 |

## R

| | |
|---|---|
| Reagibilitätsgrad | 40, 252 |
| Rechnungskreis | 23 |
| Rechnungswesen | 16 ff., 252 |
| -, Aufgaben | 17 |
| -, Begriff | 17, 26 |
| -, externes | 18 |
| -, Gebiete | 17 |
| -, internes | 18 |
| -, Kennzahlen | 17, 30 |
| Rentabilität | 34, 253 |
| Restgemeinkosten | 127 |
| Restwertrechnung | 131, 253 |
| Restwertverzinsung | 79 |

## S

| | |
|---|---|
| Schlüsselmethode | 133 |
| Selbstkosten | 118, 258 |
| Skontrationsmethode | 59, 253 |
| SKR 03 | 21 |
| SKR 04 | 21 |
| Soll-Ist-Analyse | 139 |
| Soll-Ist-Vergleich | 26, 142, 146, 154 |
| Sollkosten | 253 |
| Sondereinzelkosten | 35, 254 |
| Sozialkosten | 64, 68, 254 |
| -, gesetzliche | 68, 254 |
| Sozialleistung | 69, 254 |
| -, direkte | 69 |
| -, freiwillige | 69, 254 |
| -, indirekte | 69 |
| Spiegelbildkonto | 23 |
| Statistik | 25, 254 |
| Stellen-Einzelkosten | 92, 254 |
| Stellen-Gemeinkosten | 92, 254 |
| Steuerrecht | 19 |
| Stückakkord | 66 |
| Stufenmethode | 145, 254 |

## T

| | |
|---|---|
| Tageswert | 61, 63, 254 |
| Target Costing | 55 |
| Teilkosten | 47 |
| Teilkostenrechnung | 52 f., 139, 152, 254 |
| Treppenverfahren | 93 |

## U

| | |
|---|---|
| Überdeckung | 98, 255 |
| Übergangskonto | 23 |
| Umlaufvermögen | 80 |
| -, betriebsnotwendiges | 80 |
| Umsatzerlös | 29 |
| Umsatzfunktion | 44 |
| Umsatzkostenverfahren | 134, 137 f., 255 |
| Umsatzrentabilität | 34 |
| Unterdeckung | 98, 255 |
| Unternehmenserfolg | 31, 239 |
| Unternehmensfixkosten | 158 |
| Unternehmerlohn | 70 f., 82, 255 |
| -, kalkulatorischer | 70 f., 82, 255 |
| Unternehmerwagnis | 80 |
| -, allgemeines | 80 |
| Urlaubslohn | 64 |
| -, Verrechnung | 64 |

# STICHWORTVERZEICHNIS

## V

| | |
|---|---|
| Variatormethode | 145, 255 |
| Verbrauchsabweichung | 149 f., 255 |
| Verbrauchsmengen | 59, 61 |
| -, Bewertung | 61 |
| -, Ermittlung | 59 |
| Verfahren | |
| -, mathematisches | 104, 256 |
| Verfahrensvergleich | 25 |
| Vergleichsrechnung | 25 |
| Verkaufspreis | 256 |
| Verrechnungspreis-Verfahren | 104, 256 |
| Verrechnungswert | 61, 63 |
| Verteilungsrechnung | 131 f., 256 |
| Vertriebsbereich | 88, 256 |
| Verwaltungsbereich | 88, 257 |
| Vollkosten | 47 |
| Vollkostenrechnung | 52, 139, 257 |
| Vorkalkulation | 109, 257 |

## W

| | |
|---|---|
| Wagnis | |
| -, kalkulatorisches | 70 f., 80 f., 257 |
| Wagnisverlust | 81, 257 |
| -, durchschnittlicher | 81, 257 |
| Werkstoff | 15 |
| Werkzeugkosten | 69 |
| Wiederbeschaffungswert | 61, 63, 257 |
| Wirtschaftlichkeit | 31 f., 34, 257 |

## Z

| | |
|---|---|
| Zeitakkord | 67 |
| Zeitlohn | 65 f., 257 |
| Zeitvergleich | 25 |
| Zielkosten-Management | 55 |
| Zielkostenrechnung | 54 f., 257 |
| Zins | 70 f., 78, 80, 258 |
| -, kalkulatorischer | 70 f., 78, 80, 258 |
| Zugang | 59 f. |
| Zusatzauftrag | 170 f., 258 |
| Zusatzkosten | 30, 258 |
| Zuschlagsatz | 116 |
| Zuschlagskalkulation | 110, 116 ff., 258 f. |
| -, differenzierende | 117, 258 |
| -, kumulative | 117 |
| -, summarische | 117, 259 |
| Zuschlagssatz | 259 |
| Zweckaufwendung | 28, 259 |
| Zweikreissystem | 23, 259 |
| Zwischenkalkulation | 109, 259 |